普通高等学校智能制造领域人才培养教材

控制工程基础

主　编　孙　宁　蒋　峰　郑　雷

副主编　张燕红　田　申

参　编　付　源　王升旭　杨瑞田
　　　　尹贺峰

华中科技大学出版社

中国·武汉

内 容 简 介

　　本书是一本为了适应应用型高等院校工程教育改革而编写的控制类课程基础教材,覆盖了经典控制理论的基本内容,重点对线性定常系统的时域分析法、根轨迹法和频域分析法做了全面的阐述。此外,本书探讨了线性控制系统的校正方法,使读者能够掌握改善系统性能、满足特定设计指标的策略和方法。同时,为了顺应现代工业发展趋势,本书融入了智能制造与智能控制的内容,便于读者掌握和使用前沿控制技术。

　　本书可作为应用型本科院校机电类、机械工程类、电气工程类、自动化类各专业的教材和参考书,也可作为高职高专工科控制类相关专业的教材和自考教材,并可供相关工程技术人员参考。

图书在版编目(CIP)数据

　　控制工程基础 / 孙宁,蒋峰,郑雷主编. -- 武汉:华中科技大学出版社,2024. 9. -- ISBN 978-7-5772-1137-4

　　Ⅰ. TP13

　　中国国家版本馆 CIP 数据核字第 202492B6Y8 号

控制工程基础
Kongzhi Gongcheng Jichu

孙　宁　蒋　峰　郑　雷　主编

策划编辑:王　勇

责任编辑:刘　飞

封面设计:廖亚萍

责任监印:朱　玢

出版发行:华中科技大学出版社(中国·武汉)　　　　电话:(027)81321913

　　　　　武汉市东湖新技术开发区华工科技园　　　　邮编:430223

录　　排:武汉三月禾文化传播有限公司

印　　刷:武汉市洪林印务有限公司

开　　本:787mm×1092mm　1/16

印　　张:16.5

字　　数:409 千字

印　　次:2024 年 9 月第 1 版第 1 次印刷

定　　价:49.80 元

前　　言

在人类认识、改造世界的进程中,自动控制思想及其实践随着社会的发展和科学技术的进步不断演进。近年来,自动控制技术已经渗透到人类社会的各个方面,在航空航天、军事、医学、自动化生产线、机械工程、水利水电、环境保护等行业都得到了极为广泛的应用。

自动控制原理是自动化学科的重要基础理论,同时又是系统学科、信息学科、机械学科等相关学科的应用基础。控制工程基础是为泛机械类工科专业开设的学科基础课程,也是学科交叉课程,是研究如何控制各种被控对象或系统使其动态和稳态性能达到期望性能的工程基础理论和技术。控制工程基础的重要性在于它的基础性,其大量的概念、方法、原理和理论,对于泛机械类工科专业的后续课程和控制工程的许多学科分支,都具有十分重要的作用。当前,控制工程基础课程已在全国各高等院校的机械、仪器类等非控制专业普遍开设。随着计算机技术的迅猛发展,控制理论的许多分析、设计方法及实现手段也产生了很大的变化。在此背景下,根据应用型工科人才培养的需要,结合相关专业的教学大纲,我们编写了本书。本书旨在让读者通过学习和应用控制理论的基本概念和基本方法来分析、研究和解决机械、动力、航空领域的控制问题。

本书作为一门学科基础课程教材,力求阐明控制理论的基本概念,数学模型的建立,时域、复域、频域方法的分析,线性控制系统的校正,在此基础上结合智能制造和智能控制,介绍科技发展的新方向。全书内容编排遵循控制理论发展的脉络,由浅入深,层层递进,表现出高度的理论性与逻辑性,广泛应用微分方程、复变函数和拉氏变换等数学工具来严谨表述概念和原理。本书在编写过程中,尤为注重理论与实际之间的联系,不仅有详尽的物理概念解释,还结合工程实际进行案例分析,使学生能够扎实掌握控制系统的基本原理和设计方法,切实理解并应用所学知识。

本书在编写过程中,重点突出以下特点:

1. 内容新颖,具有“领域＋行业”特色

本书以机械、动力、航空领域中的机电系统为主要控制对象,着重介绍基本概念和机电控制问题的解决方法。书中选取了“玉兔号”月球车、激光操纵控制系统、自动焊接头控制系统、船舶航向控制系统和船载稳定平台控制系统等工程实例,展示了控制理论在机械工程领域的应用,体现了鲜明的行业特色。通过阐述其控制系统的基本原理,巩固学生的理论基础,引导学生掌握控制系统从分析到设计的总过程。

2. 理论阐述直观易懂

本书通过深入浅出的讲解方式,强化对基本理论和概念的解释,加入许多通用性的内容,确保基本理论通俗易懂,逻辑连贯。同时,书中详细介绍了线性系统时域分析法、根轨迹分析

法和频域分析法之间的内在联系,并且完整地给出了劳斯稳定判据和赫尔维茨稳定判据的证明过程,帮助学生构建和理解自动控制理论的整体框架。本书不苛求严格的数学推导,从直观的物理概念出发分析问题、解决问题,其编写体系符合教学规律,适合作为应用型本科院校机电类、机械工程类、电气工程类、自动化类各专业的教材和参考书。

3.贯穿"工程教育理念"

本书强调理论与实践的紧密结合,鼓励学生在实践探索中学习新知识,通过对诸如高阶系统主导极点、稳定性及频率特性等内容的观察和仿真,引导学生发现规律,结合理论解析和揭示现象背后的本质。本书中的案例多为在工程应用中的成功实例,具有鲜明的产教融合特征,可供相关领域的科技人员学习和参考。

4.传授科学知识与培养创新能力并重

本书通过引入我国控制领域的卓越人物,引导学生树立和保持正确的世界观、人生观和价值观,培养学生符合时代要求的先进思想觉悟,提升学生的人文素养和专业素质;通过自主创新增强民族自信,培养学生的思维能力和创新精神,提高学生的独立思考和创新能力,使其对解决社会和国家发展问题具备一定的思考和分析能力。

全书包括7章。其中:第1章由常熟理工学院郑雷、无锡学院王升旭编写,第2章由无锡学院蒋峰编写,第3章由无锡学院孙宁、蒋峰编写,第4章由常州工学院张燕红、无锡学院杨瑞田编写,第5章和第6章由无锡学院付源、田申编写,第7章由无锡学院尹贺峰编写,全书由孙宁、蒋峰统稿。此外,陈鑫鹏、卞政共同参与了本书的编排工作,在此表示感谢。

在编写本书的过程中,编者参考了很多相关的权威教材和学术著作,在此向参考文献的作者们表达真挚的感谢。尽管编者已尽最大努力,但限于个人水平,书中可能仍有不足或疏漏之处,恳请广大读者批评指正,以期不断提升和完善本书质量。

编 者
2024 年 4 月

目　　录

第 1 章 绪 论

控制工程是一门跨学科的工程学科,旨在研究和应用控制理论和技术实现系统性能的优化和稳定。控制工程涉及的领域广泛,包括但不限于物理学、数学、电子工程和计算机科学。控制工程主要关注如何通过反馈、调节和优化,实现对系统的精确控制,其核心在于理解并应用系统的动态行为,利用数学模型和算法来描述和预测系统的性能。控制工程的目标是设计和实施控制系统,以满足预定的性能指标,同时克服各种不确定性,确保系统的稳定运行。

1.1 控制理论在工程中的应用和发展

控制理论一直随着人类社会的进步而发展。约两千年前亚历山大的希罗发明了用于开闭庙门的装置和用于分发圣水的自动计时装置,中国的张衡发明了用于观测天象的水运浑象仪和观测地震的候风地动仪,这都是控制理论的早期萌芽。直到 1948 年,美国科学家维纳(Norbert Wiener,1894—1964)所著《控制论》的出版,才是控制理论作为一门专门学科的标志。

控制理论一直随着产业的变革在不断发展。第一次工业革命的标志性成果之一就是英国科学家 J. Watt 用离心式调速器控制蒸汽机的速度,从而大大提升了产业变革的速度。在产业变革的浪潮中,控制理论的发展有几个标志性事件,包括:1868 年,J. C. Maxwell 发表了《调速器》,提出反馈控制的概念及稳定性条件;1884 年,E. J. Routh 提出劳斯稳定性判据;1892 年,A. M. Lyapunov 提出李雅普诺夫稳定性理论;1895 年,A. Hurwitz 提出赫尔维茨稳定性判据;1932 年,H. Nyquist 提出奈奎斯特稳定性判据;1945 年,H. W. Bode 提出反馈放大器的一般设计方法等。

控制论的奠基人——美国科学家维纳从 1919 年开始萌发控制论思想,1940 年提出了数字电子计算机设计的五点建议。第二次世界大战期间,维纳参加了火炮自动控制的研究工作,他把火炮自动打飞机的动作与人狩猎的行为做了对比,并且提炼出了控制理论中最基本和最重要的反馈概念。可以把运动结果所决定的量作为信息再反馈至控制装置中,这就是著名的负反馈概念。驾驶车辆也是由人参与的负反馈调节。人们不是盲目地按照预定不变的模式来操纵车上的方向盘,而是发现车辆靠左了,就向右边修正,反之向左边修正。因此维纳认为,目的性行为结果可以引作反馈,可以把目的性行为这个生物所特有的概念赋予机器。于是,维纳等在 1943 年发表了《行为、目的和目的论》。20 世纪 50 年代以后,一方面在控制理论的指导下,火炮及导弹控制技术极大地发展,数控、电力、冶金自动化技术突飞猛进;另一方面在自动控制装备的需求和发展的基础上,控制理论也不断向纵深发展。

1954 年,我国科学家钱学森研究总结了控制论的思想和方法,在美国出版了英文著作《工程控制论》,首先把控制论推广到工程技术领域。机电工业是我国最重要的支柱产业之一,传统的机电产品正在向机电一体化方向发展。机电一体化产品或系统的显著特点是控制自动化,并且技术含量高,附加值大,在国内外市场上具有很强的竞争优势,是机电产品发展的主流,尤其是在我国智能化改造数字化转型(智改数转)工业发展的背景下,高端的自动控制类机电产品越来越成为我国高端制造业发展的主要方向。当前国内外典型的机电结合型产品有工业机器人、高端数控机床、航空发动机等。

自动控制理论的发展和应用,不仅保证了人身和设备安全,提高了劳动生产效率和产品质量,改善了劳动条件,解放了劳动力,而且在人类改造自然条件、拓展人类新的发展空间、探索空间技术和推动社会进步等方面都起到了举足轻重的作用。自动控制理论是实现工业、农业、服务业和国防等方面设备、技术现代化、自动化的有力保证。

自动控制理论可分为经典控制理论、现代控制理论和智能控制理论三大部分。

经典控制理论以传递函数为基础,以频率法和根轨迹法为分析和综合系统的基本方法,主要研究单输入、单输出的控制系统的分析与设计问题。

现代控制理论是在经典控制理论的基础上发展起来的。它的主要内容是以状态空间法为基础,研究多输入、多输出、时变参数、分布参数、随机参数、非线性等控制系统的分析和设计问题。最优控制、最优滤波、系统辨识、自适应控制等理论都是这一领域的重要分支。

智能控制理论以人工智能理论为基础,基于迅速发展的电子计算机技术和现代应用数学技术,研究具有模糊性、不确定性、不完全性、偶然性的自动控制系统。其基本内容有模糊控制、专家系统和学习控制等。

1.2 自动控制系统分类

自动控制系统在表现形式上是多样的,不同的被控对象有不同的输入、输出和扰动量。根据不同的分类方法,自动控制系统可以分成不同的类型。

1.2.1 按信号传递的路径分类

按照有无反馈测量装置分类,控制系统分为两种基本类型,即开环系统和闭环系统,如图1-2-1所示。开环系统(见图1-2-1(a))是没有输出反馈的一类控制系统。这种系统的输入直接供给控制器,并通过控制器对受控对象产生控制作用,输出对整个系统并无作用。开环系统的主要优点是结构简单、价格低、容易维修;缺点是精度低,容易受环境变化(例如电源波动、温度变化等)的干扰。在要求较高的应用领域,绝大多数控制系统的基本结构方案都是采用反馈原理,其输出的全部或部分被反馈到输入端。输入与反馈信号比较后的差值(即偏差信号)加给控制器,然后再调节受控对象的输出,从而形成闭环系统(见图1-2-1(b))。所以,闭环系统又称为反馈控制系统,这种反馈称为负反馈。与开环系统相比,闭环系统具有精度高、动态性能好、抗干扰能力强等优点。闭环系统的缺点是结构比较复杂,价格比较高,对维修人员要求较高。

1. 开环系统的特点

【例 1.1】 分析如图 1-2-2 所示的电加热炉炉温控制系统。

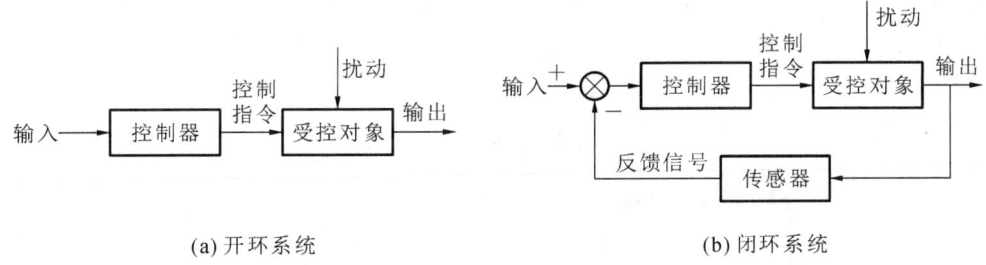

(a) 开环系统　　　　　　　　　　　(b) 闭环系统

图 1-2-1　控制系统基本类型

图 1-2-2 所示的电加热炉是根据经验改变调压器电阻丝的电流来实现温度控制的,该电加热炉的炉温能维持在一定的期望温度范围内,但当外部环境或者元器件参数发生改变时,炉内实际温度与期望温度存在一定误差。由于没有自动调节调压器触点的系统,即使炉温存在误差也不能及时消除,需要反复根据测得的温度来手动改变调压器触点的位置以控制加热炉内的温度,也就是说输出量对系统本身没有控制作用。因此,该炉温控制系统是一个开环系统。

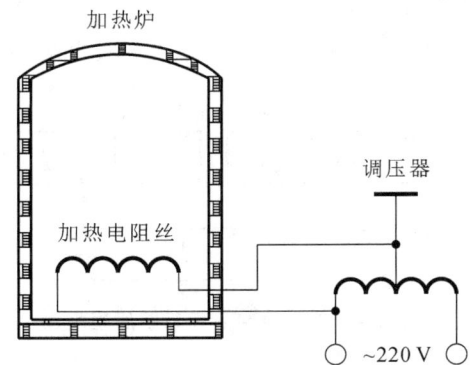

图 1-2-2　人工控制的炉温控制开环系统

开环系统的特点总结如下:

（1）控制信号由输入到输出单方向传递,不对输出进行任何检测,或虽然进行检测,但对系统工作不起任何控制作用。

（2）外部条件和系统内部参数保持不变时,对一个确定的控制量,总存在一个与之对应的被控制量（输出）。

（3）控制精度取决于控制装置及被控对象的参数稳定性,若系统容易受干扰,则缺乏精确性和适应性。

2. 闭环系统的特点

【例 1.2】　分析如图 1-2-3 所示的电加热炉炉温控制系统。

电加热炉的温度要稳定在某一期望的温度值附近,炉温的期望值是由给定的电压信号来体现的。热电偶是温度测量元件,用于测出炉内实际温度,其输出量是电压。热电偶的输出量与给定电压比较产生电压差,经放大后使电动机工作,通过减速器带动调压器活动触点,从而改变流过电阻丝的电流,消除温度误差,使炉内实际温度等于或接近期望的温度值。

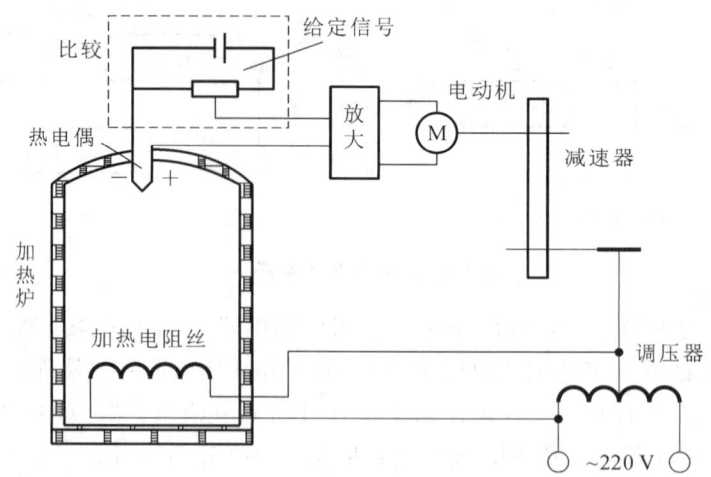

图 1-2-3　自动控制的炉温控制闭环系统

在上述系统中,系统把实际的炉温转换为电压信号,由电压比较部分产生电压误差信号,然后根据电压误差信号进行控制,其原理框图如图 1-2-4 所示。

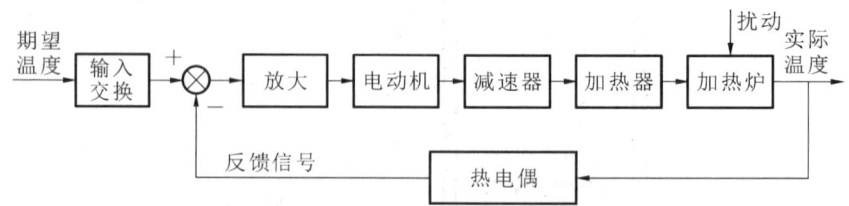

图 1-2-4　炉温控制闭环系统原理框图

闭环系统的特点总结如下:

(1) 由负反馈构成闭环,利用误差信号进行控制。

(2) 能够自动纠正外界扰动和系统内参数的变化等引起的误差。

(3) 若系统元件参数配合不当,则容易产生振荡,使系统不能正常工作。因而存在稳定性问题。

闭环控制是最常用的一种控制方式。显然,有简单的闭环控制,也有复杂的闭环控制。闭环控制在工程系统和社会经济系统中正得到广泛的应用,在生命有机体的生长和进化过程中也普遍存在着这种闭环控制。生命有机体为适应环境的变化而做出有效的反应,主要依靠的就是这种反馈作用。人具有学习能力,能通过学习积累学习经验,用过去的经验来调整未来的行为,并具有通过学习来适应环境和改造世界的能力,这本质上也是一种闭环控制。

1.2.2　按控制作用的特点分类

1. 恒值控制系统

若自动控制系统的任务是保持被控制量恒定不变,即使在控制过程结束时,被控制量值仍等于控制量值,则这种系统称为恒值控制系统。这是生产过程中用得最多的一种控制系统,例如电动机的转速控制系统和各种恒温、恒压、恒液位等控制系统都属于恒值控制系统。

2. 随动控制系统

随动控制系统简称随动系统,它的控制量随时间的变化规律事先是不能确定的,随动控制系统的任务是在各种情况下快速、准确地使被控制量跟踪控制量的变化。例如:自动跟踪卫星的雷达天线控制系统,工业控制中的位置控制系统,工业自动化仪表的显示记录系统等都属于随动控制系统。

3. 程序控制系统

在程序控制系统中,控制量按事先预定的规律变化,是一个已知的时间函数,控制的目的是要求被控制量按确定的控制量的时间函数来改变。例如:机械加工中的数控机床系统,加热炉温度自动控制系统等都属于程序控制系统。

1.2.3　控制系统的其他类型

自动控制系统还有很多种分类方法。例如:自动控制系统按系统是否满足叠加原理可分为线性系统和非线性系统;按系统控制器是否采用计算机可分为计算机控制系统和模拟系统;按被控对象的范畴不同可分为运动控制系统和过程控制系统等;按系统参数是否随时间变化可分为时变系统和定常系统。

1.3　自动控制系统的基本组成

如图 1-3-1 所示为一个典型的闭环系统框图,反映了各元件在系统中的位置和其相互间的关系。由图可以看出,一个典型的闭环系统应该包括给定元件、反馈元件、比较元件(或比较环节)、放大元件、执行元件、校正元件和控制对象等。

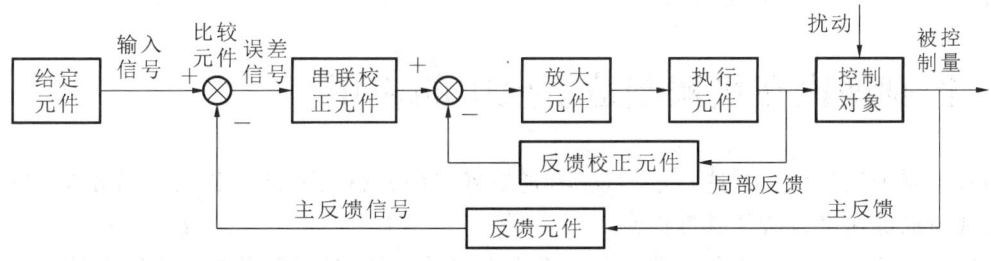

图 1-3-1　闭环系统框图

给定元件:主要用于产生给定信号或输入信号,例如调速系统的给定电位计。

反馈元件:用于测量被控制量或输出量,产生主反馈信号(该信号与输出量存在确定的函数关系),例如调速系统的测速电动机。

比较元件:用来比较输入信号和反馈信号之间的偏差。可以通过电路实现,有时也叫比较环节。自整角机、旋转变压器、机械式差动装置、运算放大器等都可作为物理的比较元件。

放大元件：对偏差信号进行信号放大和功率放大的元件，例如伺服功率放大器等。

执行元件：直接对控制对象进行操作的元件，例如执行电动机、液压马达等。

校正元件：也称校正装置，用以稳定控制系统，提高精度和快速性能。主要有反馈校正和串联校正两种形式。

控制对象：控制系统所要操纵的对象，它的输出量为系统的被控制量（或被调量），例如机床、工作台等。

1.4 自动控制系统的基本要求

针对不同被控对象的不同应用，对自动控制系统的要求往往也不一样。但自动控制技术是研究各类控制系统共同规律的一门技术，对控制系统有共同的要求，一般可归结为稳定、准确、快速。

（1）稳定性：机械被控对象往往存在惯性，当系统的各个参数设置不当时，系统会产生振荡而失去工作能力。稳定性就是指动态过程的振荡倾向和系统能够恢复平衡状态的能力。输出量偏离平衡状态后应该随着时间收敛并且最后回到初始的平衡状态。满足稳定性要求是系统工作的首要条件。

（2）准确性：是指在调整过程结束后输出量与给定的输入量之间的偏差，也称为精度，是衡量系统工作性能的重要指标。例如，数控机床的精度越高，则加工精度也越高。

（3）快速性：是在系统稳定的前提下提出的，是指当系统输出量与给定的输入量之间产生偏差时，消除这种偏差的快慢程度。

由于被控对象的具体情况不同，各种系统对稳、准、快的要求各有侧重。例如，随动系统对快速性要求较高，而调速系统对稳定性提出了较严格的要求。

但在同一系统中，稳定、准确、快速有时是相互制约的。对于被控系统，反应速度快，可能会有强烈振荡；稳定性得到改善，控制过程又可能过于迟缓，精度也可能变差。分析和解决这些矛盾，是本学科讨论的重要内容。

1.5 控制理论在机械制造工业中的应用

随着控制理论和现代制造技术的发展，越来越多的机械设备或者制造系统都应用控制理论来实现精准的速度或者位移等控制。

瓦特发明的蒸汽机离心调速器就是一个自动调节系统，虽然其并未应用高深的控制理论，但其已初步应用了控制理论的思想，是从控制理论转变为生产实践的典型代表。如图1-5-1所示，调速器的轴通过减速齿轮与发动机的输出轴相连，并以角速度 ω 旋转。此时，与调速器轴相连的飞锤也以角速度 ω 旋转，其所产生的离心力使飞锤转盘产生向上的轴向力，此力与飞锤上方的弹簧力抵消，飞锤滑环位移相当于离心机构形成的检测量，因此该检测量可用来检测输出轴转速，并通过发动机阀门的位移来体现。蒸汽流量通过杠杆装置进行控制，所要求的输出轴转速由弹簧预应力调整。

6

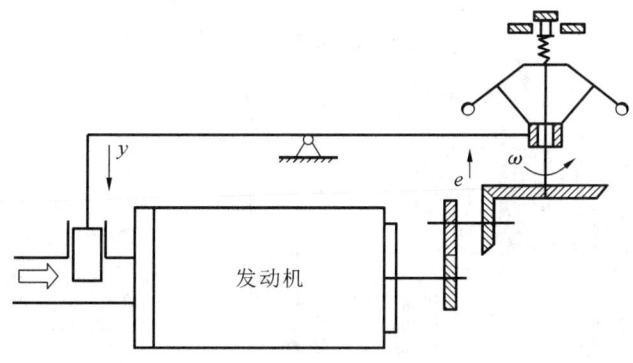

图 1-5-1　发动机离心调速器

伺服系统在机电控制系统中有着广泛的应用。伺服系统是一种基于反馈控制原理的闭环系统,其任务就是将指令信号精确、快速地输入控制系统实现被控对象的精准响应。例如,飞机和船舶的舵角操纵由于所需的力很大,不可能由人力直接操纵,需由伺服系统来完成,伺服系统的作用就是使舵面的转角精确地跟随驾驶员的操纵动作。各种数控机床的进给系统、机器人各关节运动都是伺服系统控制的。它们还能依靠多轴伺服系统的配合,完成复杂的空间曲线运动的控制。在军事上,雷达天线的自动瞄准跟踪控制、自动火炮和战术导弹发射架的瞄准运动控制、坦克炮塔的防摇稳定控制、导弹和鱼雷的制导控制系统等,采用的都是伺服系统。另外,自动绘图仪的画笔控制系统、硬盘磁头的位置控制系统、光盘驱动器读出头的控制系统、可实现自动对焦和变焦的照相机和摄像机的镜头,都是采用伺服系统来完成相应功能的。

数控机床在数字控制的基础上对自动控制机床的程序化、数字化进行升级,广泛应用于机械行业中,其进给系统是典型的反馈控制系统。典型的数控机床为三轴加工中心,如图 1-5-2 所示,该机床共有 X、Y、Z 三个进给轴,通过数控系统联动实现复杂空间形状加工。每个进给轴都是由伺服系统、丝杠、编码器或光栅尺等组成的闭环系统,保证了该控制系统的稳定性、准确性和快速性。其中,X、Y 轴控制工作台水平方向的运动,Z 轴控制刀具垂直方向的运动。

在现代制造中,随着工业 4.0 和智能制造的发展,越来越多的工业机器人应用于制造系统中。图 1-5-3 所示为 6 自由度关节式工业机器人,是在工业中应用控制理论的典型成功案例之一。工业机器人的每一个运动轴都是一路伺服控制系统。机器人伺服控制系统利用位置和速度反馈信号控制机械手运动。智能机器人除了伺服回路以外,还有各种控制器,控制器可以接收包括视觉、触觉以及语音识别等其他传感器信号。控制器利用这些信号检测目标形貌、目标尺寸以及目标特点。

自动导引车(automatic guided vehicle,AGV)又称移动机器人,能够跟踪编程路径,在工厂内自主进行零件运输。在汽车工业、电子产品加工工业以及柔性制造系统中,自动导引车物料运输系统已经得到广泛使用。图 1-5-4 所示为一种基于视觉导航和磁导航的 AGV 小车。在 AGV 小车的必经之路上铺设磁条,通过 AGV 小车上设置的磁感应元器件检测粘贴在地面或嵌入地下的磁条从而实现精确导航。为实现复杂信息的甄别与工作的时时检测,增加的视觉检测用来保证 AGV 小车的准确运行。该方式通过 AGV 小车在移动过程中拍摄的地面纹理自行构建地图,再将在运行过程中获取的地面纹理信息,与自行构建地图中的纹理图像进行

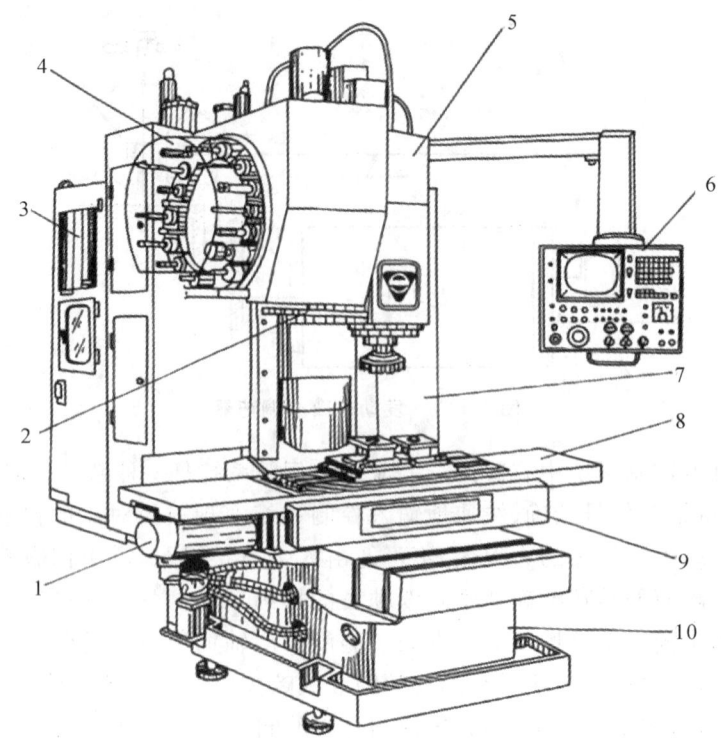

图 1-5-2　三轴加工中心

1—伺服电机；2—换刀机械手；3—电气柜；4—刀库；5—Z轴；6—控制面板；7—立柱；8—X轴；9—Y轴；10—床身

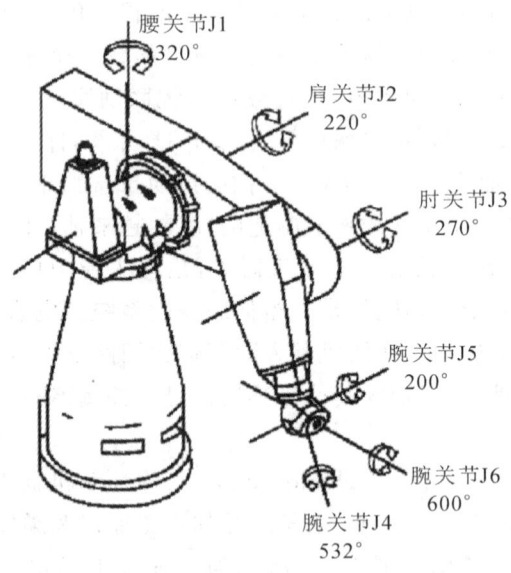

图 1-5-3　6自由度关节式工业机器人

配准对比，以此估计 AGV 小车的当前位置，实现 AGV 小车的定位。该导航方式在硬件上需要通过下视摄像头、补光灯和遮光罩等来实现。利用丰富的地面纹理信息，并基于相位相关法计算两图间的位移和旋转，再通过积分来获取当前位置。

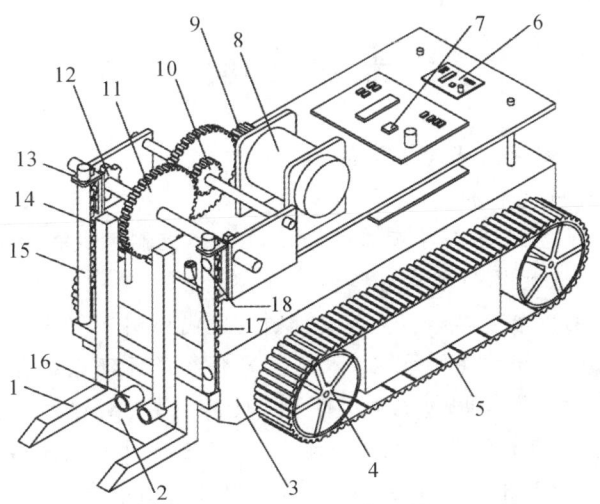

图 1-5-4　基于视觉导航和磁导航的 AGV 小车

1—货叉；2—磁导航传感器；3—车体；4—车轮；5—履带；6—Wi-Fi 通信模块；7—主控制器；8—提升电动机；9,10,11,12—齿轮；13—导向套；14—直齿条；15—导向杆；16—视觉导航传感器；17—霍尔传感器；18—磁钉

　　柔性制造系统(flexible manufacturing system,FMS)是控制理论实现整个加工车间自动化的具体应用。在柔性制造系统中,将计算机、数控加工中心、工业机器人以及 AGV 连接起来,以适应加工成组产品。图 1-5-5 所示为一个柔性制造系统,包括铣削数控加工中心、车削数控加工中心、关节式工业机器人、门吊式工业机器人、AGV、装卸站以及刀具库等,并通过单元控制器与局域网(local area network,LAN)相连以实现各个独立设备之间的通信。

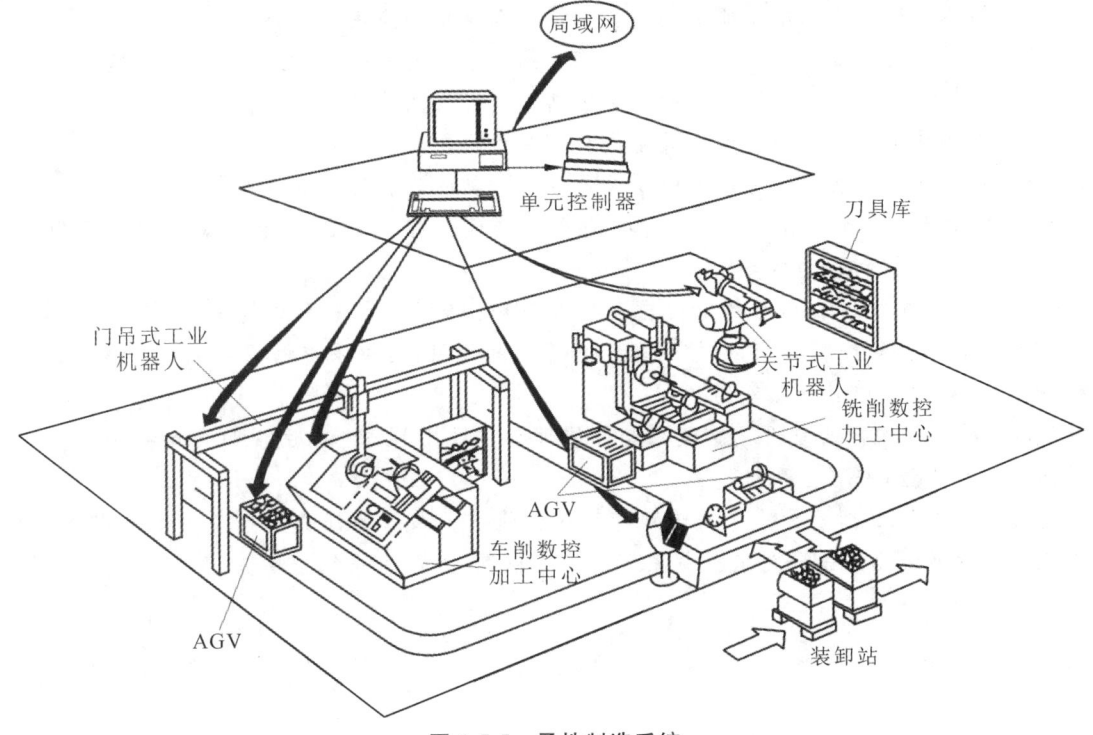

图 1-5-5　柔性制造系统

本 章 小 结

控制工程是一门跨学科的工程学科,结合物理学、数学、电子工程和计算机科学等多领域的知识,致力于系统性能优化和稳定。

(1) 本章着重介绍了控制理论的基本概念。对自动控制系统的反馈、自动控制系统的组成、控制工程学科的特点及主要研究内容等做了介绍。

(2) 自动控制理论的发展主要经历了经典控制、现代控制和智能控制三个阶段。

(3) 自动控制系统的分类方法有很多,本章主要介绍了开环系统与闭环系统的优缺点。

(4) 自动控制系统的基本组成包括给定元件、反馈元件、比较元件、放大元件、执行元件、校正元件和控制对象等。基本要求包括稳定性(首要)、准确性和快速性,不同系统对这三个方面的要求各有侧重,它们之间也相互制约,需要在设计中妥善权衡。

(5) 本章对自动控制理论在现代工业中的应用做了相应的介绍。

习　　题

1-1　简述控制工程的学科特点及其研究的主要内容。

1-2　简述控制理论最终形成专门学科的发展历程,列举几个历史上关于控制理论的重要发明。

1-3　简要介绍三种自动控制理论的主要研究内容及其各自适用的场景。

1-4　简述负反馈的工作原理及其在自动控制系统中的应用。

1-5　试列举几个日常生活中的开环系统和闭环系统的例子,并简述其工作原理。

1-6　比较开环系统与闭环系统的主要区别以及各自的优缺点。

1-7　控制系统包括哪些基本组成元件? 这些元件的功能是什么?

1-8　对自动控制系统的基本性能要求是什么? 其中最首要的要求是什么?

1-9　针对自动控制系统的不同类型,列举控制理论在实际工业生产或日常生活中的应用,并简要分析其控制原理特点。

1-10　分析题图 1-10 所示的水位自动控制系统原理图,指出系统的输入量和被控制量,区分控制对象和自动控制器,说明控制器组成部分的作用,画出系统框图并说明该系统是怎样出现偏差、检测偏差和消除偏差的。

1-11　某仓库大门自动开闭控制系统的原理如题图 1-11 所示,试说明自动控制大门开启和关闭的工作原理,并画出系统框图。

1-12　题图 1-12 所示为一个火炮跟踪系统原理图。系统的任务是控制火炮输出角度 θ_o,随时跟踪手柄转角 θ_i。试分析该控制系统的工作原理,并画出系统框图。

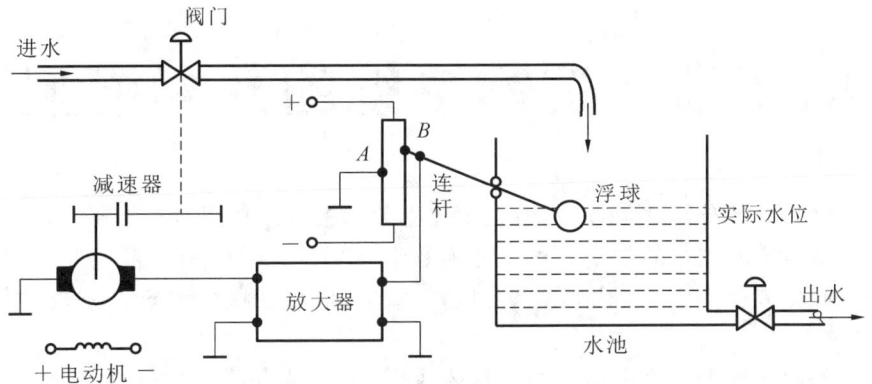

题图 1-10 水位自动控制系统原理图

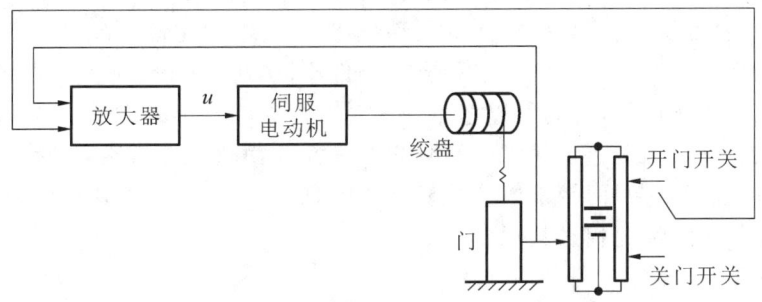

题图 1-11 某仓库大门自动开闭控制系统的原理

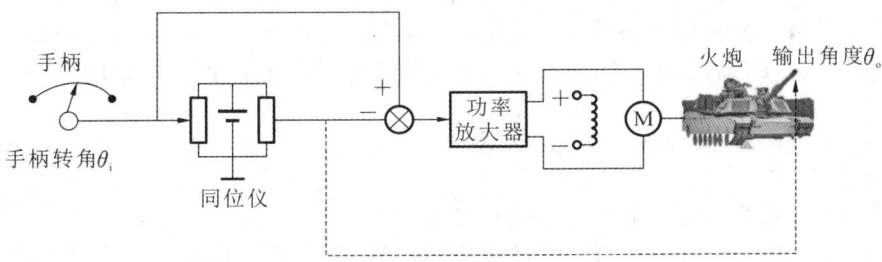

题图 1-12 火炮跟踪系统原理图

第2章 控制系统的数学模型

在自动控制系统的分析和设计中,首先要建立数学模型。描述自动控制系统输入/输出变量以及内部各变量之间关系的数学表达式称为数学模型。数学模型有多种形式:时域中常用的数学模型有微分方程、差分方程和状态方程;复域中有传递函数、动态结构图;频域中有频率特性等。

实际系统的数学模型是复杂多样的。具体建模时,要结合研究的目的、条件,合理地进行建模。系统的数学模型具有两个共同的特点。其一,相似性。实际中存在的许多工程控制系统,不管它们的物理表现形式是机械的、电学的、生物学的、还是经济学的,它们的数学模型可能是相同的,也就是说,它们具有相同的运动规律。其二,简化性和准确性。同一个物理系统,数学模型不是唯一的。由于精度要求和应用条件不同,可以用不同复杂程度的数学模型来表达。在误差允许的条件下,我们可以忽略一些对特性影响较小的物理因素,用简化的数学模型来表达实际的系统。在建模过程中,模型的准确性和简化性应综合考量,无须盲目强调准确性,使系统模型过于复杂,而带来数学分析上的困难。当然,也不能片面强调模型的简单性,而导致分析结果与实际情况相去甚远。

2.1 控制系统的微分方程

工程中的控制系统,不管它是机械的、电气的、液压的、气动的,还是热力的、化学的,其运动规律都可以用微分方程加以描述。因此,用解析法建立系统或元件的数学模型就是从列写它们的运动微分方程开始。求解这些微分方程,就可以获得系统在输入作用下的输出响应。

2.1.1 建立数学模型的一般步骤

用解析法列写系统或元件微分方程的一般步骤:

(1) 分析系统的工作原理和信号传递变换的过程,确定系统和各元件的输入量、输出量。

(2) 从系统的输入端开始,按照信号传递变换过程,依据各变量所遵循的物理学定律,依次列写出各元件的动态微分方程。

(3) 消去中间变量,得到一个描述元件或系统输入量、输出量关系的微分方程。

(4) 写成标准化形式。与输入有关的项放在等式右侧,与输出有关的项放在等式左侧且各阶导数项按降幂排列。

2.1.2 控制系统微分方程的建立

1.机械系统

任何机械系统的数学模型都可以应用牛顿定律来建立。机械系统中以各种形式出现的物理现象,都可以使用质量、弹性和阻尼三个要素来描述。

（1）机械平移系统。

图 2-1-1 所示为常见的质量-弹簧-阻尼系统,图中的 m、K、B 分别表示质量、弹簧刚度系数和黏性阻尼系数。以系统在静止平衡时的那一点为零点,即平衡工作点,这样的零点位置选择消除了重力的影响。设系统的输入量为外作用力 $f_i(t)$,输出量为质量块的位移 $x_o(t)$。现研究外力 $f_i(t)$ 与位移 $x_o(t)$ 之间的关系。

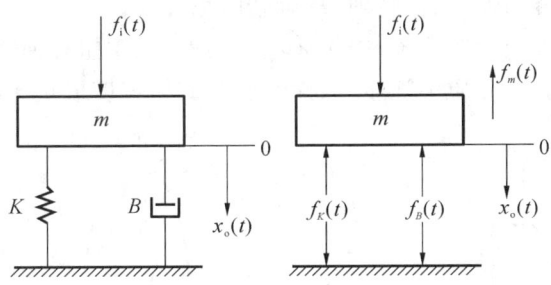

图 2-1-1 机械平移系统力学模型

在输入力 $f_i(t)$ 的作用下,质量块 m 将有加速度,从而产生速度和位移。质量块的速度和位移使阻尼器和弹簧产生黏性阻尼力 $f_B(t)$ 和弹性力 $f_K(t)$。这两个力反馈作用于质量块上,影响输入力 $f_i(t)$ 的作用效果,从而使质量块的速度和位移随时间发生变化,产生动态过程。

根据牛顿第二定律,有

$$f_i(t) - f_B(t) - f_K(t) = m \frac{\mathrm{d}^2 x_o(t)}{\mathrm{d}t^2}$$

由阻尼器、弹簧的特性,可写出

$$f_B(t) = B \frac{\mathrm{d}x_o(t)}{\mathrm{d}t}$$

$$f_K(t) = K x_o(t)$$

由以上三个式子,消去 $f_B(t)$ 和 $f_K(t)$,并写成标准形式,得

$$m \frac{\mathrm{d}^2 x_o(t)}{\mathrm{d}t^2} + B \frac{\mathrm{d}x_o(t)}{\mathrm{d}t} + K x_o(t) = f_i(t) \tag{2.1}$$

一般 m、B、K 均为常数,故式(2.1)为二阶常系数线性微分方程,它描述了输入 $f_i(t)$ 和输出 $x_o(t)$ 之间的动态关系。方程的系数取决于系统的结构参数,而方程的阶次等于系统中独立的储能元件(惯性质量、弹簧)的数量。

当质量 m 很小可忽略不计时,系统可看作由并联的弹簧和阻尼器组成,如图 2-1-2 所示。

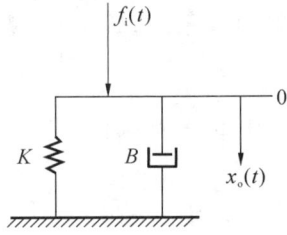

图 2-1-2 弹簧-阻尼系统力学模型

此时,系统的运动方程为一阶常系数微分方程

$$B \frac{\mathrm{d}x_{\mathrm{o}}(t)}{\mathrm{d}t} + Kx_{\mathrm{o}}(t) = f_{\mathrm{i}}(t)$$

这说明,同一系统由于简化程度的不同,可以有不同的数学模型。

（2）机械旋转系统。

包含定轴旋转的机械系统用途极为广泛,其建模方法与平移系统非常相似,区别就是将质量、弹簧、阻尼分别变为转动惯量、扭转弹簧、旋转阻尼。

图 2-1-3 所示为一机械旋转系统,旋转体通过柔性轴（用扭转弹簧表示,其扭转刚度为 K）与齿轮连接。旋转体在黏性介质中旋转,因而承受与旋转速度成正比的阻尼力矩。

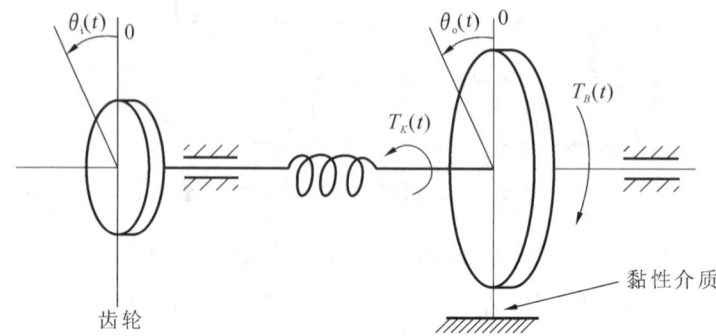

图 2-1-3　机械旋转系统力学模型

设齿轮转角 $\theta_{\mathrm{i}}(t)$ 为系统输入量,旋转体转角 $\theta_{\mathrm{o}}(t)$ 为系统输出量,据此建立系统的运动微分方程（忽略轴承上的摩擦）。扭转弹簧左、右端的转角分别为 $\theta_{\mathrm{i}}(t)$、$\theta_{\mathrm{o}}(t)$,设它加给旋转体的扭矩为 $T_K(t)$（当 $\theta_{\mathrm{i}}(t) = \theta_{\mathrm{o}}(t)$ 时,弹簧的扭矩为零）,则

$$T_K(t) = K[\theta_{\mathrm{i}}(t) - \theta_{\mathrm{o}}(t)]$$

旋转体除了受弹簧的扭矩外,也受阻尼扭矩 $T_B(t)$ 作用,因而有扭矩平衡方程

$$J \frac{\mathrm{d}^2 \theta_{\mathrm{o}}(t)}{\mathrm{d}t^2} = T_K(t) - T_B(t)$$

和旋转阻尼特性方程

$$T_B(t) = B \frac{\mathrm{d}\theta_{\mathrm{o}}(t)}{\mathrm{d}t}$$

整理以上三式可得机械旋转系统运动微分方程

$$J \frac{\mathrm{d}^2 \theta_{\mathrm{o}}(t)}{\mathrm{d}t^2} + B \frac{\mathrm{d}\theta_{\mathrm{o}}(t)}{\mathrm{d}t} + K\theta_{\mathrm{o}}(t) = K\theta_{\mathrm{i}}(t) \qquad (2.2)$$

式中：J 为旋转体转动惯量；K 为扭转刚度系数；B 为黏性阻尼系数。

2. 电气系统

电阻 R、电感 L 和电容 C 是电路中的三个基本元件。通常利用基尔霍夫定律来建立电气系统的数学模型。

RLC 无源电网络如图 2-1-4 所示,设输入端电压 $u_{\mathrm{i}}(t)$ 为系统输入量。电容量 C 两端电压 $u_{\mathrm{o}}(t)$ 为系统输出量。现研究输入电压 $u_{\mathrm{i}}(t)$ 和输出电压 $u_{\mathrm{o}}(t)$ 之间的关系。电路中的电流

为中间变量。

根据基尔霍夫定律,有

$$u_i(t) = Ri(t) + L\frac{\mathrm{d}i(t)}{\mathrm{d}t} + \frac{1}{C}\int i(t)\mathrm{d}t$$

$$u_o(t) = \frac{1}{C}\int i(t)\mathrm{d}t$$

消去中间变量 $i(t)$,稍加整理,即得

$$LC\frac{\mathrm{d}^2 u_o(t)}{\mathrm{d}t^2} + RC\frac{\mathrm{d}u_o(t)}{\mathrm{d}t} + u_o(t) = u_i(t) \tag{2.3}$$

一般假定 R、L、C 都是常数,则式(2.3)为二阶常系数线性微分方程。若 $L=0$,则该系统方程也可简化为一阶常系数微分方程

$$RC\frac{\mathrm{d}u_o(t)}{\mathrm{d}t} + u_o(t) = u_i(t) \tag{2.4}$$

有源电网络如图 2-1-5 所示,设电压 $u_i(t)$ 为系统输入量,电压 $u_o(t)$ 为系统输出量。现建立 $u_i(t)$ 与 $u_o(t)$ 之间的关系式。图中 A 点为运算放大器的反相输入端,K_o 为运算放大器的开环放大系数。因为

$$u_o(t) = -K_o u_A(t)$$

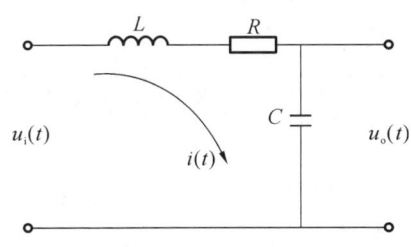

图 2-1-4　RLC 无源电网络

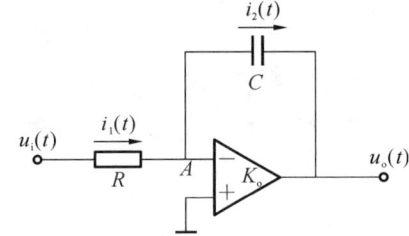

图 2-1-5　有源电网络

且一般 K_o 值很大,所以 A 点电位

$$u_A(t) = -\frac{u_o(t)}{K_o} \approx 0$$

由于运算放大器的输入阻抗一般都很高,故可认为

$$i_1(t) \approx i_2(t)$$

因此,可以得到

$$\frac{u_i(t)}{R} = -C\frac{\mathrm{d}u_o(t)}{\mathrm{d}t}$$

即

$$RC\frac{\mathrm{d}u_o(t)}{\mathrm{d}t} = -u_i(t) \tag{2.5}$$

3. 流体系统

流体系统比较复杂,但经过适当的简化也可以用微分方程来描述。图 2-1-6 所示为一简单的液位控制系统。在此系统中,箱体通过输出端的节流阀对外供液。

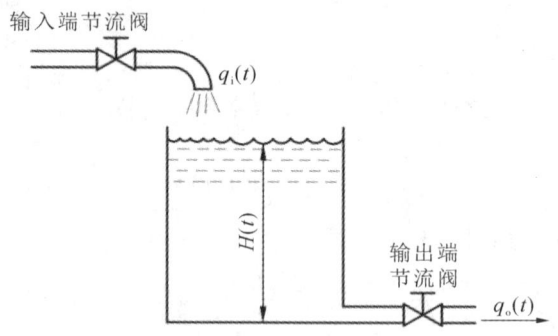

图 2-1-6 液位控制系统

设流入箱体的流量 $q_i(t)$ 为系统输入量,液面高度 $H(t)$ 为输出量,下面列写液位波动的运动微分方程。

根据流体连续方程,可得

$$A \frac{\mathrm{d}H(t)}{\mathrm{d}t} = q_i(t) - q_o(t) \tag{2.6}$$

式中:A 为箱体的截面积。

设液体是不可压缩的,且通过输出端节流阀的液流是湍流,则其流量公式为

$$q_o(t) = a \sqrt{H(t)} \tag{2.7}$$

式中:a 为由节流阀通流面积和通流口结构形式决定的系数,通流面积不变时 a 为常数。

消去中间变量 $q_o(t)$ 得液位波动方程为

$$A \frac{\mathrm{d}H(t)}{\mathrm{d}t} + a \sqrt{H(t)} = q_i(t) \tag{2.8}$$

显然,式(2.8)是一个非线性微分方程。

以上通过对机械、电气和流体的简单物理系统建立数学模型的过程,阐述了解析法建模的基本思路和基本方法。

将式(2.1)和式(2.3)进行比较,可清楚地看到,物理本质不同的系统可以有相同形式的数学模型。反之,同一形式的数学模型可以描述物理性质完全不同的系统。因此,从控制理论来说,可抛开系统的物理属性,用同一方法进行分析研究,这就是信息方法,从信息在系统中的传递、转换方面来研究系统的功能。而从动态性能来看,在相同形式的输入作用下,数学模型相同而物理本质不同的系统的输出响应相似,若方程系数相等则响应完全一样,这样就有可能利用电系统来模拟其他系统,进行实验研究。这就是控制理论中的功能模拟方法的基础。

应强调指出:在通常情况下,元件或系统的微分方程的阶次等于元件或系统中所包含的独立储能元的个数。惯性质量、弹性要素、电感、电容、液感、液容都是储能元件。每当系统中增加一个储能元时,其内部就增多一层能量的交换,即增多一层信息的交换,描述系统的微分方程将增高一阶。

分析式(2.1)和式(2.3)还可以看出,描述系统运动的微分方程的系数都是系统的结构参数及其组合,这就说明系统的动态特性是系统的固有特性,取决于系统结构及其参数。

以上建立的一些物理系统的数学模型还表明,按描述系统运动的微分方程,可将系统分成

线性系统和非线性系统两类。

用线性微分方程描述的系统，称为线性系统。如果方程的系数为常数，则这样的系统称为线性定常系统；如果方程的系数不是常数，而是时间 t 的函数，则这样的系统称为线性时变系统。线性系统的特点是具有线性性质，即服从叠加原理。这个原理是说，多个输入同时作用于线性系统的总响应，等于各个输入单独作用时产生的响应之和。

用非线性微分方程描述的系统称为非线性系统，如前述的液位控制系统。非线性系统一般不能应用叠加原理，因此在数学上处理比较困难。为了便于理论研究，通常可将非线性问题在合理的条件下进行简化，或采用线性化方法处理成线性问题。

在工程实践中，可实现的线性定常系统，均能用 n 阶常系数线性微分方程来描述其运动特性。设系统的输入量为 $x_i(t)$，系统的输出量为 $x_o(t)$，则单输入、单输出 n 阶系统常系数线性微分方程有如下的一般形式：

$$a_0 \frac{d^n x_o}{dt^n} + a_1 \frac{d^{n-1} x_o}{dt^{n-1}} + \cdots + a_{n-1} \frac{dx_o}{dt} + a_n x_o$$
$$= b_0 \frac{d^m x_i}{dt^m} + b_1 \frac{d^{m-1} x_i}{dt^{m-1}} + \cdots + b_{m-1} \frac{dx_i}{dt} + b_m x_i \tag{2.9}$$

式中：$a_0, a_1, \cdots, a_n$ 和 $b_0, b_1, \cdots, b_m$ 均为由系统结构参数决定的实常数。

由于实际系统中总含有惯性元件以及受到能源能量的限制，所以总有 $m \leqslant n$。

2.2　拉普拉斯变换

拉普拉斯变换（简称为拉氏变换）是分析研究线性动态系统的常用数学工具。通过拉普拉斯变换可将时域的微分方程变换为复数域的代数方程，这不仅使运算方便，也使系统的分析大为简化。

2.2.1　拉普拉斯变换的定义

函数 $f(t)$ 的拉普拉斯变换定义为

$$L[f(t)] = F(s) = \int_0^\infty f(t) e^{-st} dt \tag{2.10}$$

式中：$f(t)$ 为时间 t 的函数，且当 $t<0$ 时，$f(t)=0$；s 为复变数；L 为运算符号；$F(s)$ 为 $f(t)$ 的拉普拉斯变换。

【例 2.1】　已知阶跃函数 $f(t)$，计算阶跃函数 $f(t)$ 的拉普拉斯变换 $F(s)$。

$$f(t) = \begin{cases} A, t \geqslant 0 \\ 0, t < 0 \end{cases} \tag{2.11}$$

式中：A 是常数。

【解】　依据拉普拉斯变换定义有

$$L[f(t)] = \int_0^\infty A e^{-st} dt = \left(-\frac{A}{s}\right) e^{-st} \Big|_0^\infty = \frac{A}{s}$$

当 $A=1$ 时 $f(t)$ 称为单位阶跃函数，即 $f(t)=1(t)$，其拉普拉斯变换为

$$L[f(t)] = \frac{1}{s}$$

一般地,式(2.11)所示的阶跃函数常写为 $f(t) = A \cdot 1(t)$。

【例 2.2】 已知正弦函数

$$f(t) = \begin{cases} A\sin\omega t, & t \geqslant 0 \\ 0, & t < 0 \end{cases}$$

式中:A, ω 是常数。试计算正弦函数 $f(t)$ 的拉普拉斯变换 $F(s)$。

【解】 依据拉普拉斯变换的定义有

$$F(s) = L[f(t)] = \int_0^\infty (A\sin\omega t) e^{-st} dt$$

$$= \frac{A}{2j} \int_0^\infty (e^{j\omega t} - e^{j\omega t}) e^{-st} dt$$

$$= \frac{A}{s^2 + \omega^2}$$

由此可知,函数的拉普拉斯变换通常可利用拉普拉斯变换的定义求得,但在实际应用中,该计算过程较为烦琐。因此提供了另外一种计算方法,即通过查拉普拉斯变换对照表来得到函数的拉普拉斯变换。常用函数及对应的拉普拉斯变换见表 2-2-1,利用此表可查出已知时间函数所对应的拉普拉斯变换,或者已知拉普拉斯变换所对应的时间函数。

表 2-2-1 拉普拉斯变换对照表

序号	$f(t)$	$F(s)$
1	$\delta(t)$	1
2	$1(t)$	$\frac{1}{s}$
3	t	$\frac{1}{s^2}$
4	e^{-at}	$\frac{1}{s+a}$
5	te^{-at}	$\frac{1}{(s+a)^2}$
6	$\sin\omega t$	$\frac{\omega}{s^2+\omega^2}$
7	$\cos\omega t$	$\frac{s}{s^2+\omega^2}$
8	$e^{-at}\sin\omega t$	$\frac{\omega}{(s+a)^2+\omega^2}$
9	$e^{-at}\cos\omega t$	$\frac{s+a}{(s+a)^2+\omega^2}$
10	$t^n(n=1,2,3,\cdots)$	$\frac{n!}{s^{n+1}}$

续表

序号	$f(t)$	$F(s)$
11	$t^n e^{-at}\ (n=1,2,3,\cdots)$	$\dfrac{n!}{(s+a)^{n+1}}$
12	$\dfrac{1}{b-a}(e^{-at}-e^{-bt})$	$\dfrac{1}{(s+a)(s+b)}$
13	$\dfrac{\omega_n}{\sqrt{1-\zeta^2}}e^{-\zeta\omega_n t}\sin(\omega_n\sqrt{1-\zeta^2}\,t)$	$\dfrac{\omega_n^2}{s^2+2\zeta\omega_n s+\omega_n^2}$

2.2.2　拉普拉斯变换定理

下面介绍几个在线性控制系统分析和计算中常用的函数和拉普拉斯变换定理。

1. 位移定理

时间函数 $f(t)$ 的拉普拉斯变换为 $F(s)=L[f(t)]$，则有

$$L[f(t-a)] = e^{-as}F(s) \tag{2.12}$$

时间函数 $f(t)$ 经过 a 的平移后，所得时间函数 $f(t-a)$ 的拉普拉斯变换相当于时间函数 $f(t)$ 的拉普拉斯变换 $F(s)$ 与 e^{-as} 相乘，即

$$L[e^{at}f(t)] = F(s-a) \tag{2.13}$$

在时间函数 $e^{at}f(t)$ 的拉普拉斯变换中，用 $s-a$ 去替换式(2.12)$F(s)$ 中的 s，其中 a 是实数或复数。式(2.13)非常适合求解 $e^{-at}\sin\omega t$ 和 $e^{-at}\cos\omega t$ 等类似函数的拉普拉斯变换。

【例 2.3】　已知脉冲函数为

$$f(t) = \begin{cases} A, 0 \leqslant t \leqslant t_0 \\ 0, t < 0, t > t_0 \end{cases}$$

式中：A 是常量，试计算该脉冲函数的拉普拉斯变换。

【解】　该脉冲函数 $f(t)$ 是一个 $t=0$，幅度为 A 的阶跃函数，再叠加一个 $t=t_0$，幅度为 A 的负阶跃函数，即

$$f(t) = A \cdot 1(t) - A \cdot 1(t-t_0)$$

则 $f(t)$ 的拉普拉斯变换为

$$F(s) = L[f(t)] = L[A \cdot 1(t) - A \cdot 1(t-t_0)]$$

$$= \frac{A}{s} - \frac{A}{s}e^{-t_0 s}$$

$$= \frac{A}{s}(1 - e^{-t_0 s})$$

【例 2.4】　已知函数 $e^{-at}\cos\omega t$，计算其拉普拉斯变换。

【解】　已知 $\cos\omega t$ 的拉普拉斯变换为

$$L(\cos\omega t) = \frac{s}{s^2 + \omega^2}$$

则 $e^{-at}\cos\omega t$ 的拉普拉斯变换为

$$L[e^{-at}\cos\omega t] = \frac{s+a}{(s+a)^2+\omega^2}$$

【例 2.5】 已知某信号 $f(t)$ 如图 2-2-1 所示,试求其拉普拉斯变换。

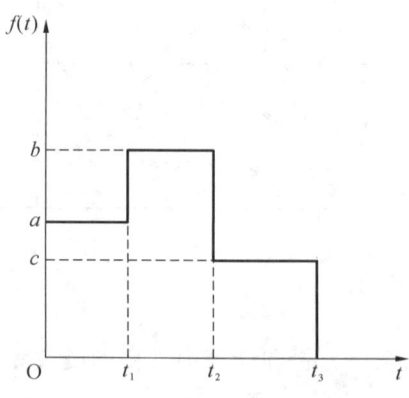

图 2-2-1 信号 $f(t)$ 曲线图

【解】 由图 2-2-1 可知,$f(t)$ 由若干个阶跃信号叠加而成,其表达式为

$$f(t) = a \cdot 1(t) + (b-a) \cdot 1(t-t_1) - (b-c) \cdot 1(t-t_2) - c \cdot 1(t-t_3)$$

已知

$$L[1(t)] = \frac{1}{s}$$

由式(2.12)有

$$F(s) = L[f(t)] = \frac{1}{s}[a + (b-a)e^{-t_1 s} - (b-c)e^{-t_2 s} - ce^{-t_3 s}]$$

2. 线性定理

设 $F_1(s) = L[f_1(t)]$,$F_2(s) = L[f_2(t)]$,a 和 b 为常数,则有

$$L[af_1(t) + bf_2(t)] = aL[f_1(t)] + bL[f_2(t)] = aF_1(s) + bF_2(s) \tag{2.14}$$

3. 相似定理

设 $F(s) = L[f(t)]$,则有

$$L\left[f\left(\frac{t}{a}\right)\right] = aF(as) \tag{2.15}$$

式中:a 为实常数。

【例 2.6】 计算函数 $f(t) = 2e^{-5t}$ 的拉普拉斯变换。

【解】 该题可利用拉普拉斯变换的定义进行求解,也可利用 $f(t)$ 与 e^{-at} 相乘来求解。设 $f(t) = e^{-t}$,则 $f(t)$ 的拉普拉斯变换为

$$F(s) = L[f(t)] = L[e^{-t}] = \frac{1}{s+1}$$

有

$$L[2e^{-5t}] = L\left[2f\left(\frac{t}{0.2}\right)\right] = 2 \times 0.2F(0.2s) = \frac{0.4}{0.2s+1} = \frac{2}{s+5}$$

需要注意的是,拉普拉斯变换的积分下限在某些情况下是有所区别的。若函数 $f(t)$ 在 $t=0$ 处包含脉冲函数,则其拉普拉斯变换的积分下限必须明确地指出是 0_+ 或者 0_-。这两种积分下限对应的函数 $f(t)$ 的拉普拉斯变换是不同的。

4. 初值定理

若函数 $f(t)$ 及其一阶导数 $\dfrac{\mathrm{d}f(t)}{\mathrm{d}t}$ 都可进行拉普拉斯变换,而且 $\lim\limits_{s\to\infty}sF(s)$ 存在,则函数 $f(t)$ 的初值为

$$f(0_+) = \lim_{s\to\infty}sF(s) \tag{2.16}$$

即原函数 $f(t)$ 在 $t\to 0_+$ 时的极限值取决于其拉普拉斯变换 $F(s)$ 在 $s\to\infty$ 时的极限值。初值定理不需要限制 $sF(s)$ 的极点位置,故其适用于正弦函数 $\sin\omega t$ 和余弦函数 $\cos\omega t$。

5. 终值定理

若函数 $f(t)$ 及其一阶导数 $\dfrac{\mathrm{d}f(t)}{\mathrm{d}t}$ 都可进行拉普拉斯变换,$\lim\limits_{t\to\infty}f(t)$ 存在,且除在原点处有唯一的极点外,$sF(s)$ 在包含 $j\omega$ 轴的右半 s 平面内是解析的,则函数 $f(t)$ 的终值为

$$\lim_{t\to\infty}f(t) = \lim_{s\to 0}sF(s) \tag{2.17}$$

即原函数 $f(t)$ 在 $t\to\infty$ 时的极限值,取决于其拉普拉斯变换 $F(s)$ 在 $s\to 0$ 时的极限值。根据式 (2.17)即可求得 $f(t)$ 在 $t\to\infty$ 时的极限值。当 $f(t)$ 是正弦函数 $\sin\omega t$ 或余弦函数 $\cos\omega t$ 时,$sF(s)$ 在 $s=\pm j\omega$ 处有极点,并且 $\lim\limits_{t\to\infty}f(t)$ 不存在,故终值定理不适用于正弦函数 $\sin\omega t$ 和余弦函数 $\cos\omega t$;当 $t\to\infty$ 时,$f(t)\to\infty$,则 $\lim\limits_{t\to\infty}f(t)$ 不存在,那么终值定理也不适用于此类情况。

6. 微分定理

若函数 $f(t)$ 及其一阶导数 $\dfrac{\mathrm{d}f(t)}{\mathrm{d}t}$ 都可进行拉普拉斯变换,那么 $\dfrac{\mathrm{d}f(t)}{\mathrm{d}t}$ 的拉普拉斯变换为

$$L\left[\frac{\mathrm{d}f(t)}{\mathrm{d}t}\right] = sF(s) - f(0) \tag{2.18}$$

式中:$f(0)$ 是 $f(t)$ 在 $t=0$ 处的初始值。

若函数 $f(t)$ 在 $t=0$ 处不连续,$f(0_+)\neq f(0_-)$,则式(2.18)应修正为

$$L_+\left[\frac{\mathrm{d}f(t)}{\mathrm{d}t}\right] = sF(s) - f(0_+) \tag{2.19}$$

$$L_-\left[\frac{\mathrm{d}f(t)}{\mathrm{d}t}\right] = sF(s) - f(0_-) \tag{2.20}$$

若函数 $f(t)$ 存在 n 阶导数,则 $f(t)$ 的 n 阶导数的拉普拉斯变换为

$$L\left[\frac{\mathrm{d}^n f(t)}{\mathrm{d}t^n}\right] = s^n F(s) - s^{n-1}f(0) - s^{n-2}f^1(0) - \cdots - sf^{(n-2)}(0) - f^{(n-1)}(0) \tag{2.21}$$

式中:$f(0),f^1(0),\cdots,f^{n-1}(0)$ 分别表示 $f(t),\dfrac{\mathrm{d}f(t)}{\mathrm{d}t},\cdots,\dfrac{\mathrm{d}^{n-1}f(t)}{\mathrm{d}t^{n-1}}$ 在 $t=0$ 处的值。若 $f(t)$ 及其各阶导数的初始值均为零,则 $f(t)$ 的 n 阶导数的拉普拉斯变换可简化为 $s^n F(s)$。

【例 2.7】 已知函数 $f(t)=A\cos\omega t\ (t\geq 0,A$ 是常量),计算其拉普拉斯变换。

【解】 由查表法即可得知正弦函数 $\sin\omega t$ 的拉普拉斯变换。此例采用微分定理来推导。

查表 2-2-1 可知

$$F(s) = L[\sin\omega t] = \frac{\omega}{s^2 + \omega^2}$$

依据微分定理，$f(t)$ 的拉普拉斯变换计算如下：

$$L[A\cos\omega t] = L\left[\frac{\mathrm{d}}{\mathrm{d}t}\left(\frac{A}{\omega}\sin\omega t\right)\right] = \frac{A}{\omega}[sF(s) - f(0)]$$

$$= \frac{A}{\omega}\left(\frac{s\omega}{s^2 + \omega^2} - 0\right)$$

$$= \frac{As}{s^2 + \omega^2}$$

7. 积分定理

若函数 $f(t)$ 及其一阶积分 $\int f(t)\mathrm{d}t$ 都可进行拉普拉斯变换，则函数 $\int f(t)\mathrm{d}t$ 的拉普拉斯变换为

$$L\left[\int f(t)\mathrm{d}t\right] = \frac{1}{s}[F(s) + f^{-1}(0)] \tag{2.22}$$

式中：$f^{-1}(0)$ 表示 $\int f(t)\mathrm{d}t$ 在 $t=0$ 处的值。若 $f^{-1}(0)=0$，则 $\int f(t)\mathrm{d}t$ 的拉普拉斯变换可简化为 $F(s)/s$。

若函数 $f(t)$ 在 $t=0$ 处有脉冲函数，且 $f^{-1}(0_+) \neq f^{-1}(0_-)$，则式(2.22)可修正为

$$L_+\left[\int f(t)\mathrm{d}t\right] = \frac{1}{s}[F(s) + f^{-1}(0_+)] \tag{2.23}$$

$$L_-\left[\int f(t)\mathrm{d}t\right] = \frac{1}{s}[F(s) + f^{-1}(0_-)] \tag{2.24}$$

表 2-2-2 列出了拉普拉斯变换的常用定理和关系式。

表 2-2-2 拉普拉斯变换的常用定理和关系式

序号	关系式
1	$L[Af(t)] = AF(s)$
2	$L[f_1(t) \pm f_2(t)] = F_1(s) \pm F_2(s)$
3	$L_\pm\left[\dfrac{\mathrm{d}f(t)}{\mathrm{d}t}\right] = sF(s) - f(0_\pm)$
4	$L_\pm\left[\dfrac{\mathrm{d}^2 f(t)}{\mathrm{d}t^2}\right] = s^2 F(s) - sf(0_\pm) - \dot{f}(0_\pm)$
5	$L_\pm\left[\dfrac{\mathrm{d}^n f(t)}{\mathrm{d}t^n}\right] = s^n F(s) - \sum_{k=1}^{n} s^{n-k} f^{k-1}(0_\pm)$，式中 $f^{k-1}(0_\pm) = \dfrac{\mathrm{d}^{k-1} f(0_\pm)}{\mathrm{d}t^{k-1}}$
6	$L_\pm\left[\int f(t)\mathrm{d}t\right] = \dfrac{F(s)}{s} + \dfrac{\left[\int f(t)\mathrm{d}t\right]_{t=0}}{s}$

续表

序号	关系式
7	$L[e^{-at}f(t)\mathrm{d}t] = F(s+a)$
8	$L[f(t-a)] = e^{-as}F(s)$
9	$L[tf(t)] = -\dfrac{\mathrm{d}F(s)}{s}$
10	$L\left[\dfrac{1}{t}f(t)\right] = \displaystyle\int_t^\infty F(s)\mathrm{d}s$
11	$L\left[f\left(\dfrac{t}{a}\right)\right] = aF(as)$

2.3　传递函数

在 2.1 节和 2.2 节中,简要地讨论了如何列写自动控制系统的线性微分方程式(动态数学模型),并且得知线性微分方程式的一般表达式为

$$a_0\frac{\mathrm{d}^n x_c}{\mathrm{d}t^n} + a_1\frac{\mathrm{d}^{n-1}x_c}{\mathrm{d}t^{n-1}} + \cdots + a_{n-1}\frac{\mathrm{d}x_c}{\mathrm{d}t} + a_n x_c$$
$$= b_0\frac{\mathrm{d}^m x_r}{\mathrm{d}t^m} + b_1\frac{\mathrm{d}^{m-1}x_r}{\mathrm{d}t^{m-1}} + \cdots + b_{m-1}\frac{\mathrm{d}x_r}{\mathrm{d}t} + b_m x_r \tag{2.25}$$

式中:$x_r(t)$ 为输入量,$x_c(t)$ 为输出量。

进一步的工作就是以微分方程式为基础来分析自动控制系统的性能。分析自动控制系统的性能,最直接的方法就是求解微分方程式,取得被控制量在暂态过程中的时间函数曲线 $x_c(t)$,然后根据 $x_c(t)$ 曲线对系统性能进行评价。直接求解可以运用经典法(即求解微分方程)或拉氏变换法。

拉氏变换是求解线性微分方程的简捷方法。当采用这种方法时,微分方程的求解问题转换为代数方程和查表求解的问题,这样就使计算大为简捷。更重要的是,由于采用了这一方法,能把系统的以线性微分方程式描述的系统动态数学模型,转换为在复数 s 域的数学模型,即传递函数,并由此发展出用传递函数的零点和极点分布、频率特性等间接分析和设计系统的工程方法。本节将论述传递函数的定义和典型环节及其传递函数。

2.3.1　传递函数的定义

自动控制系统的动态方程式可转换成拉氏变换,以拉氏变换来表达系统的数学模型。例如控制系统的微分方程式一般可写成式(2.25)。

当初始条件为零时,根据拉氏变换的微分定理,上述微分方程式的拉氏变换为

$$(a_0 s^n + a_1 s^{n-1} + \cdots + a_{n-1}s + a_n)X_c(s) = (b_0 s^m + b_1 s^{m-1} + \cdots + b_{m-1}s + b_m)X_r(s)$$

式中:$X_c(s) = L^{-1}[X_c(t)]$;$X_r(s) = L^{-1}[X_r(t)]$。输出量的拉氏变换为

$$X_c(s) = \frac{b_0 s^m + b_1 s^{m-1} + \cdots + b_{m-1} s + b_m}{a_0 s^n + a_1 s^{n-1} + \cdots + a_{n-1} s + a_n} X_r(s)$$

令

$$W(s) = \frac{b_0 s^m + b_1 s^{m-1} + \cdots + b_{m-1} s + b_m}{a_0 s^n + a_1 s^{n-1} + \cdots + a_{n-1} s + a_n} \tag{2.26}$$

则输出量的拉氏变换为输入量的拉氏变换乘以 $W(s)$，即

$$X_c(s) = X_r(s) W(s)$$

或用方框图表示为

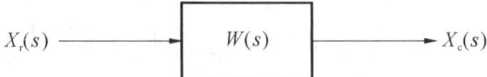

$W(s)$ 称为系统或环节的传递函数，可以写成

$$W(s) = \frac{X_c(s)}{X_r(s)} \tag{2.27}$$

根据式(2.27)可以得到传递函数的定义为在零初始条件下，系统输出量的拉氏变换与系统输入量的拉氏变换之比。

由此可以看出，求出系统(或环节)的微分方程式以后，只要把方程式中的各阶导数用相应阶次的变量 s 代替，就很容易求得系统(或环节)的传递函数。下面介绍几个定义和术语。

(1) **特征方程**　传递函数的分母就是系统的特征方程。

(2) **阶数**　传递函数分母中 s 的最高阶次表示系统的阶数。例如分母中 s 的最高阶次为 n，则系统称为 n 阶系统。分子中 s 的最高阶次为 m，一般 $n \geqslant m$。

(3) **极点**　传递函数分母多项式方程的根称为系统的极点。

(4) **零点**　传递函数分子多项式方程的根称为系统的零点。

传递函数是系统(或环节)数学模型的又一种形式，它表达了系统把输入量转换成输出量的传递关系。它只和系统本身的特性参数有关，而与输入量怎样变化无关。

传递函数是研究线性系统动态特性的重要工具，利用这一工具可以大大简化系统动态性能的分析过程。例如，对初始状态为零的系统，可不通过拉氏反变换求解来研究系统在输入信号作用下的动态过程，而直接根据系统传递函数的某些特征来研究系统的性能。这样给分析系统带来很大的方便。另外，也可以将对系统性能的要求转换成对传递函数的要求，从而提供简便的系统设计方法。

系统传递函数 $W(s)$ 是复变量 s 的函数，常常表达为如下形式：

$$W(s) = \frac{b_m}{a_n} \cdot \frac{d_0 s^m + d_1 s^{m-1} + \cdots + 1}{c_0 s^n + c_1 s^{n-1} + \cdots + 1} = \frac{K \prod\limits_{i=1}^{m}(T_i s + 1)}{\prod\limits_{j=1}^{n}(T_j s + 1)} \tag{2.28}$$

或

$$W(s) = \frac{b_0}{a_0} \cdot \frac{s^m + d'_1 s^{m-1} + \cdots + d'_m}{s^n + c'_1 s^{n-1} + \cdots + d'_n} = \frac{K_g \prod\limits_{i=1}^{m}(s + z_i)}{\prod\limits_{j=1}^{n}(s + p_j)} \tag{2.29}$$

式中：z_i 为分子多项式方程的根，即系统的零点；p_j 为分母多项式方程的根，即系统的极点。

分母和分子多项式方程的根均可包括共轭复根和零根。式(2.28)中的常数 K 称为增益,为方便起见,这里将 K 称为系统增益,K_g 称为传递系数。

对于简单的系统和环节,首先列出它的输入量与输出量的微分方程式,求其在零初始条件下的拉氏变换,然后由输入量与输出量的拉氏变换之比,即可求得系统的传递函数。对于复杂的系统和环节,可以将其分解成各局部环节,先求得各局部环节的传递函数,然后利用本章介绍的结构图变化法则,计算系统的总传递函数。

下面举例说明求取传递函数的步骤。

【例 2.8】 如图 2-1-4 所示,RLC 串联电路以电压 $u_i(t)$ 为输入量,以电容器两端电压 $u_o(t)$ 为输出量,试求系统的传递函数。

【解】 根据基尔霍夫定律可列出其对应的微分方程为

$$LC\frac{\mathrm{d}^2 u_o(t)}{\mathrm{d}t^2} + RC\frac{du_o(t)}{\mathrm{d}t} + u_o(t) = u_i(t)$$

经拉普拉斯变换后得

$$U_i(s) = LCs^2 U_o(s) + RCsU_o(s) + U_o(s)$$

即传递函数为

$$G(s) = \frac{U_o(s)}{U_i(s)} = \frac{1}{LCs^2 + RCs + 1}$$

2.3.2 典型环节及其传递函数

控制系统是由各种元件相互连接组成的。虽然不同的控制系统所用的元件不相同,如机械的、电子的、液压的、气压的和光电的等,然而,从传递函数的观点来看,尽管它们的结构、工作原理各不相同,但其运动规律却可以完全相同,即具有相同的数学模型。为了便于研究自动控制系统,通常按数学模型的不同,将系统的组成元件归纳为典型的几个类别,每种类别有其相应的传递函数,称为一种典型环节。

线性系统传递函数由一些基本因子的乘积所组成。这些基本因子就是典型环节所对应的传递函数,它们是传递函数最简单、最基本的形式。

典型环节有比例环节、积分环节、惯性环节、振荡环节、微分环节和延迟(滞后或时滞)环节等。

1. 比例环节

比例环节(又称放大环节)的输出量与输入量成比例关系,具体描述如下。

(1) 微分方程:

$$c(t) = Kr(t) \qquad (t \geqslant 0)$$

(2) 传递函数:

$$G(s) = \frac{C(s)}{R(s)} = K$$

式中:K 为比例系数或传递系数。若输出、输入的量纲相同,则 K 称为放大系数。

(3) 动态响应。

当 $r(t) = 1(t)$ 时,$c(t) = K \cdot 1(t)$,比例环节立即成比例地响应输入量的变化。比例环节的阶跃响应曲线如图 2-3-1 所示。

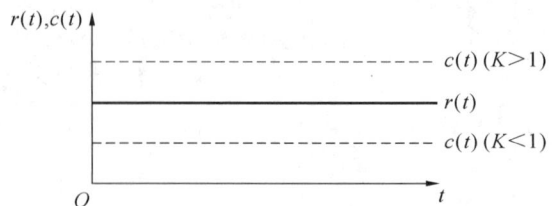

图 2-3-1 比例环节的阶跃响应曲线

（4）实例 常见的分压器、交流变压器、线性放大器、杠杆均属于比例环节。

2. 积分环节

积分环节的输出量与输入量的积分成正比。具体描述如下。

（1）积分方程：

$$c(t) = \frac{1}{T}\int r(t)\,\mathrm{d}t \qquad (t \geqslant 0)$$

（2）传递函数：

$$G(s) = \frac{C(s)}{R(s)} = \frac{1}{Ts}$$

式中：T 为时间常数。

（3）动态响应。

当输入信号 $r(t) = 1(t)$ 时，$R(s) = \dfrac{1}{s}$，则

$$C(s) = R(s)G(s) = \frac{1}{s}\frac{1}{Ts} = \frac{1}{Ts^2}$$

经拉普拉斯反变换得

$$c(t) = \frac{1}{T}t$$

积分环节的单位阶跃响应曲线如图 2-3-2 所示，可见 $c(t)$ 随时间直线上升，其斜率为 $\dfrac{1}{T}$。

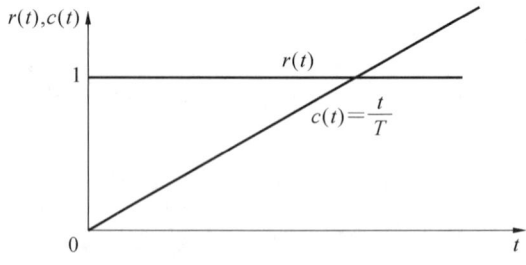

图 2-3-2 积分环节的单位阶跃响应曲线

（4）积分环节的特点 积分环节的输出为输入对时间的积累。因此，凡是输出量对输入量有储存和积累特点的元件一般都含有积分环节。例如，水箱的水位与水流量，烘箱的温度与

热流量(或功率),机械运动中的转速与转矩、位移与加速度,电容的电量与电流等。积分环节是自动控制系统中最常见的环节之一。

3. 惯性环节

惯性环节的具体描述如下。

(1) 微分方程:

$$T\frac{\mathrm{d}c(t)}{\mathrm{d}t}+c(t)=r(t) \qquad (t\geqslant 0)$$

(2) 传递函数:

$$G(s)=\frac{C(s)}{R(s)}=\frac{1}{Ts+1}$$

(3) 动态响应。

当 $r(t)=1(t)$ 时,$R(s)=\dfrac{1}{s}$,则

$$C(s)=R(s)G(s)=\frac{1}{s}\frac{1}{Ts+1}=\frac{1}{s}-\frac{1}{s+\dfrac{1}{T}}$$

经拉普拉斯反变换得

$$c(t)=1-\mathrm{e}^{-\frac{1}{T}}$$

惯性环节的单位阶跃响应曲线如图 2-3-3 所示。由图 2-3-3 可见,当输入信号由 0 变为 1 时,输出信号不能立即响应,而是按指数规律逐渐增大,表明该环节具有惯性。

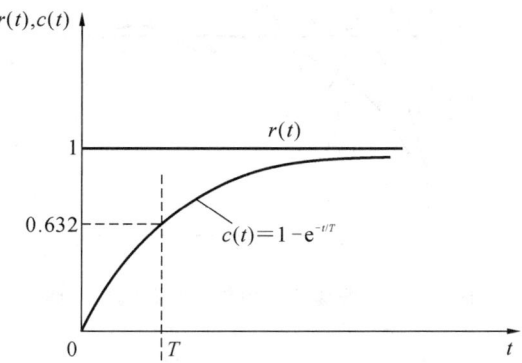

图 2-3-3　惯性环节的单位阶跃响应曲线

(4) 实例　常见的加热炉、测温用的热电偶、发电机等均属于惯性环节。

4. 振荡环节

振荡环节的特点是含有两种能量形式不同的储能元件,两者间不断进行能量交换,使输出量呈现出振荡的性质。

(1) 微分方程:

$$T^2\frac{\mathrm{d}^2c(t)}{\mathrm{d}t^2}+2\zeta T\frac{\mathrm{d}c(t)}{\mathrm{d}t}+c(t)=r(t)$$

（2）传递函数：

$$G(s) = \frac{1}{T^2 s^2 + 2\zeta T s + 1} = \frac{\omega_n^2}{s^2 + 2\zeta \omega_n s + \omega_n^2}$$

式中：$\omega_n = \dfrac{1}{T}$；ζ 为阻尼比，$0 < \zeta < 1$。

（3）动态响应。

动态响应的详细推导过程见第 3.4 节二阶系统的时域分析。

当 $\zeta = 0$ 时，$c(t)$ 为等幅自由振荡（又称无阻尼振荡），其振荡角频率为 ω_n，ω_n 称为无阻尼自然振荡角频率。

当 $0 < \zeta < 1$ 时，$c(t)$ 为减幅振荡（又称欠阻尼振荡），其振荡角频率为 ω_d，ω_d 称为阻尼振荡角频率。这时动态响应为

$$c(t) = 1 - \frac{e^{-\zeta \omega_n t}}{\sqrt{1 - \zeta^2}} \sin(\omega_d t + \varphi)$$

式中：

$$\omega_d = \omega_n \sqrt{1 - \zeta^2}, \varphi = \arctan \frac{\sqrt{1 - \zeta^2}}{\zeta}$$

振荡环节的单位阶跃响应曲线如图 2-3-4 所示。

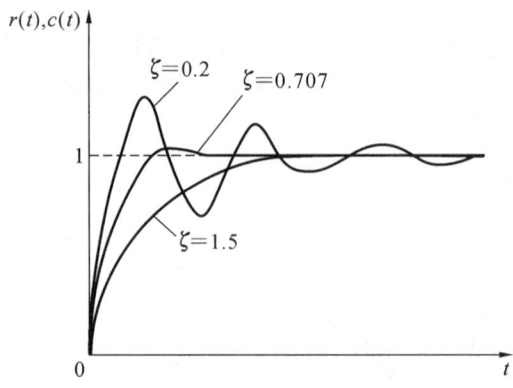

图 2-3-4　振荡环节的单位阶跃响应曲线

5. 微分环节

微分环节的特点是输出量与输入量的导数成比例关系。按方程的不同，微分环节分为纯微分环节、一阶微分环节（也称为比例微分环节）、二阶微分环节。

（1）微分方程：

纯微分环节：

$$c(t) = \tau \frac{dr(t)}{dt} \qquad (t \geqslant 0)$$

一阶微分环节：

$$c(t) = \tau \frac{dr(t)}{dt} + r(t) \qquad (t \geqslant 0)$$

二阶微分环节：

$$c(t) = \tau^2 \frac{\mathrm{d}r^2(t)}{\mathrm{d}t^2} + 2\zeta\tau \frac{\mathrm{d}r(t)}{\mathrm{d}t} + r(t) \qquad (t \geqslant 0)$$

（2）传递函数：

纯微分环节：

$$G(s) = \tau s$$

一阶微分环节：

$$G(s) = \tau s + 1$$

二阶微分环节：

$$G(s) = \tau^2 s^2 + 2\zeta\tau s + 1$$

（3）动态响应。

① 纯微分环节：

当 $r(t) = 1(t)$ 时，$R(s) = \dfrac{1}{s}$，此时

$$C(s) = R(s)G(s) = \frac{1}{s}\tau s = \tau$$

经拉普拉斯反变换得

$$c(t) = \tau\zeta(t)$$

式中：$\zeta(t)$ 为理想单位脉冲函数，它是一个幅值为无穷大而时间宽度为零的理想脉冲信号。

纯微分环节的单位阶跃响应曲线如图 2-3-5 所示。

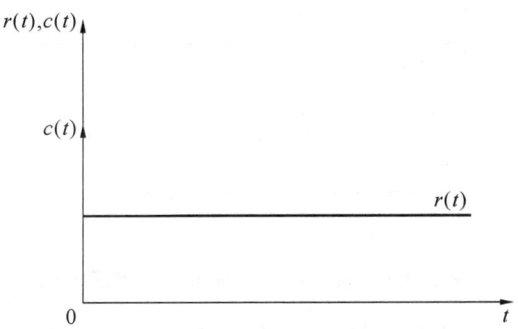

图 2-3-5　纯微分环节的单位阶跃响应曲线

应强调指出，这种理想纯微分环节在实际中是不存在的，因为任何实际物理元件或装置都具有一定的质量和有限的容量（即能够储存和传输的能量是有限的），都不可能在阶跃信号输入时，瞬间释放出幅值为无穷大而持续时间仅为零的输出。

② 单纯的一阶微分环节和二阶微分环节在实际中也是不存在的，包含微分特征的环节必然带有惯性，反映在传递函数上就是带有分母。

虽然实际的微分环节不具有理想微分环节的特性，但仍能在输入跃变时，在极短的时间内形成一个较强脉冲的输出。从本质上看，实际微分环节的输出的确包含与输入信号导数成比例的成分。因此，用各种元件和不同原理构成的实际微分环节（比例微分环节）在控制系统中仍然得到广泛应用，本书的后续章节将有进一步的阐述。

6. 延迟环节（滞后环节或时滞环节）

这一环节的特点是输出量经历一段延迟时间 τ 后，完全复现输入信号，具体描述如下。

（1）微分方程：

$$c(t) = r(t - \tau)$$

式中：τ 为延迟时间。

（2）传递函数。

由拉普拉斯变换的性质可得

$$G(s) = e^{-\tau s} = \frac{1}{e^{\tau s}}$$

若将 $e^{\tau s}$ 按泰勒级数展开，得

$$e^{\tau s} = 1 + \tau s + \frac{\tau^2 s^2}{2!} + \frac{\tau^3 s^3}{3!} + \cdots$$

当 τ 很小时，$e^{\tau s} \approx 1 + \tau s$，于是传递函数可近似为

$$G(s) = \frac{1}{e^{\tau s}} \approx \frac{1}{\tau s + 1}$$

即在延迟时间很小时，延迟环节可用一个小惯性环节来代替。

（3）动态响应。

延迟环节的单位阶跃响应曲线如图 2-3-6 所示。

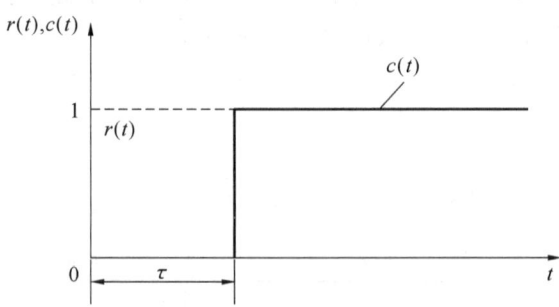

图 2-3-6　延迟环节的单位阶跃响应曲线

（4）实例　延迟环节在工程中是经常遇到的，例如过程控制系统中的管道运输机、带式运输机都是典型的延迟环节。

2.4　控制系统的结构图与信号流图

控制系统的结构图和信号流图都是描述系统各元件之间信号传递关系的数学图形，它们表示了系统中各变量之间的因果关系以及对各变量所进行的运算，是控制理论中描述复杂系统的一种简便方法。与结构图相比，信号流图符号简单，更便于绘制和应用，特别是在系统的计算机仿真研究以及状态空间法分析设计中，信号流图可以直接给出计算机仿真程序和系统的状态方程描述，更显示出其优越性。但是，信号流图只适用于线性系统，而结构图可用于非线性系统。

2.4.1 系统结构图的组成和绘制

控制系统的结构图由许多对信号进行单向运算的方框和一些信号流向线组成。它包含如下四种基本单元。

(1) 信号线　信号线是带有箭头的直线,箭头表示信号的流向,在直线旁标记信号的时间函数或象函数,如图 2-4-1(a)所示。

(2) 引出点(或测量点)　引出点表示信号引出或测量的位置,从同一位置引出的信号在数值和性质方面完全相同,如图 2-4-1(b)所示。

(3) 比较点(或综合点)　比较点表示对两个以上的信号进行加减运算,"＋"号表示相加,"＋"号可省略不写;"－"号表示相减,如图 2-4-1(c)所示。

(4) 方框(或环节)　方框表示对信号进行的数学变换,方框中写入元件名称、符号或其传递函数,如图 2-4-1(d)所示。

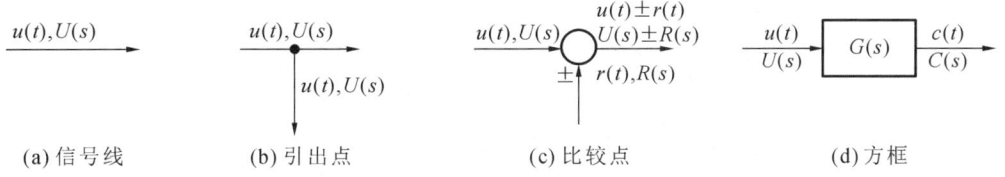

| (a) 信号线 | (b) 引出点 | (c) 比较点 | (d) 方框 |

图 2-4-1　结构图的基本组成单元

显然,方框的输出量等于方框的输入量与传递函数的乘积,即

$$C(s) = U(s)G(s)$$

因此,方框可视为单向运算的算子。

绘制系统结构图时,首先考虑负载效应,分别列写系统各元件的微分方程或传递函数,并将它们用方框表示;然后,根据各元件的信号流向,用信号线依次将各方框连接便得到系统的结构图。因此,系统结构图实质上是系统原理图与数学方程两者的结合,既补充了原理图所缺少的定量描述,又避免了纯数学的抽象表达。从结构图上可以用方框进行数学运算,也可以直观了解各元件的相互关系及其在系统中所起的作用;更重要的是,从系统结构图可以方便地求得系统的传递函数。所以,系统结构图也是控制系统的一种数学模型。

要指出的是,虽然系统结构图是从系统元件的数学模型得到的,但结构图中的方框与实际系统的元件并非是一一对应的。一个实际元件可以用一个方框或几个方框表示;而一个方框也可以代表几个元件或一个子系统或一个大的复杂系统。下面举例说明系统结构图的绘制方法。

【例 2.9】 图 2-4-2 是一个电压测量装置原理图,也是一个反馈控制系统图。e 是待测量电压,e_1 是电压测量值。如果 e 不同于 e_1,就产生误差电压 $e_2 = e - e_1$,经调制、放大以后驱动两相伺服电动机运转,并带动测量指针移动,直至 $e = e_1$,这时指针指示的电压值即待测量的电压值。试绘制该系统的结构图。

【解】 系统由比较电路、机械调制器、放大器、两相伺服电动机等组成。首先,考虑负载效应,分别列写各元件的运动方程,并在零初始条件下进行拉氏变换,于是有

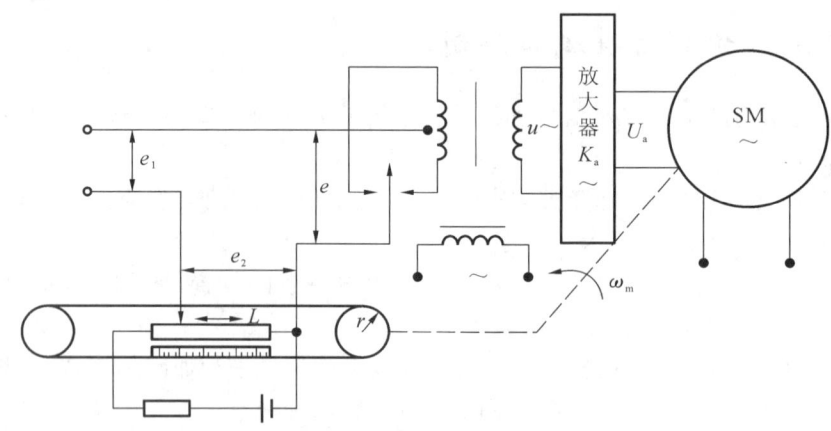

图 2-4-2　电压测量装置原理图

比较电路

$$E(s) = E_1(s) - E_2(s)$$

机械调制器

$$U_\sim(s) = E(s)$$

放大器

$$U_a(s) = K_a E(s)$$

两相伺服电动机

$$M_m = -C_a s \Theta_m(s) + M_s, \ M_s = C_m U_a(s)$$
$$M_m = J_m s^2 \Theta_m(s) + f_m s \Theta_m(s)$$

式中:M_m 是电动机转矩;M_s 是电动机堵转转矩;$U_\sim(s)$ 是调制器输出电压;K_a 是放大系数;$U_a(s)$ 是控制电压;C_a 是电动机转矩系数;$\Theta_m(s)$ 是电动机角位移;C_m 是常数,与电动机本身的特性有关;J_m 和 f_m 分别是折算到电动机上的总转动惯量及总黏性摩擦系数。

绳轮传动机构

$$L(s) = r \Theta_m(s)$$

式中:r 是绳轮半径;$L(s)$ 是指针位移。

测量电位器

$$E_2(s) = K_1 L(s)$$

式中:K_1 是电位器传递系数。然后,根据各元件在系统中的工作关系,确定其输入量和输出量,并按照各自运动方程分别画出每个元件的方框图,如图 2-4-3(a)～(g)所示。最后,用信号线按信号流向依次将各元件的方框连接起来,便得到系统结构图,如图 2-4-3(h)所示。两相伺服电动机结构图也可简化为图 2-4-3(i)所示结构。

2.4.2　结构图的等效变换和简化

通过控制系统的结构图等效变换(或简化)可以方便地求取闭环系统的传递函数或系统输出量的响应。实际上,这个过程对应于由元件运动方程消去中间变量求取系统传递函数的过程。例如,在例 2.9 中,由两相伺服电动机三个方程式消去中间变量 M_m 及 M_s 得到传递函数 $\theta_m(s)/U_a(s)$ 的过程,对应于将图 2-4-3(h)中虚线框内的四个方框简化为图 2-4-3(i)中所示的一个方框的过程。

一个复杂的系统结构图,其方框间的连接必然是错综复杂的,但方框间的基本连接方式只有串联、并联和反馈连接三种。因此,结构图简化的一般方法是移动引出点或比较点,交换比较点,进行方框运算,将串联、并联和反馈连接的方框合并。在简化过程中应遵循变换前后变量关系保持等效的原则,具体而言,就是变换前后前向通路中传递函数的乘积应保持不变,回路中传递函数的乘积应保持不变。

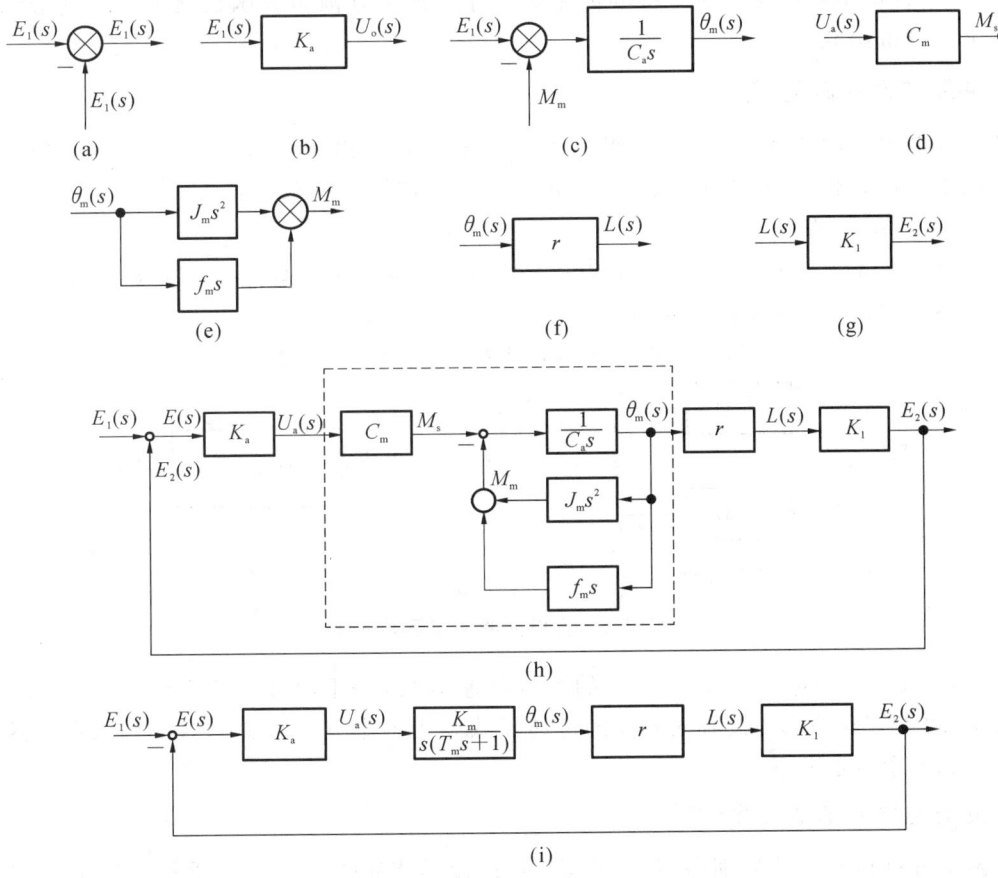

图 2-4-3　电压测量装置系统结构图

1. 串联方框的简化(等效)

两个方框传递函数分别为 $G_1(s)$ 和 $G_2(s)$,若 $G_1(s)$ 的输出量为 $G_2(s)$ 的输入量,则 $G_1(s)$ 与 $G_2(s)$ 为串联连接,如图 2-4-4(a)所示。注意:两个串联连接元件的方框图应考虑负载效应。

由图 2-4-4(a)有

$$U(s) = R(s)G_1(s), C(s) = U(s)G_2(s)$$

(a) 方框串联　　(b) 串联等效简化

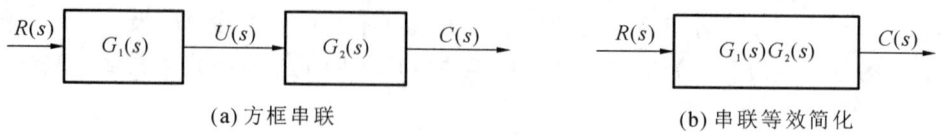

图 2-4-4　方框串联连接及其简化

将上两式消去 $U(s)$，得

$$C(s)=R(s)G_1(s)G_2(s)=R(s)G(s)$$

式中：$G(s)=G_1(s)G_2(s)$是串联方框的等效传递函数，可用图 2-4-4(b)所示的方框表示。由此可知，两个方框串联连接等效方框的传递函数等于各个方框传递函数之乘积。这个结论可推广到 n 个方框串联。

2. 并联方框的简化(等效)

两个方框传递函数分别为 $G_1(s)$和 $G_2(s)$，如果它们有相同的输入量，而输出量等于两个方框输出量的代数和，则 $G_1(s)$与 $G_2(s)$为并联连接，如图 2-4-5(a)所示。

由图 2-4-5(a)，有

$$C_1(s)=R(s)G_1(s),C_2(s)=R(s)G_2(s),C(s)=C_1(s)\pm C_2(s)$$

将上述三式消去 $C_1(s)$和 $C_2(s)$，得

$$C(s)=R(s)[G_1(s)\pm G_2(s)]=R(s)G(s)$$

(a) 方框并联　　(b) 并联等效简化

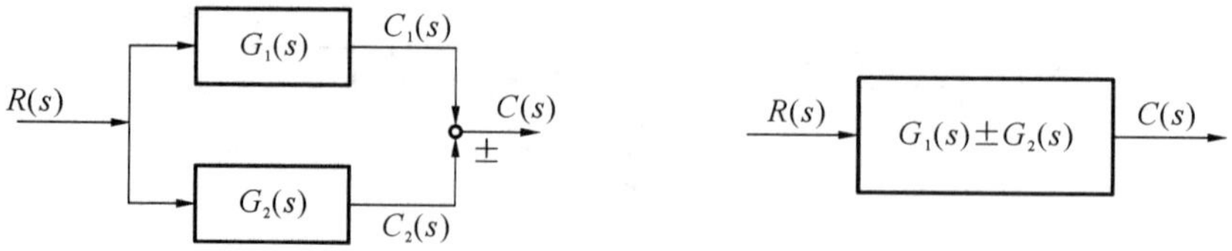

图 2-4-5　方框并联连接及其简化

式中：$G(s)=G_1(s)\pm G_2(s)$是并联方框的等效传递函数，可用图 2-4-5(b)所示的方框表示。由此可知，两个方框并联连接等效方框的传递函数等于各个方框传递函数的代数和。这个结论可推广到 n 个方框并联。

3. 反馈连接方框的简化(等效)

若两个方框传递函数分别为 $G(s)$和 $H(s)$，连接形式如图 2-4-6(a)所示，则这种形式的连接称为反馈连接。图中“＋”号表示输入信号与反馈信号相加($R(s)+B(s)$)，为正反馈；“－”号则表示相减($R(s)-B(s)$)，为负反馈。

由图 2-4-6(a)可知

$$C(s)=E(s)G(s),B(s)=C(s)H(s),E(s)=R(s)\pm B(s)$$

消去中间变量 $E(s)$和 $B(s)$，得

$$C(s)=G(s)[R(s)\pm C(s)H(s)]$$

于是有

$$C(s)=\frac{G(s)}{1\mp G(s)H(s)}R(s)=\Phi(s)R(s) \tag{2.30}$$

式中：

$$\Phi(s) = \frac{G(s)}{1 \mp G(s)H(s)} \tag{2.31}$$

称为闭环传递函数，是方框反馈连接的等效传递函数。式中"－"号对应正反馈连接，"＋"号对应负反馈连接。式(2.30)可用图 2-4-6(b)中的方框表示。

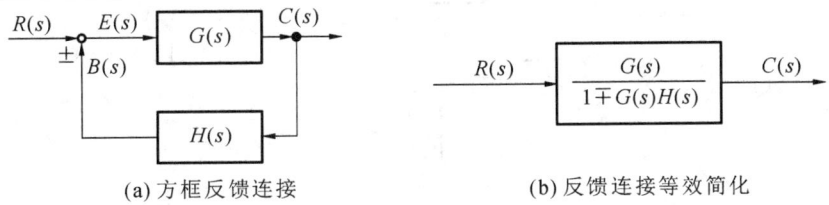

　　(a) 方框反馈连接　　　　　　　　　(b) 反馈连接等效简化

图 2-4-6　方框的反馈连接及其简化

4. 比较点和引出点的移动

　　在系统结构图简化过程中，有时为了便于进行方框的串联、并联或反馈连接的运算，需要移动比较点或引出点的位置。这时应注意在移动前后必须保持信号的等效性，而且比较点和引出点之间一般不宜交换其位置。此外，"－"号可以在信号线上越过方框移动，但不能越过比较点和引出点。

　　表 2-4-1 汇集了结构图的基本简化(等效变换)规则，可供查用。

表 2-4-1　结构图的基本简化(等效变换)规则

原方框图	等效方框图	等效运算关系
R → $G_1(s)$ → $G_2(s)$ → C	R → $G_1(s)G_2(s)$ → C	(1) 串联等效 $C(s)=R(s)G_1(s)G_2(s)$
R → $G_1(s)$, $G_2(s)$ → $\pm$ → C	R → $G_1(s)\pm G_2(s)$ → C	(2) 并联等效 $C(s)=R(s)[G_1(s)\pm G_2(s)]$
R → $\pm$ → $G_1(s)$ → C, $G_2(s)$	R → $\dfrac{G_1(s)}{1\mp G_1(s)G_2(s)}$ → C	(3) 反馈连接等效 $C(s)=\dfrac{G_1(s)}{1\mp G_1(s)G_2(s)}R(s)$
R → $G_1(s)$ → C, $G_2(s)$	R → $\dfrac{1}{G_2(s)}$ → $-$ → $G_2(s)$ → $G_1(s)$ → C	(4) 等效单位反馈 $\dfrac{C(s)}{R(s)}=\dfrac{1}{G_2(s)}\cdot\dfrac{G_1(s)G_2(s)}{1+G_1(s)G_2(s)}$
R → $G(s)$ → $\pm$ → C, Q	R → $\pm$ → $G(s)$ → C, $\dfrac{1}{G}$ ← Q	(5) 比较点前移 $C(s)=R(s)G(s)\pm Q(s)$ $=\left[R(s)\pm\dfrac{Q(s)}{G(s)}\right]G(s)$
R → $\pm$ → $G(s)$ → C, Q	R → $G(s)$ → $\pm$ → C, Q → $G(s)$	(6) 比较点后移 $C(s)=[R(s)\pm Q(s)]G(s)$ $=R(s)G(s)\pm Q(s)G(s)$

原方框图	等效方框图	等效运算关系
$R \rightarrow G(s) \rightarrow C, C$	$R \rightarrow G(s) \rightarrow C$; $\rightarrow G(s) \rightarrow C$	(7) 引出点前移 $C(s)=R(s)G(s)$
$R \rightarrow G(s) \rightarrow C$; $\rightarrow R$	$R \rightarrow G(s) \rightarrow C$; $\rightarrow \dfrac{1}{G(s)} \rightarrow R$	(8) 引出点后移 $R(s)=R(s)G(s)\dfrac{1}{G(s)}$ $C(s)=R(s)G(s)$
$R_1 \rightarrow \bigotimes \xrightarrow{E_1} \bigotimes \rightarrow C$; $\pm R_2, \pm R_3$	$R_1 \pm R_3 \rightarrow \bigotimes \rightarrow \bigotimes \rightarrow C = R_1 \pm R_3 \rightarrow \bigotimes \rightarrow \bigotimes \rightarrow C$	(9) 交换或合并比较点 $\begin{aligned}C(s)&=E_1(s)\pm R_3(s)\\&=R_1(s)\pm R_2(s)\pm R_3(s)\\&=R_1(s)\pm R_3(s)\pm R_2(s)\end{aligned}$
$R_1 \rightarrow \bigotimes \rightarrow C, C$; $-R_2$	$-R_2 \rightarrow \bigotimes \rightarrow C$; $R_1 \rightarrow \bigotimes \rightarrow C$; $-R_3$	(10) 交换比较点或引出点(一般不采用) $C(s)=R_1(s)-R_2(s)$
$R \rightarrow \bigotimes \xrightarrow{E} G(s) \rightarrow C$; $-, H(s)$	$R \rightarrow \bigotimes \xrightarrow{E} G(s) \rightarrow C$; $+, H(s) \leftarrow -1$	(11) 负号在支路上移动 $\begin{aligned}E(s)&=R(s)-H(s)C(s)\\&=R(s)+H(s)\times(-1)C(s)\end{aligned}$

【例 2.10】 系统结构图如图 2-4-7 所示,试求系统传递函数 $C(s)/R(s)$。

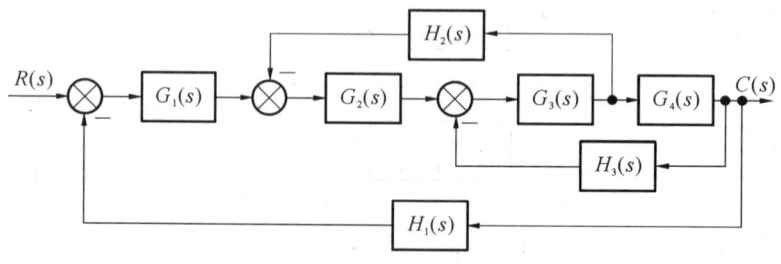

图 2-4-7 系统结构图

本题特点:具有引出点、比较点的多回路结构。

解题思路:消除交叉连接,由内向外逐步简化。

【解】 方法一

步骤 1:将比较点 2 后移,然后与比较点 3 交换,如图 2-4-8(a)所示。

步骤 2:将比较点 2 与比较点 3 交换位置,如图 2-4-8(b)所示。

步骤 3:计算最内环反馈环节的传递函数,如图 2-4-8(c)所示。

步骤 4:串联环节等效变换,如图 2-4-8(d)所示。

步骤 5：内反馈环节等效变换，如图 2-4-8(e)所示。

步骤 6：计算最外环反馈环节的传递函数，如图 2-4-8(f)所示。

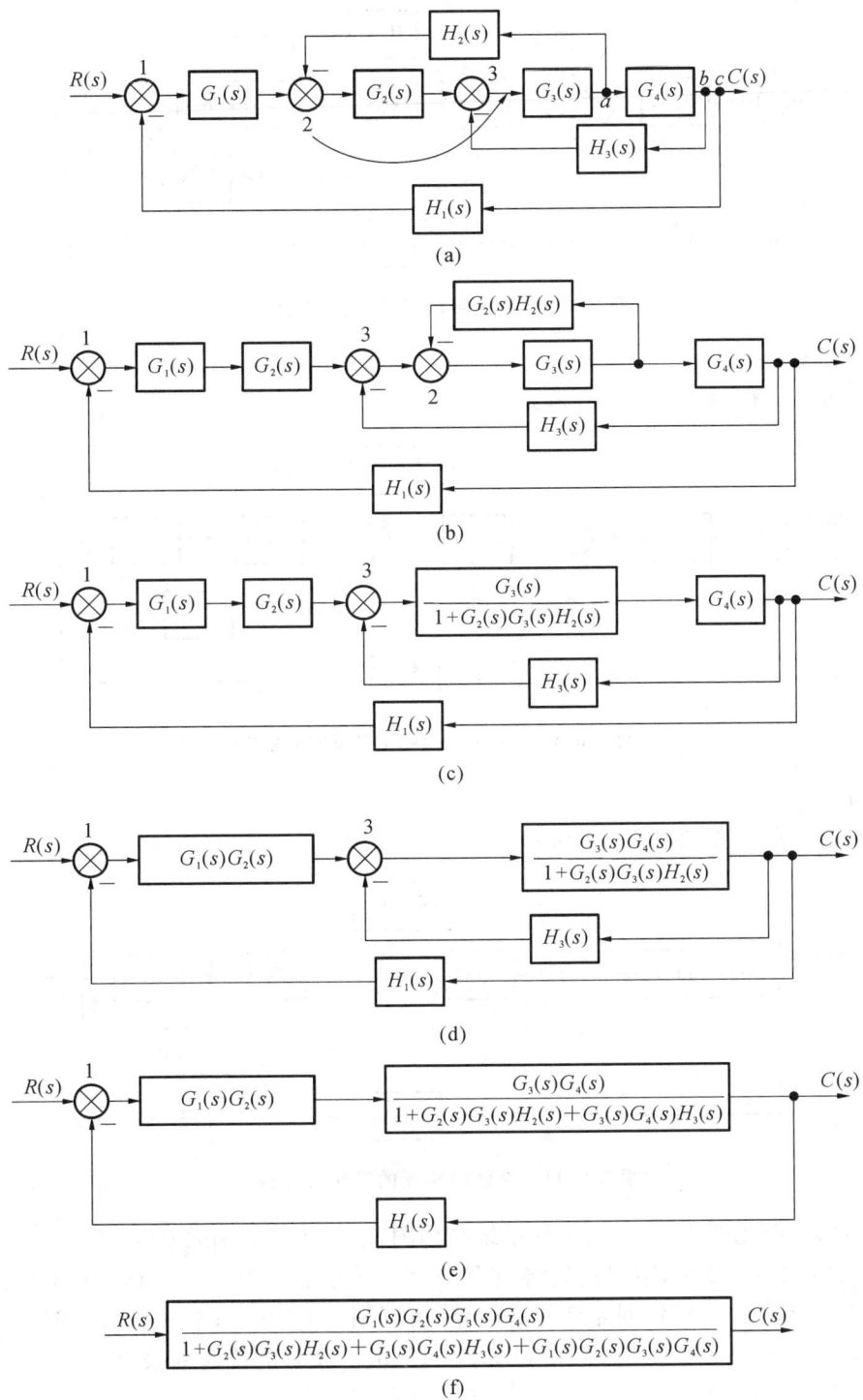

图 2-4-8　系统结构图的简化（方法一）

方法二

将比较点 3 前移,然后与比较点 2 交换,如图 2-4-9 所示。

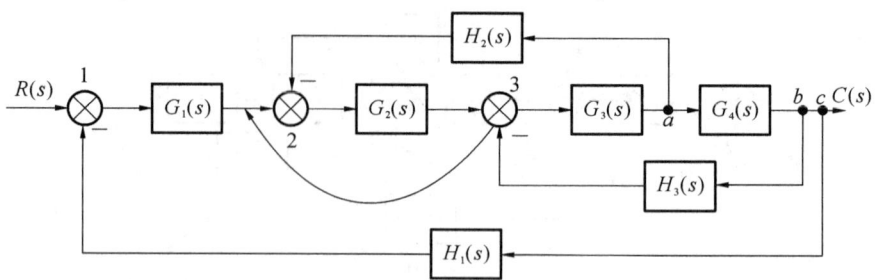

图 2-4-9　系统结构图的简化(方法二)

方法三

将引出点 a 后移,如图 2-4-10 所示。

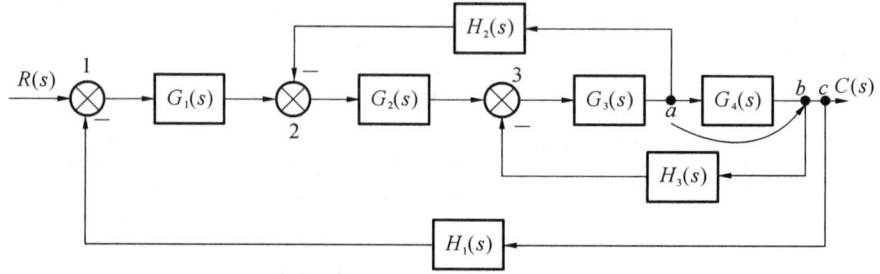

图 2-4-10　系统结构图的简化(方法三)

方法四

将引出点 b 前移,如图 2-4-11 所示。

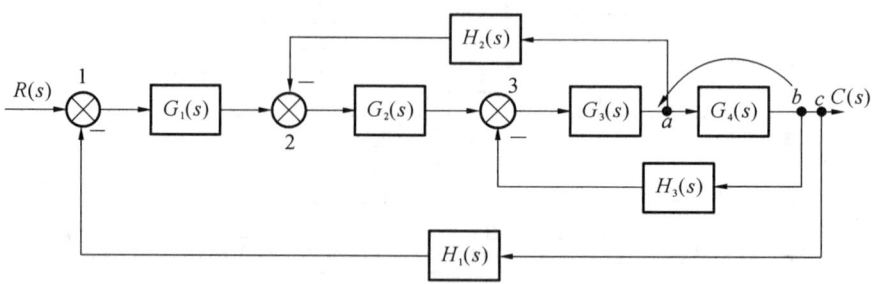

图 2-4-11　系统结构图的简化(方法四)

【例 2.11】　简化图 2-4-12 所示的系统结构图,求系统传递函数 $C(s)/R(s)$。

【解】　在图 2-4-12 中,可以首先将包含 $H_1(s)$ 通路上的引出点右移(见图 2-4-13(a)),然后简化 $G_1(s)$ 和 $H_2(s)$ 反馈回路和并联电路,得到图 2-4-13(b);进一步简化图 2-4-13(b)中的前向通道,得到图 2-4-13(c);最后得到图 2-4-13(d)。系统的传递函数为

$$\frac{C(s)}{R(s)} = \frac{G_1(s) + H_1(s)}{1 + G_1(s)H_2(s) + G_1(s)H_3(s) + H_1(s)H_3(s)}$$

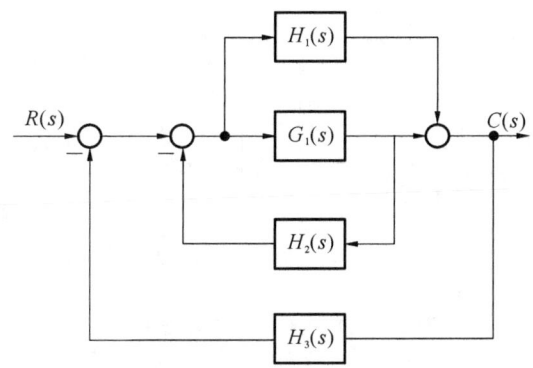

图 2-4-12　例 2.11 系统结构图

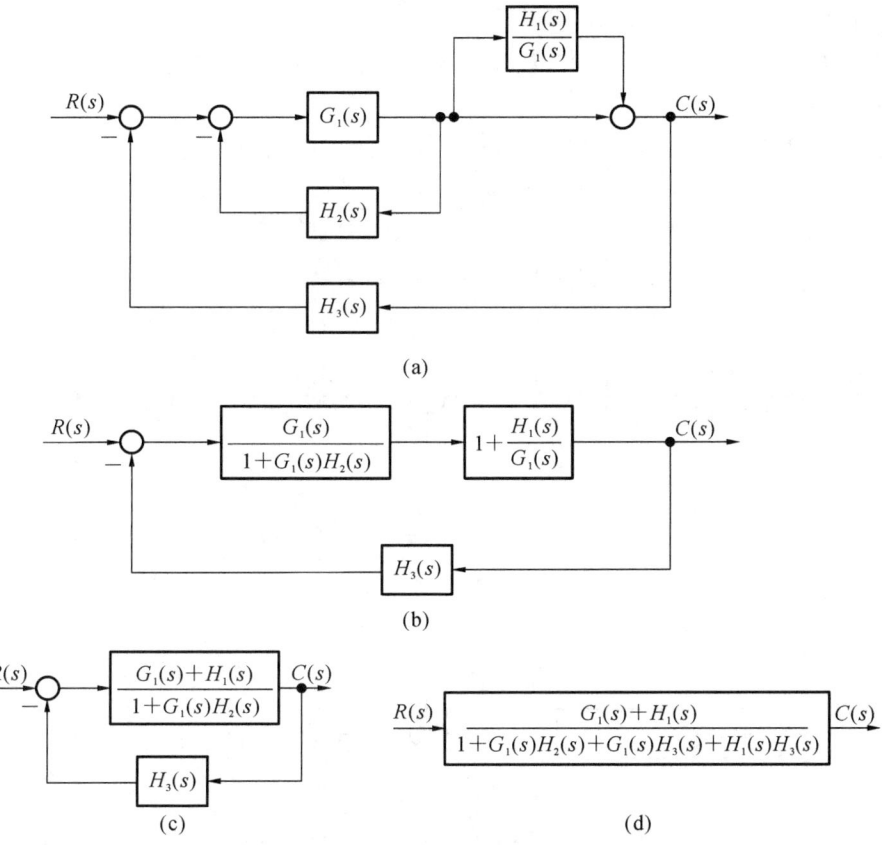

(a)

(b)

(c)　　　　　　　　　　　　　　　　　　(d)

图 2-4-13　例 2.11 系统结构图的简化

【例 2.12】　设系统结构图如图 2-4-14 所示，试简化系统结构图，并计算系统的传递函数 $C(s)/R(s)$。

【解】　图 2-4-14 是具有交叉连接的系统结构图。为消除交叉连接，可采用比较点、分支点互换的方法处理。图中 b、c 两点，一个是比较点，一个是分支点，二者相异，不应也不可以任意交换。

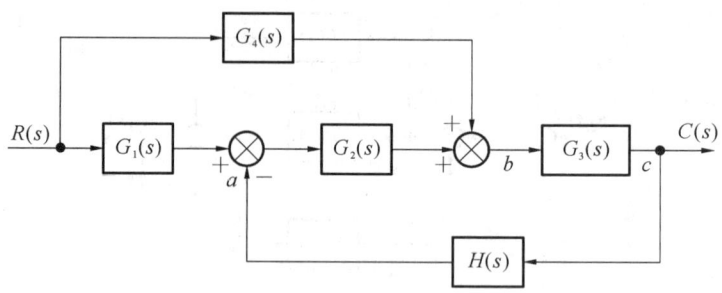

图 2-4-14　例 2.12 系统结构图

求解步骤：

（1）将比较点 a 后移，等效图如图 2-4-15(a)所示。

（2）再将点 a 与点 b 交换，得图 2-4-15(b)。

（3）由于 $G_4(s)$ 与 $G_1(s)G_2(s)$ 并联，$G_3(s)$ 与 $G_2(s)H(s)$ 构成负反馈环，分别合并则得图 2-4-15(c)。

（4）合并图 2-4-12(c)的两串联环节，求得系统的传递函数为

$$\frac{C(s)}{R(s)} = \frac{G_1(s)G_2(s)G_3(s) + G_3(s)G_4(s)}{1 + G_2(s)G_3(s)H(s)}$$

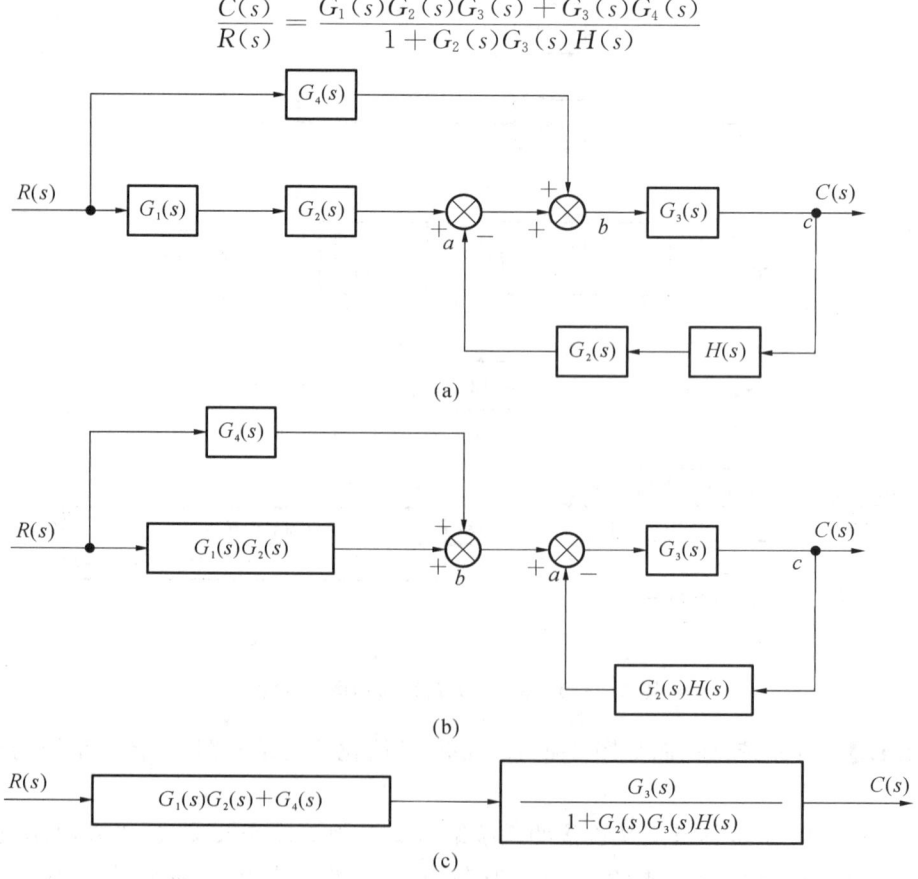

图 2-4-15　例 2.12 系统结构图的简化

2.4.3　信号流图

由系统的结构图可以求出系统的传递函数,但当系统比较复杂时,结构图的简化方法会比较烦琐。采用便于绘制的信号流图,应用梅森公式,就可直接求得系统的传递函数,因而信号流图特别适用于结构复杂系统的分析。

信号流图和结构图一样,可用于表示系统的结构和变量传递过程中的数学关系。信号流图也是控制系统的一种用图形表示的数学模型。图 2-4-16 所示为单元结构图与相应的信号流图。

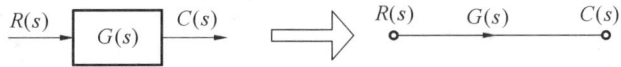

图 2-4-16　单元结构图与相应的信号流图

1. 信号流图的组成

组成信号流图的基本图形符号有三种:节点、支路和支路传输。

(1) 节点:代表系统中的一个变量(信号),用符号"○"表示。相应的节点变量标注在节点上,某个节点变量表示所有流向该节点的信号之和。

(2) 支路:连接两个节点的定向线段,用符号"→"表示,其中的箭头表示信号的传送方向。

(3) 支路传输:亦称支路增益,用标在支路旁的传递函数表示,定量地表明箭头方向前后两变量之间的传输关系。

2. 信号流图的绘制

根据系统原理图画信号流图的方法类似于结构图的建立过程,需要注意信号流图与结构图表示方法的不同。在实际应用中,常常利用梅森公式来求结构图的等效传递函数,所以这里主要介绍根据系统结构图绘制信号流图的方法,也便于了解结构图与信号流图的对应关系,将梅森公式直接应用于结构图。

根据系统结构图画相应信号流图的方法是:先明确节点(一般输入端、输出端、比较点、分支点应分别用一个节点表示,紧挨着的比较点或紧挨着的分支点可以合并,用一个节点表示,如果分支点紧跟在比较点之后,也可合并为一个节点),然后连接支路,并标上相应的增益。下面举例说明根据系统结构图绘制信号流图的方法。

【例 2.13】　根据图 2-4-17 所示典型闭环控制系统结构图,绘制相应的信号流图,其中 $N(s)$ 是扰动输入信号。

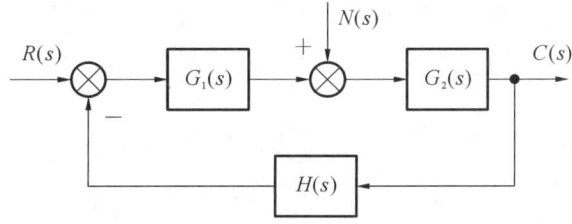

图 2-4-17　典型闭环控制系统结构图

【解】 首先,将输入信号、输出信号以及各个比较点和分支点按前后顺序用"○"表示成节点;然后,用支路将每个节点按照结构图中的信号关系对应连接,在每条支路上标出节点间的增益,即得系统的信号流图。值得注意的是,在系统结构图中比较环节处的正负号在信号流图中反映在支路增益的符号上。按此方法,图 2-4-17 对应的信号流图如图 2-4-18 所示。

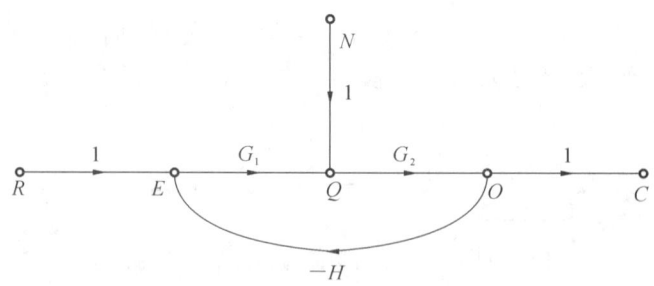

图 2-4-18 典型闭环控制系统的信号流图

3. 信号流图的常用术语

为便于描述信号流图的特征,常采用下面的术语。

(1) 源节点(输入节点):只有输出支路而没有输入支路的节点称为源节点。它一般表示系统的输入变量,亦称输入节点,如图 2-4-18 中的节点 R 和 N。

(2) 阱节点(输出节点):只有输入支路而没有输出支路的节点称为阱节点。它一般表示系统的输出变量,亦称输出节点,如图 2-4-18 中的节点 C。

(3) 混合节点:既有输入支路又有输出支路的节点称为混合节点,如图 2-4-18 中的节点 E、Q、O。

(4) 通路:沿着支路箭头的方向顺序穿过各相连支路的路径称为通路。如图 2-4-18 中的 $REQOC$、$NQOC$、$NQOHE$ 等。

(5) 前向通路:从源节点出发并且终止于阱节点,与其他节点相交不多于一次的通路称为前向通路,如图 2-4-18 中的 $REQOC$、$NQOC$。

(6) 回路:起点和终点在同一个节点,并且与其他节点相交不多于一次的闭合路径称为回路,如图 2-4-18 中的 $EQOHE$。

(7) 前向通路传输(增益):前向通路中各支路传输(增益)的乘积称为前向通路传输(增益)。

(8) 回路传输(增益):回路中各支路传输(增益)的乘积称为回路传输(增益)。

(9) 不接触回路:信号流图中没有任何公共节点的回路称为不接触回路或互不接触回路。

4. 信号流图的简化

信号流图的简化规则与结构图等效变换规则一样,具体见表 2-4-2。

表 2-4-2 信号流图的简化规则

原信号流图	等效变换后的信号流图	简化规则
$X_1 \xrightarrow{a} X_2 \xrightarrow{b} X_3$	$X_1 \xrightarrow{ab} X_3$	(1) 串联支路 　　串联支路的总增益等于各支路增益之乘积
X_1 $\overset{a}{\underset{b}{\rightrightarrows}}$ X_2	$X_1 \xrightarrow{a+b} X_2$	(2) 并联支路 　　并联支路的总增益等于各支路增益之和
$X_1 \xrightarrow{a} X_3$, $X_2 \xrightarrow{b} X_3 \xrightarrow{c} X_4$	$X_1 \xrightarrow{ac} X_4$, $X_2 \xrightarrow{bc} X_4$	(3) 混合节点 　　混合节点可以通过移动支路的方法消去
$X_1 \xrightarrow{a} X_2 \xrightarrow{b} X_3$, $\pm c$	$X_1 \xrightarrow{\dfrac{ab}{1\mp bc}} X_3$	(4) 回路 　　回路可以通过反馈连接的简化方法转换为串联支路
$X_1 \xrightarrow{a} X_2$, $\pm b$	$X_1 \xrightarrow{\dfrac{a}{1\mp b}} X_2$	

利用表 2-4-2 中的简化规则可以求出任一复杂信号流图中某一阱节点对某一源节点的增益,但上述简化过程同复杂结构图简化过程一样,比较烦琐,需要反复进行多次才能完成,而使用梅森公式即可直接得出结果。

2.4.4 梅森公式

利用梅森公式可直接求得源节点和阱节点之间的总增益。对于动态系统来说,这个总增益就是系统相应的输入和输出间的传递函数。

计算任意输入节点和输出节点之间传递函数 $G(s)$ 的梅森公式为

$$G(s) = \frac{1}{\Delta} \sum_{k=1}^{n} P_k \Delta_k \tag{2.32}$$

式中:Δ 为特征式,其计算公式为

$$\Delta = 1 - \sum L_a + \sum L_b L_c - \sum L_d L_e L_f + \cdots \tag{2.33}$$

其中,$\sum L_a$ 为所有不同回路的回路增益之和,$\sum L_b L_c$ 为所有两两互不接触回路的回路增益乘积之和,$\sum L_d L_e L_f$ 为所有三个互不接触回路的回路增益乘积之和;n 为从输入节点到输出节点间前向通路的条数;P_k 为从输入节点到输出节点间第 k 条前向通路的总增益;Δ_k 为第 k 条

前向通路的余子式,即把与该前向通路相接触的回路的回路增益置为 0 后,特征式 Δ 所余下的部分。

【例 2.14】 根据图 2-4-19 的信号流图,求系统的传递函数 $C(s)/R(s)$。

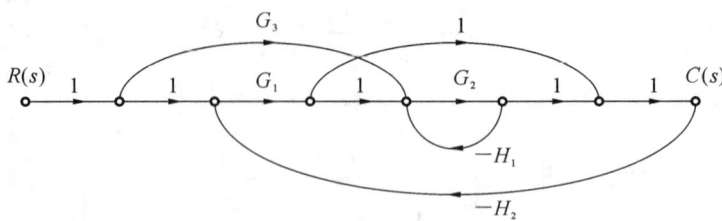

图 2-4-19 某系统的信号流图

【解】

(1) 该图共有三条回路,回路增益分别为

$$L_1 = -G_1 G_2 H_2, L_2 = -G_1 H_2, L_3 = -G_2 H_1$$

其中,L_2 和 L_3 互相不接触,所以系统的特征式为

$$\Delta = 1 - (L_1 + L_2 + L_3) + L_2 L_3$$
$$= 1 + G_1 G_2 H_2 + G_1 H_2 + G_2 H_1 + G_1 G_2 H_1 H_2$$

(2) 该图共有三条前向通路,其增益分别为

$$P_1 = G_1 G_2, P_2 = G_3 G_2, P_3 = G_1$$

其中,P_1、P_2 与所有回路均接触,故余子式 $\Delta_1 = \Delta_2 = 1$,而 P_3 与 L_3 回路不接触,故余子式 $\Delta_3 = 1 - L_3 = 1 + G_2 H_1$。

(3) 系统的传递函数为

$$\frac{C(s)}{R(s)} = \frac{P_1 \Delta_1 + P_2 \Delta_2 + P_3 \Delta_3}{\Delta}$$
$$= \frac{G_1 G_2 + G_3 G_2 + G_1 G_2 H_1 + G_1}{1 + G_1 G_2 H_2 + G_1 H_2 + G_2 H_1 + G_1 G_2 H_1 H_2}$$

【例 2.15】 试用梅森公式求取图 2-4-20 所示系统的传递函数 $C(s)/R(s)$。

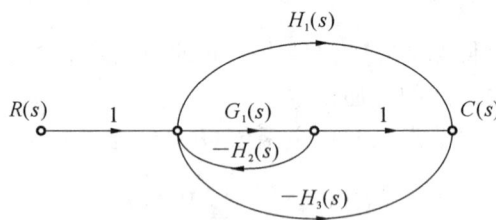

图 2-4-20 某系统的信号流图

【解】 由信号流图可看出:

(1) 回路共有三条,其增益分别为

$$L_1 = -G_1(s) H_2(s), L_2 = -G_1(s) H_3(s), L_3 = -H_1(s) H_3(s)$$

三条回路之间均互相接触,因此特征式为

$$\Delta = 1 - (L_1 + L_2 + L_3) = 1 + G_1(s) H_2(s) + G_1(s) H_3(s) + H_1(s) H_3(s)$$

（2）系统共有两条前向通路，其增益分别为
$$P_1 = G_1(s), P_2 = H_1(s)$$
因各回路与前向通路 P_1、P_2 均接触，因此余子式 $\Delta_1 = \Delta_2 = 1$。

（3）用梅森公式求得系统的传递函数为
$$\frac{C(s)}{R(s)} = \frac{P_1\Delta_1 + P_2\Delta_2}{\Delta} = \frac{G_1(s) + H_1(s)}{1 + G_1(s)H_2(s) + G_1(s)H_3(s) + H_1(s)H_3(s)}$$

【例 2.16】　试用梅森公式求取图 2-4-21 所示系统的传递函数 $C(s)/R(s)$。

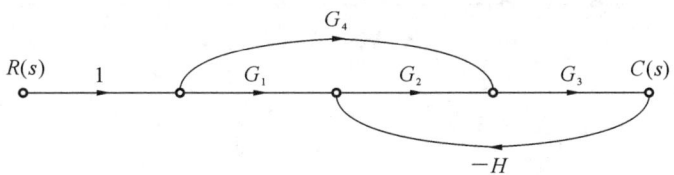

图 2-4-21　与图 2-4-14 对应的信号流图

【解】　与图 2-4-14 对应的信号流图如图 2-4-21 所示。可见，本系统共有两条前向通路，其增益分别为 $P_1 = G_1G_2G_3$、$P_2 = G_4G_3$。回路只有一个，其增益为 $L_1 = -G_2G_3H$。系统的特征式为
$$\Delta = 1 - L_1 = 1 + G_2G_3H$$
因回路与前向通路 P_1、P_2 都接触，故余子式 $\Delta_1 = 1, \Delta_2 = 1$。用梅森公式求得系统的传递函数为
$$G(s) = \frac{C(s)}{R(s)} = \frac{1}{\Delta}(P_1\Delta_1 + P_2\Delta_2) = \frac{G_1G_2G_3 + G_3G_4}{1 + G_2G_3H}$$

该结果与例 2.12 结构图变换法所求结果完全一样。因此，梅森公式可直接应用于结构图，没必要画出相应的信号流图。

【例 2.17】　用梅森公式求图 2-4-22 所示系统的传递函数。

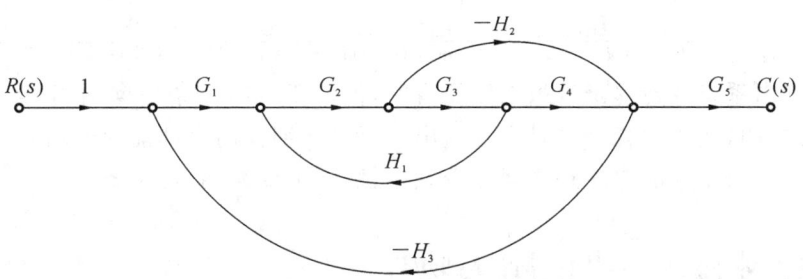

图 2-4-22　某系统的信号流图

【解】　本系统只有一条前向通路，其增益为 $P_1 = G_1G_2G_3G_4G_5$。反馈回路共有三个，其回路增益分别为 $L_1 = G_2G_3H_1$、$L_2 = -G_3G_4H_2$、$L_3 = -G_1G_2G_3G_4H_3$。

由于三个回路互相接触，故特征式为
$$\Delta = 1 - (L_1 + L_2 + L_3) = 1 - G_2G_3H_1 + G_3G_4H_2 + G_1G_2G_3G_4H_3$$
因三个回路均与前向通路接触，故求余子式时 L_1、L_2、L_3 取 0，有
$$\Delta_1 = 1$$

根据梅森公式,有

$$G(s) = \frac{C(s)}{R(s)} = \frac{1}{\Delta} P_1 \Delta_1 = \frac{G_1 G_2 G_3 G_4 G_5}{1 - G_2 G_3 H_1 + G_3 G_4 H_2 + G_1 G_2 G_3 G_4 H_3}$$

【例 2.18】 试求图 2-4-23 所示系统的传递函数 $C(s)/R(s)$。

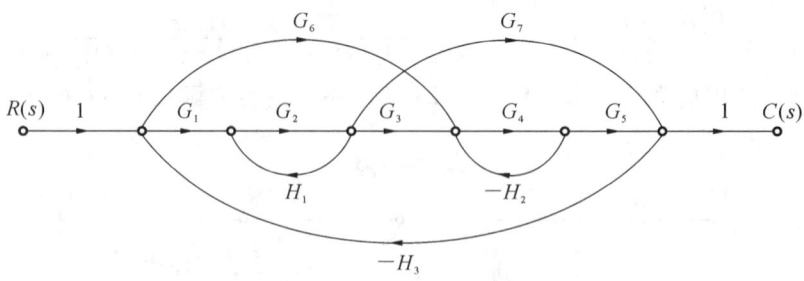

图 2-4-23 某系统的信号流图

【解】 本系统有三条前向通路,其增益分别为 $P_1 = G_1 G_2 G_3 G_4 G_5$、$P_2 = G_4 G_5 G_6$、$P_3 = G_1 G_2 G_7$。反馈回路有五个,其回路增益分别为 $L_1 = G_2 H_1$、$L_2 = -G_4 H_2$、$L_3 = -G_1 G_2 G_3 G_4 G_5 H_3$、$L_4 = -G_4 G_5 G_6 H_3$ 和 $L_5 = -G_1 G_2 G_7 H_3$。其中回路 L_1 和 L_2,L_1 和 L_4,L_2 和 L_5 两两互不接触,故特征式为

$$\begin{aligned}
\Delta &= 1 - (L_1 + L_2 + L_3 + L_4 + L_5) + (L_1 L_2 + L_1 L_4 + L_2 L_5) \\
&= 1 - G_2 H_1 + G_4 H_2 + G_1 G_2 G_3 G_4 G_5 H_3 + G_4 G_5 G_6 H_3 + G_1 G_2 G_7 H_3 \\
&\quad - G_2 G_4 H_1 H_2 - G_2 G_4 G_5 G_6 H_1 H_3 + G_1 G_2 G_4 G_7 H_2 H_3
\end{aligned}$$

由于各回路均与前向通路 P_1 接触,故余子式 $\Delta_1 = 1$。但前向通路 P_2 与回路 L_1 不接触,前向通路 P_3 与回路 L_2 不接触,所以余子式 $\Delta_2 = 1 - L_1 = 1 - G_2 H_1$,$\Delta_3 = 1 - L_4 = 1 + G_4 H_2$。用梅森公式求得系统的传递函数为

$$\frac{C(s)}{R(s)} = \frac{1}{\Delta} (P_1 \Delta_1 + P_2 \Delta_2 + P_3 \Delta_3)$$

$$= \frac{G_1 G_2 G_3 G_4 G_5 + G_4 G_5 G_6 (1 - G_2 H_1) + G_1 G_2 G_7 (1 + G_4 H_2)}{1 - G_2 H_1 + G_4 H_2 + G_1 G_2 G_3 G_4 G_5 H_3 + G_4 G_5 G_6 H_3 + G_1 G_2 G_7 H_3 - G_2 G_4 H_1 H_2 - G_2 G_4 G_5 G_6 H_1 H_3 + G_1 G_2 G_4 G_7 H_2 H_3}$$

用梅森公式求系统的传递函数虽然方便省时,但对于具有多条前向通路、多个反馈回路的复杂的动态结构图,使用梅森公式时很容易出错。应仔细找出全部前向通路和反馈回路,并正确区分回路之间、回路与前向通路之间是否相接触,既不要遗漏,也不要重复。

2.5 思政融合——"卓越人物"

关键词:胸怀祖国,追求真理

钱学森,中国科学院院士、中国工程院院士、中国人民政治协商会议第六至第八届全国委员会副主席,党的第九至第十二届中央委员会候补委员,著名科学家。1991 年,获国务院、中央军委授予的"国家杰出贡献科学家"荣誉称号;1999 年,获中共中央、国务院、中央军委颁发的"两弹一星"功勋奖章;2009 年,被评选为"100 位新中国成立以来感动中国人物"。

1950 年,旅居美国的钱学森被一封长信打动了,这封信是著名数学家华罗庚写给海外学

子的倡议信。信中内容主旨很简单,就是大力提倡众多海外学子归国,用自己博学的知识建设新中国,让祖国迅速实现四个现代化。钱学森携妻儿踏上回国之路时,美方大力阻挠,并以在钱学森的行李箱中搜出可疑物品的理由,将其暂时扣押。钱学森就这样失去了自由,他只能面对着祖国的方向,发出一声声无奈的叹息。

钱学森的好友以及律师们开始实施积极营救,并用一大笔保释金将其保释出狱。然而事情并没有结束,时任美国海军部副部长丹尼尔尤为重视钱学森的去留,他甚至还说出了一句吓人的话:"钱学森知道所有美国导弹工程的核心机密,一个钱学森抵得上五个海军陆战师,我宁可将他枪毙,也不把他放回去"。对于钱学森的重视,也从侧面说明了钱学森对于中美两国的重要性。为了让这位科学家彻底无法归国,美国开始用软禁的方式对待钱学森,甚至派便衣监视人员在钱学森的住所旁 24 小时蹲守。

从 1950 年被软禁,到 1955 年成功归国,钱学森就是在这种恶劣的环境中度过的。不过钱学森毕竟不是普通人,作为科学界泰斗级人物,他并不喜欢如此浪费生命。为了转移自己的注意力和打发时间,钱学森开始探究一项崭新的科学领域——工程控制。工程控制在当时是一门新兴学科,其主要意义就在于研究机械系统与电气系统的控制与操纵。经过两年的研究,《工程控制论》一书正式出版,该书用英文撰写,通篇有 30 多万字。值得一提的是,在此之前,无论是苏联还是美国,都对工程控制嗤之以鼻,认为这是一种基于想象的伪科学。《工程控制论》的出版是控制论领域的一次伟大突破,旨在研究工程中实现自动控制与调节的理论以及自动控制与调节系统的结构原理。

自从钱学森的《工程控制论》出版以后,苏联方面开始发行俄文版,而在美国,居然几年之内没有任何科学家能够完全读懂这本书。这是一部具有开创性与奠基性的著作,令全世界的科学家为之叹服,钱学森还因此获得了 1956 年中国科学院年度科学奖一等奖。1957 年国际自动控制联合会召开,他还荣任该联合会第一届理事会常务理事。

《工程控制论》具有极高的学术价值,后来被科学家们奉为经典。我国著名航天科技专家孙家栋院士,就曾受到《工程控制论》的重大影响,他曾回忆说:自己在茹科夫斯基空军工程学院航空系学习时,导师就把俄文版的《工程控制论》列为四大必读著作之一,这本著作甚至在当地脱销,可谓是一书难求。

著名科学家钱学森

本 章 小 结

本章介绍了系统数学模型的描述方式,主要包括以下内容。

(1) 数学模型的基本概念。数学模型是描述系统因果关系的数学表达式,是对系统进行理论分析研究的主要依据。

(2) 通过解析法对实际系统建立数学模型。在本章中,根据系统各环节的工作原理,建立其微分方程,反映其动态本质。列写闭环系统微分方程的一般步骤如下:

① 确定系统的输入量和输出量;

② 将系统分解为各环节,依次确定各环节的输入量和输出量,根据各环节的物理规律写出各环节的微分方程;

③ 消去中间变量,就可以求得系统的微分方程。

(3) 传递函数。通过拉氏变换求解微分方程是一种简捷的微分方程求解方法。本章介绍了如何将线性微分方程转换为复数 s 域的数学模型(即传递函数),以及典型环节的传递函数。

(4) 动态结构图。动态结构图是传递函数的图解化形式,能够直观形象地表示出系统中信号的传递变换特性,有助于求解系统的各种传递函数,分析和研究系统。

(5) 信号流图。信号流图是一种用图线表示系统中信号流向的数学模型,完全包含了描述系统的所有信息及相互关系。运用梅森公式能够简便、快捷地求出系统的传递函数。

习 题

2-1 控制系统框图的基本元件包括哪几部分?

2-2 系统框图等效变换的原则是什么?

2-3 求题图 2-3 中 RC 电路和运算放大器的传递函数 $U_{o}(s)/U_{i}(s)$。

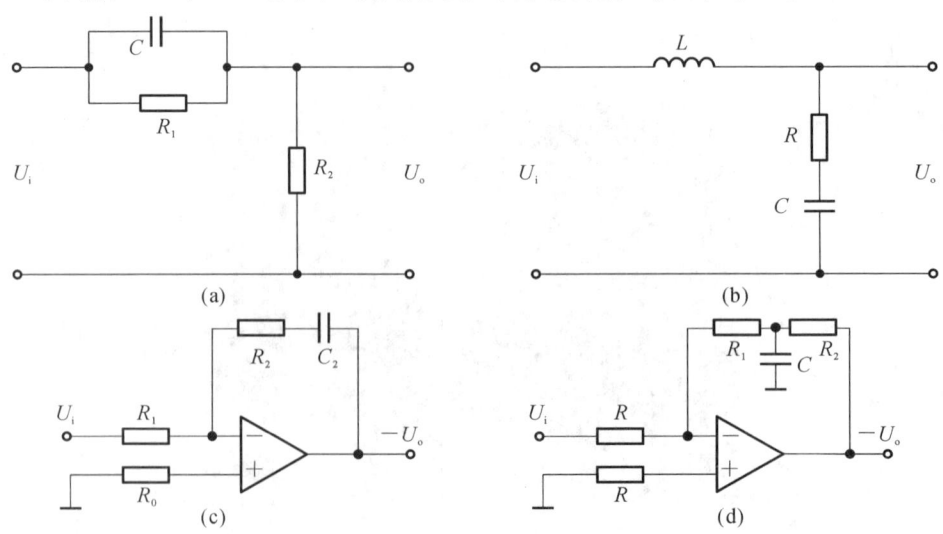

题图 2-3 电路网络图

2-4　求题图 2-4 所示的各个机械运动系统的传递函数 $X_o(s)/X_r(s)$。

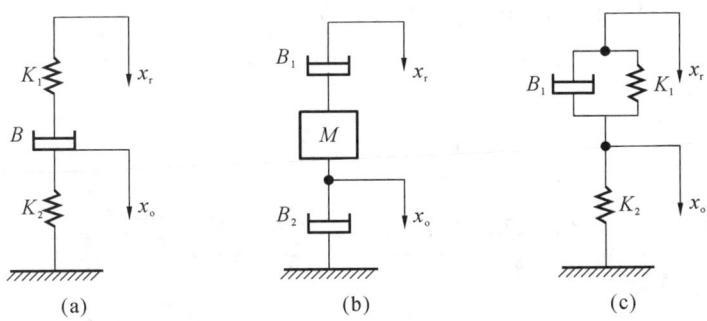

题图 2-4　弹簧-阻尼运动系统

2-5　假设某容器的液位高度 h 与液体流入量 Q_r 满足方程

$$\frac{\mathrm{d}h}{\mathrm{d}t} + \frac{a}{s}\sqrt{h} = \frac{1}{s}Q_r$$

式中：s 为液位容器的横截面面积，a 为常数。若 h 与 Q_r 在其工作点 (Q_{r0}, h_0) 附近做微量变化，试求出 Δh 与 ΔQ_r 的线性方程。

2-6　题图 2-6 所示为双摆系统，双摆悬挂在无摩擦的旋转轴上，并且用弹簧连在一起。假定：摆的质量为 m；摆杆的长度为 l，摆杆的质量不计；弹簧的弹性系数为 K；摆的角位移很小，$\sin\theta$、$\cos\theta$ 均可进行线性近似处理；当 $\theta_1 = \theta_2$ 时，位于杆中间的弹簧无变形，且外力输入 $f(t)$ 只作用于左侧的杆。

若令

$$a = \frac{g}{1} + \frac{K}{4m}, b = \frac{K}{4m}$$

试列写出双摆系统的运动方程。

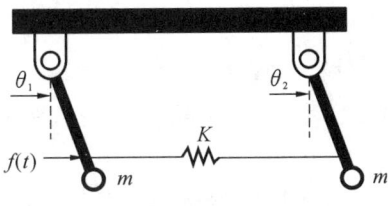

题图 2-6　双摆系统

2-7　设初始条件为零，试用拉普拉斯变换法求解下列微分方程式。

(1) $2\dot{x}(t) + x(t) = t$

(2) $\ddot{x}(t) + \dot{x}(t) + x(t) = \delta(t)$

(3) $\ddot{x}(t) + 2\dot{x}(t) + x(t) = 1(t)$

2-8　某系统的传递函数为

$$\frac{C(s)}{R(s)} = \frac{2}{s^2 + 3s + 2}$$

且初始条件为

$$c(0) = -1, \dot{c}(0) = 0$$

试求单位阶跃输入 $r(t) = 1(t)$ 时,系统的输出响应 $c(t)$。

2-9 已知控制系统结构图如题图 2-9 所示,试通过系统结构图等效变换求系统的传递函数 $C(s)/R(s)$。

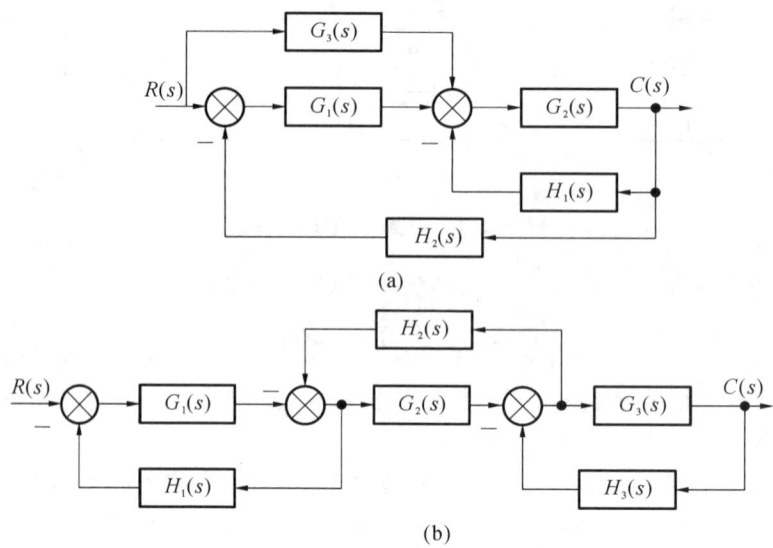

(a)

(b)

题图 2-9 系统结构图

2-10 某系统由下列微分方程组描述:

$$\begin{cases} x_1(t) = k_1 r(t) - x_2(t) \\ x_2(t) = \dot{x}_1(t) - x_1(t) \\ x_3(t) = x_2(t) - k_2 r(t) - c(t) \\ x_3(t) = k_3 r(t) - c(t) \\ \dot{c}(t) = x_4(t) \end{cases}$$

式中: k_1、k_2、k_3 均为常量; $r(t)$ 为输入量; $c(t)$ 为输出量。请绘制该系统结构图,并求传递函数 $C(s)/R(s)$。

2-11 试绘制题图 2-11 所示的系统结构图对应的信号流图,并用梅森公式求每一个外部作用对输出的传递函数。

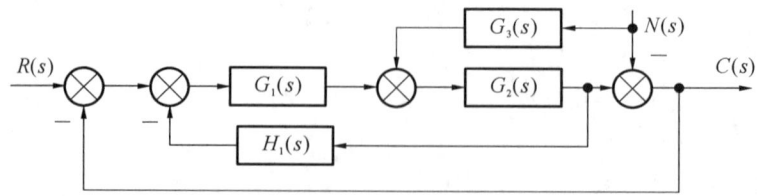

题图 2-11 系统结构图

2-12 试用梅森公式求题图 2-12 所示系统的传递函数 $C(s)/R(s)$。

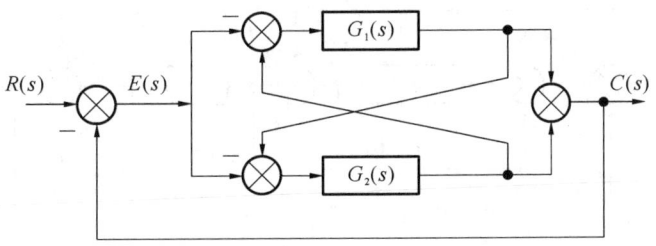

题图 2-12　系统结构图

2-13　对题图 2-13 所示的系统,要求:

(1) 绘制相应的信号流图;

(2) 根据梅森公式求出系统的传递函数 $C(s)/R(s)$。

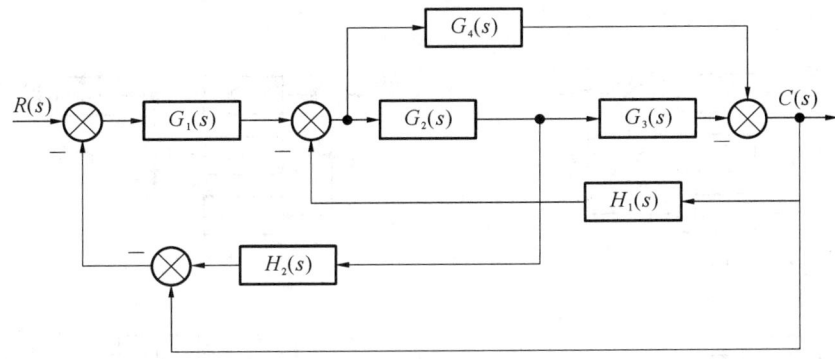

题图 2-13　系统结构图

2-14　飞机俯仰角控制系统结构图如题图 2-14 所示,试逐步简化结构图,并求闭环传递函数 $\Theta_o(s)/\Theta_i(s)$。

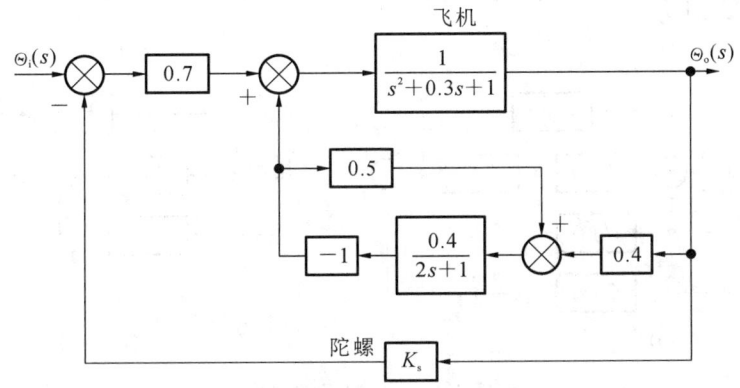

题图 2-14　飞机俯仰角控制系统结构图

2-15　系统结构图如题图 2-15 所示,试确定系统的闭环传递函数 $C(s)/R(s)$。

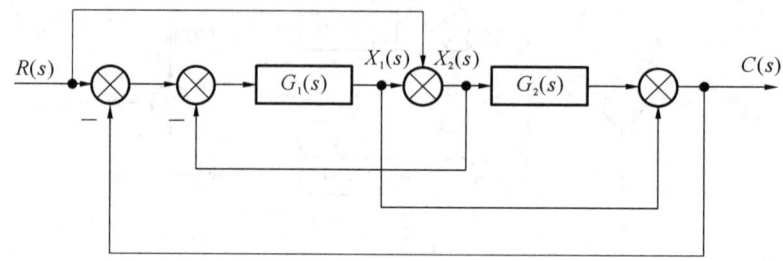

题图 2-15 系统结构图

2-16 已知控制系统结构图如题图 2-16 所示,试通过结构图等效变换求系统传递函数 $C(s)/R(s)$。

2-17 试绘制题图 2-16 中各系统结构图对应的信号流图,并用梅森公式求各系统的传递函数 $C(s)/R(s)$。

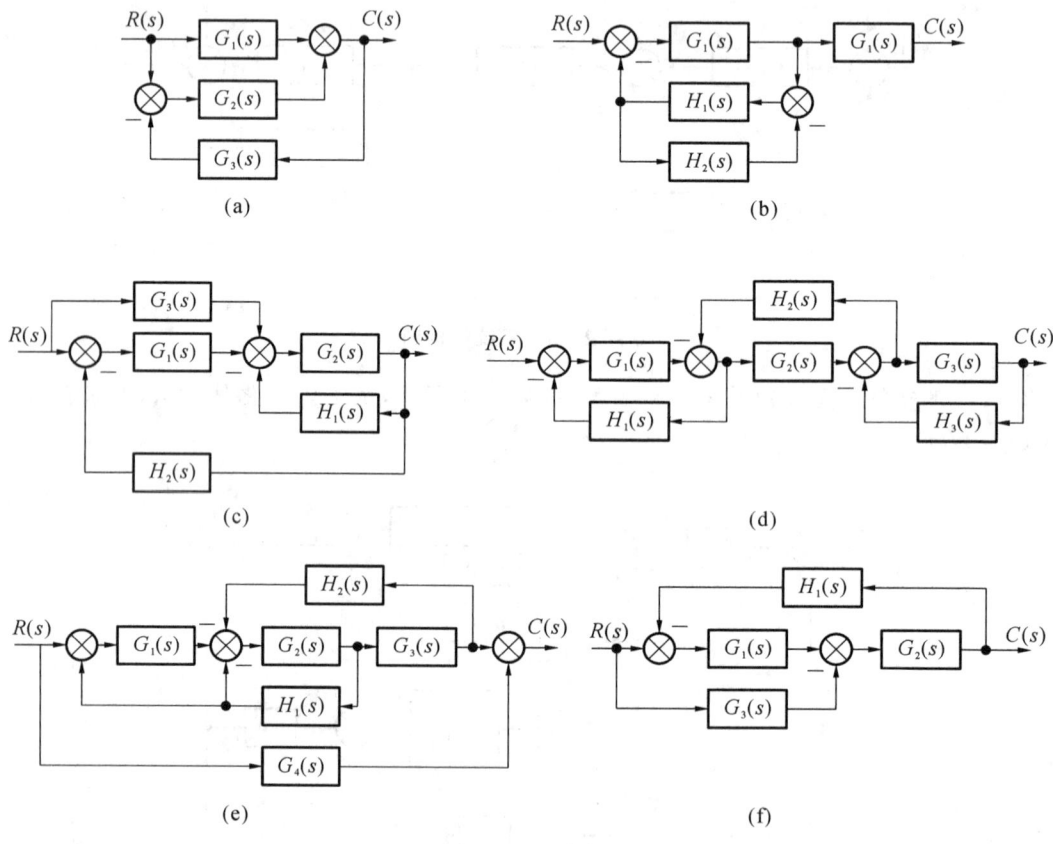

题图 2-16 控制系统结构图

2-18 试用梅森公式求题图 2-18 中各系统信号流图的传递函数 $C(s)/R(s)$。

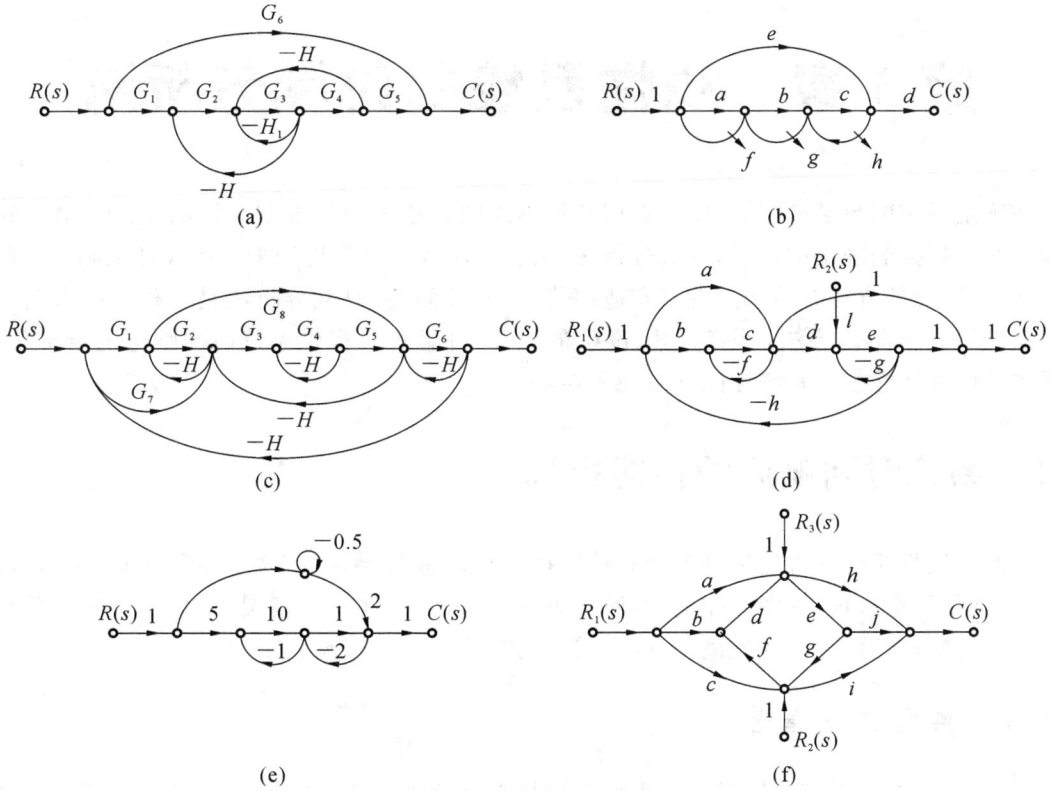

题图 2-18　系统信号流图

第3章 线性系统的时域分析法

在确定系统的数学模型后,便可以用几种不同的方法去分析控制系统的动态性能和稳态性能。在经典控制理论中,常用时域分析法、根轨迹法或频域分析法来分析线性控制系统的性能。显然,不同的方法有不同的特点和适用范围,相较而言,时域分析法是一种直接在时间域中对系统进行分析的方法,具有直观、准确的优点,并且可以提供系统时间响应的全部信息。本章主要研究线性控制系统性能的时域分析法。

3.1 系统时间响应的性能指标

控制系统性能的评价指标分为动态性能指标和稳态性能指标两类。为了求解系统的时间响应,必须了解输入信号(即外作用)的解析表达式。然而,在一般情况下,控制系统的外加输入信号具有随机性而无法预先确定,因此需要选择若干典型输入信号。

3.1.1 典型输入信号

一般说来,控制系统是针对某一类输入信号来设计的。某些控制系统,例如室温系统或水位调节系统,其输入信号为要求的室温或水位高度,这是设计者所熟知的。但是在大多数情况下,控制系统的输入信号以无法预测的方式变化。例如,在防空火炮系统中,敌机的位置和速度无法预料,使火炮控制系统的输入信号具有了随机性,从而给规定系统的性能要求以及分析和设计工作带来了困难。为了便于分析和设计,同时也为了便于比较各种控制系统的性能,需要假定一些基本的输入函数形式,这样的输入函数形式称为典型输入信号。典型输入信号会根据系统常遇到的输入信号形式,在数学描述上增加一些理想化的基本输入函数。控制系统中常用的典型输入信号有:单位阶跃函数、单位速度(斜坡)函数、单位加速度(抛物线)函数、单位脉冲函数和正弦函数,如表 3-1-1 所示。这些函数都是简单的时间函数,便于数学分析和实验研究。

表 3-1-1 典型输入信号

名称	时域表达式	复域表达式
单位阶跃函数	$1(t), t \geq 0$	$\dfrac{1}{s}$
单位速度函数	$t, t \geq 0$	$\dfrac{1}{s^2}$
单位加速度函数	$\dfrac{1}{2}t^2, t \geq 0$	$\dfrac{1}{s^3}$
单位脉冲函数	$\delta(t), t = 0$	1
正弦函数	$A\sin\omega t$	$\dfrac{A\omega}{s^2 + \omega^2}$

实际应用时究竟采用哪一种典型输入信号,取决于系统常见的工作状态;同时,在所有可能的输入信号中,往往选取最不利的信号作为系统的典型输入信号。这种处理方法在许多场合是可行的。例如,室温调节系统和水位调节系统,以及工作状态突然改变或突然受到恒定输入作用的控制系统,都可以采用单位阶跃函数作为典型输入信号;对于跟踪通信卫星的天线控制系统,以及输入信号随时间恒速变化的控制系统,单位速度函数是比较合适的典型输入信号;单位加速度函数可作为宇宙飞船控制系统的典型输入信号;当控制系统的输入信号是冲击输入量时,采用单位脉冲函数最为合适;当系统的输入作用具有周期性的变化时,可选择正弦函数作为典型输入信号。同一系统中,不同形式的输入信号所对应的输出响应是不同的,但对于线性控制系统来说,它们所表征的系统性能是一致的。通常以单位阶跃函数作为典型输入信号,则可在一个统一的基础上对各种控制系统的特性进行比较和研究。

应当指出,有些控制系统的实际输入信号是变化无常的随机信号,例如定位雷达天线控制系统,其输入信号中既有运动目标的不规则信号,又包含许多随机噪声分量,此时就不能用上述确定性的典型输入信号去代替实际输入信号,而必须采用随机过程理论进行处理。

为了评价线性系统时间响应的性能指标,需要研究控制系统在典型输入信号作用下的时间响应过程。

3.1.2　动态过程与稳态过程

在典型输入信号作用下,任何一个控制系统的时间响应都由动态过程和稳态过程两部分组成。

1. 动态过程

动态过程又称过渡过程或瞬态过程,指在典型输入信号作用下,系统输出量从初始状态到最终状态的响应过程。由于实际控制系统具有惯性、摩擦以及其他一些特点,系统输出量不可能完全复现输入量的变化。根据系统结构和参数选择情况,动态过程表现为衰减、发散或等幅振荡形式。显然,一个可以实际运行的控制系统,其动态过程必须是衰减的,换句话说,系统必须是稳定的。动态过程除提供系统稳定性的信息外,还可以提供响应速度及阻尼情况等信息。这些信息用动态性能描述。

2. 稳态过程

稳态过程指在典型输入信号作用下,当时间 t 趋于无穷时,系统输出量的表现方式。稳态过程又称稳态响应,表征系统输出量最终复现输入量的程度,提供系统有关稳态误差的信息,用稳态性能描述。

由此可见,控制系统在典型输入信号作用下的性能指标,通常由动态性能和稳态性能两部分组成。

3.1.3　动态性能与稳态性能

稳定是控制系统能够运行的首要条件,因此只有当动态过程收敛时,研究系统的动态性能才有意义。

1. 动态性能

系统的动态性能通常在阶跃函数作用下进行测定或计算。一般认为,阶跃输入对系统来说是最严峻的工作条件。如果系统在阶跃函数作用下的动态性能满足要求,那么系统在其他形式的函数作用下,其动态性能也是令人满意的。

在单位阶跃函数作用下,描述稳定的系统的动态过程随时间 t 变化的指标,称为动态性能指标。为了便于分析和比较,假定系统在单位阶跃输入信号作用前处于静止状态,而且输出量及其各阶导数均等于零。对于大多数控制系统来说,这种假设是符合实际情况的。对于图 3-1-1 所示单位阶跃响应 $c(t)$,其动态性能指标通常如下:

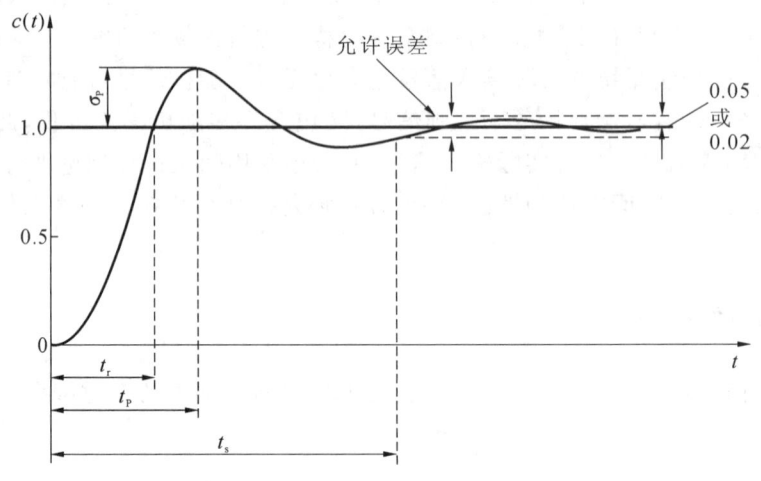

图 3-1-1　单位阶跃响应曲线

(1) 上升时间 t_r　指响应从终值 10% 上升到终值 90% 所需的时间;对于有振荡的系统亦可定义为响应从零第一次上升到终值所需的时间。上升时间是系统响应速度的一种度量。上升时间越短,响应速度越快。

(2) 峰值时间 t_p　指响应超过其终值到达第一个峰值所需的时间。

(3) 调节时间 t_s　指响应到达并保持在终值 $\pm 5\%$ 以内所需的最短时间。

(4) 超调量 $M_p(\sigma\%)$　指响应的最大偏离量 $c(t_p)$ 与终值 $c(\infty)$ 的差与终值 $c(\infty)$ 之比的百分数,即

$$\sigma\% = \frac{c(t_p) - c(\infty)}{c(\infty)} \times 100\%$$

若 $c(t_p) < c(\infty)$,则响应无超调。超调量亦称最大超调量或百分比超调量。

上述四个动态性能指标,基本上可以体现系统动态过程的特征。在实际应用中,常用的动态性能指标多为上升时间、调节时间和超调量。通常,用 t_r 或 t_p 评价系统的响应速度;用 $\sigma\%$ 评价系统的阻尼程度;而 t_s 是同时反映响应速度和阻尼程度的综合性指标。应当指出,除简单的一、二阶系统外,要精确确定这些动态性能指标的解析表达式是很困难的。

2. 稳态性能

描述系统稳态性能的指标通常为稳态误差,稳态误差一般在阶跃函数、斜坡函数或加速度

函数作用下进行测定或计算。若时间趋于无穷时,系统的输出量不等于输入量或输入量的确定函数,则系统存在稳态误差。稳态误差是系统控制精度或抗扰动能力的一种度量指标。

3.2 自动控制系统的典型输入信号

为了研究系统的动态性能或稳态性能,需要知道输入量的变化情况。为了掌握输入量的变化情况,常选择以下几种典型输入信号研究自动控制系统的动态性能和稳态性能。自动控制系统常用的典型输入信号有阶跃函数、斜坡函数、抛物线函数、脉冲函数和正弦函数等。利用这些典型输入信号易于对自动控制系统进行实验和数学分析。

1. 阶跃函数

阶跃函数的定义是

$$x_r(t) = \begin{cases} 0, & t < 0 \\ A, & t \geqslant 0 \end{cases}$$

式中:A 为常数。$A=1$ 时的阶跃函数称为单位阶跃函数(见图 3-2-1),常表示为

$$x_r(t) = 1(t) \quad \text{或} \quad x_r(t) = u(t)$$

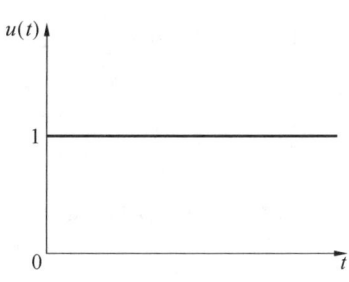

图 3-2-1 单位阶跃函数

单位阶跃函数的拉氏变换表达式为

$$X_r(s) = L[1(t)] = \frac{1}{s}$$

在 $t=0$ 处的阶跃函数相当于一个不变的信号突然加于系统;对于恒值系统,相当于给定值突然变化或者扰动量突然变化;对于随动系统,相当于增加一个突变的给定位置信号。

2. 斜坡函数

斜坡函数(或称速度函数)的定义是

$$x_r(t) = \begin{cases} 0, & t < 0 \\ At, & t \geqslant 0 \end{cases}$$

式中:A 为常数。

斜坡函数的拉氏变换表达式为

$$X_r(s) = L[At] = \frac{A}{s^2}$$

这种函数相当于在随动系统中加入一个按恒速度变化的位置信号,该恒速度为 A。当 $A=1$

时,该函数称为单位斜坡函数,如图 3-2-2 所示。

3. 抛物线函数

如图 3-2-3 所示,抛物线函数(或称加速度函数)的定义是

$$x_r(t) = \begin{cases} 0, t < 0 \\ At^2, t \geqslant 0 \end{cases}$$

式中:A 为常数。

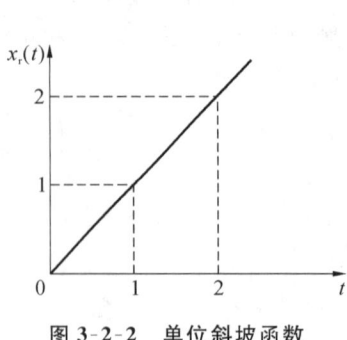

图 3-2-2　单位斜坡函数　　　　　　图 3-2-3　抛物线函数

这种函数相当于在随动系统中加入一个按照恒加速度变化的位置信号,该恒加速度为 A。抛物线函数的拉氏变换表达式为

$$X_r(s) = L[At^2] = \frac{2A}{s^3}$$

当 $A = \dfrac{1}{2}$ 时,该函数称为单位抛物线函数(或单位加速度信号),即 $X_r(s) = \dfrac{1}{s^3}$。

4. 脉冲函数

脉冲函数的定义是

$$x_r(t) = \begin{cases} \dfrac{A}{\varepsilon}, 0 \leqslant t \leqslant \varepsilon \\ 0, t < 0, t > \varepsilon \end{cases}$$

式中:A 为常数;ε 为趋于 0 的正数。

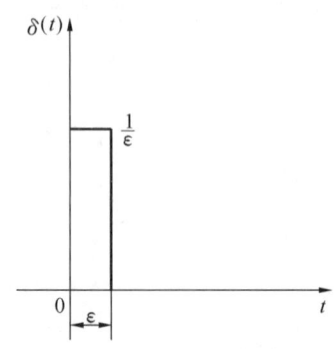

图 3-2-4　单位脉冲函数

脉冲函数的拉氏变换表达式为

$$X_r(s) = L\left[\lim_{\varepsilon \to \infty} \frac{A}{\varepsilon}\right] = A$$

当 $A = 1, \varepsilon \to 0$ 时,该函数称为单位脉冲函数 $\delta(t)$,如图 3-2-4 所示。单位脉冲函数的面积等于 1。

$$\int_{-\infty}^{\infty} \delta(t)\mathrm{d}t = 1$$

在 $t = t_0$ 处的单位脉冲函数用 $\delta(t-t_0)$ 来表示,它满足如下条件:

$$\delta(t - t_0) = \begin{cases} 0, t \neq t_0 \\ \infty, t = t_0 \end{cases}$$

$$\int_{-\infty}^{\infty} \delta(t-t_0)\mathrm{d}t = 1$$

幅值为无穷大、持续时间为零的脉冲是数学上的假设,但在系统分析中却很有用处。单位脉冲函数 $\delta(t)$ 可认为是单位阶跃函数在间断点上对时间的导数,即

$$\delta(t) = \frac{\mathrm{d}1(t)}{\mathrm{d}t}$$

反之,单位脉冲函数 $\delta(t)$ 对时间的积分就是单位阶跃函数。

5. 正弦函数

用正弦函数作为输入信号可以求得系统对不同频率的正弦输入函数的稳态响应,由此可以间接判断系统的性能。

本章主要以单位阶跃函数作为系统的输入量来分析系统的动态响应。

计算高阶微分方程的时间解是相当复杂的,在工程上,许多高阶系统常常具有近似一阶、二阶系统的时间响应。因此,深入研究一阶、二阶系统的性能指标有着广泛的实际意义。

3.3 一阶系统的时域分析

以一阶微分方程作为运动方程的控制系统,称为一阶系统。在工程实践中,一阶系统不乏其例。有些高阶系统的特性,常可用一阶系统的特性来近似表征。

3.3.1 一阶系统的数学模型

研究图 3-3-1(a)所示 RC 电路,其运动微分方程为

$$T\frac{\mathrm{d}c(t)}{\mathrm{d}t} + c(t) = r(t) \tag{3.1}$$

式中:$c(t)$ 为电路输出电压;$r(t)$ 为电路输入电压;T 为时间常数,$T=RC$。

当该电路的初始条件为零时,其传递函数为

$$\Phi(s) = \frac{C(s)}{R(s)} = \frac{1}{Ts+1} \tag{3.2}$$

相应的结构图如图 3-3-1(b)所示。可以证明,室温调节系统、恒温箱以及水位调节系统的闭环传递函数形式与式(3.2)完全相同,仅时间常数含义有所区别。因此,式(3.1)或式(3.2)称为一阶系统的数学模型。在以下的分析和计算中,均假定系统的初始条件为零。

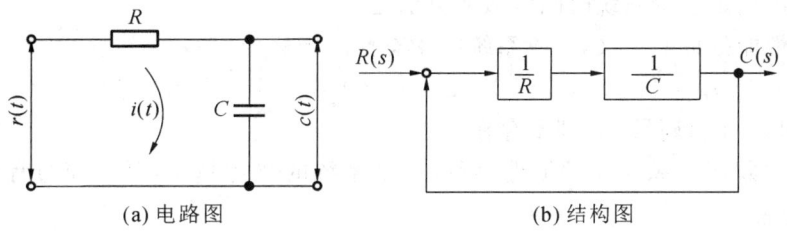

(a) 电路图   (b) 结构图

图 3-3-1 一阶控制系统

应当指出,具有同一运动方程或传递函数的所有线性系统,对同一输入信号的响应是相同的。当然,对于不同形式或不同功能的一阶系统,其响应特性的数学表达式具有不同的物理意义。

3.3.2 一阶系统的单位阶跃响应

设一阶系统的输入信号为单位阶跃函数 $r(t) = 1(t)$,则由式(3.2)可得一阶系统的单位阶跃响应为

$$c(t) = 1 - e^{-\frac{t}{T}} \qquad (t \geqslant 0) \tag{3.3}$$

由式(3.3)可见,一阶系统的单位阶跃响应是一条初始值为零,以指数规律上升到终值 $C_{ss} = 1$ 的曲线,如图 3-3-2 所示。

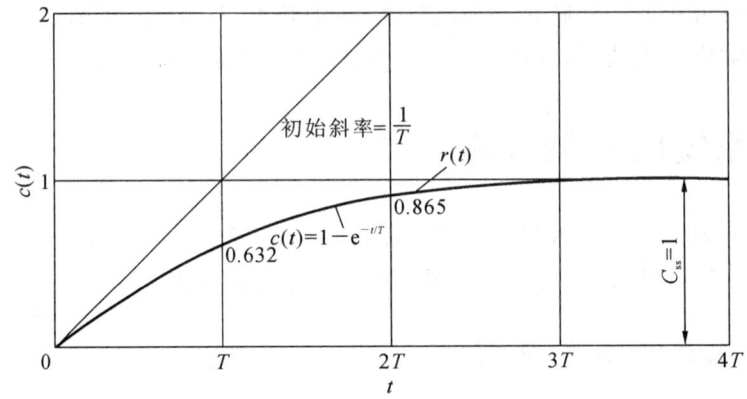

图 3-3-2 一阶系统的单位阶跃响应曲线

图 3-3-2 表明,一阶系统的单位阶跃响应为非周期响应,具备如下两个重要特点:

(1) 可用时间常数 T 去度量系统输出量的数值。例如,当 $t = T$ 时,$c(T) = 0.632$;而当 t 分别等于 $2T$、$3T$ 和 $4T$ 时,$c(t)$ 的数值将分别等于终值的 86.5%、95% 和 98.2%。根据这一特点,可用实验方法测定一阶系统的时间常数,或判定所测系统是否属于一阶系统。

(2) 响应曲线的斜率初始值为 $1/T$,并随时间的推移而减小。例如

$$\frac{dc(t)}{dt} \Big|_{t=0} = \frac{1}{T}, \frac{dc(t)}{dt} \Big|_{t=T} = 0.368 \frac{1}{T}, \frac{dc(t)}{dt} \Big|_{t=\infty} = 0$$

从而使单位阶跃响应完成全部变化量所需的时间为无限长,即有 $c(\infty) = 1$。此外,初始斜率特性也是常用的确定一阶系统时间常数的方法之一。

根据动态性能指标的定义,一阶系统的动态性能指标为

$$t_r = 2.20T, t_s = 3T(\Delta = 5\%) \text{ 或 } t_s = 4T(\Delta = 5\%)$$

显然,峰值时间 t_p 和超调量 $\sigma\%$ 都不存在。

由于时间常数 T 反映系统的惯性,所以一阶系统的惯性越小,其响应过程越快;反之,惯性越大,响应越慢。

3.3.3 一阶系统的单位脉冲响应

当输入信号为理想单位脉冲函数时,由于 $R(s)=1$,所以系统输出量的拉氏变换式与系统的传递函数相同,即 $C(s)=\dfrac{1}{Ts+1}$,这时系统的输出称为脉冲响应,其表达式为

$$c(t) = \frac{1}{T}\mathrm{e}^{-\frac{t}{T}} \qquad (t \geqslant 0) \tag{3.4}$$

如果令 t 分别等于 T、$2T$、$3T$ 和 $4T$,可绘出一阶系统的单位脉冲响应曲线,如图 3-3-3 所示。由式(3.4)可以算出响应曲线的各处斜率为

$$\frac{\mathrm{d}c(t)}{\mathrm{d}t}\Big|_{t=0} = \frac{1}{T^2}$$

$$\frac{\mathrm{d}c(t)}{\mathrm{d}t}\Big|_{t=T} = -0.368\,\frac{1}{T^2}$$

$$\frac{\mathrm{d}c(t)}{\mathrm{d}t}\Big|_{t=\infty} = 0$$

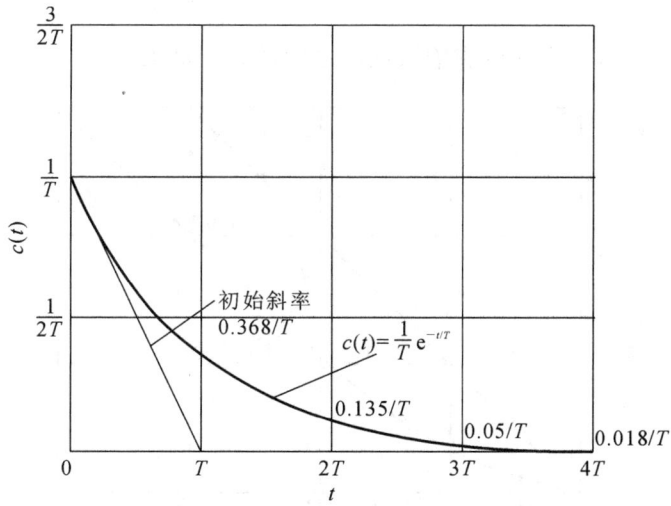

图 3-3-3　一阶系统的单位脉冲响应曲线

由图 3-3-3 可见,一阶系统的脉冲响应为一单调下降的指数型曲线。若定义该指数型曲线衰减到其初始值的 5% 或 2% 所需的时间为脉冲响应调节时间,则仍有 $t_s=3T$ 或 $t_s=4T$。系统的惯性越小,响应过程的快速性越好。

在初始条件为零的情况下,一阶系统的闭环传递函数与脉冲响应函数之间包含着相同的动态过程信息。这一特点同样适用于其他各阶线性定常系统,因此常以单位脉冲输入信号作用于系统,根据被测定系统的单位脉冲响应,可以求得被测系统的闭环传递函数。

鉴于工程上无法得到理想单位脉冲函数,因此常用具有一定脉宽 b 和有限幅度的矩形脉冲函数来代替。为了得到近似度较高的脉冲响应函数,要求实际脉冲函数的宽度 b 远小于系统的时间常数 T,一般规定 $b<0.1T$。

3.3.4 一阶系统的单位斜坡响应

设系统的输入信号为单位斜坡函数,则由式(3.2)可以求得一阶系统的单位斜坡响应为

$$c(t) = (t - T) + Te^{-\frac{t}{T}} \qquad (t \geqslant 0) \tag{3.5}$$

式中:$t - T$ 为稳态分量;$Te^{-t/T}$ 为瞬态分量。

式(3.5)表明:一阶系统的单位斜坡响应的稳态分量,是一个与输入斜坡函数斜率相同但时间滞后 T 的斜坡函数,因此在位置上存在稳态跟踪误差,其值正好等于时间常数 T;一阶系统单位斜坡响应的瞬态分量为衰减非周期函数。

根据式(3.5)绘出的一阶系统的单位斜坡响应曲线如图 3-3-4 所示。比较图 3-3-3 和图 3-3-4 可以发现一个有趣的现象:在阶跃响应曲线中,输出量和输入量之间的位置误差随时间推移而减小,最后趋于零,而在初始状态下,位置误差最大,响应曲线的初始斜率也最大;在斜坡响应曲线中,输出量和输入量之间的位置误差随时间推移而增大,最后趋于常值 T,系统的惯性越小,跟踪的准确度越高,而在初始状态下,初始位置和初始斜率均为零,因为

$$\frac{\mathrm{d}c(t)}{\mathrm{d}t} \Big|_{t=0} = 1 - \mathrm{e}^{-\frac{t}{T}} \Big|_{t=0} = 0$$

显然,在初始状态下,输出速度和输入速度之间的误差最大。

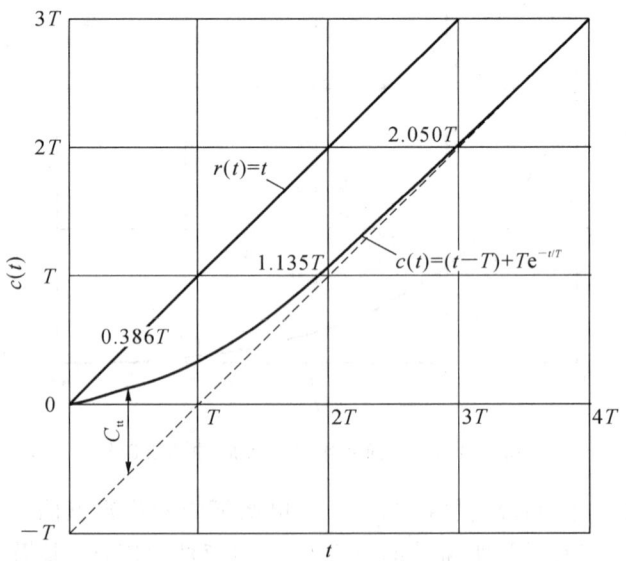

图 3-3-4 一阶系统的单位斜坡响应曲线

3.3.5 一阶系统的单位加速度响应

设系统的输入信号为单位加速度函数,则由式(3.2)可以求得一阶系统的单位加速度响应为

$$c(t) = \frac{1}{2}t^2 - Tt + T^2(1 - \mathrm{e}^{-\frac{t}{T}}) \qquad (t \geqslant 0) \tag{3.6}$$

因此,系统的跟踪误差为

$$e(t) = r(t) - c(t) = Tt - T^2(1 - e^{-\frac{t}{T}})$$

上式表明,跟踪误差随时间推移而增大直至无限大。因此,一阶系统不能实现对加速度输入函数的跟踪。

一阶系统对上述典型输入信号的响应归纳于表 3-3-1 之中。由表 3-3-1 可见,单位脉冲函数与单位阶跃函数的一阶导数及单位斜坡函数的二阶导数的等价关系,对应于单位脉冲响应与单位阶跃响应的一阶导数及单位斜坡响应的二阶导数的等价关系。这个等价关系表明:系统对输入信号导数的响应,就等于系统对该输入信号响应的导数;或者说,系统对输入信号积分的响应,就等于系统对该输入信号响应的积分。这是线性定常系统的一个重要特性,适用于任意阶线性定常系统,但不适用于线性时变系统和非线性系统。因此,研究线性定常系统的时间响应,不必对每种输入信号进行测定和计算,往往只取其中的一种典型信号进行研究。

表 3-3-1　一阶系统对典型输入信号的输出响应

输入信号	输出响应	输入信号	输出响应
$1(t)$	$1 - e^{-\frac{t}{T}}, t \geq 0$	t	$(t-T) + Te^{-\frac{t}{T}}, t \geq 0$
$\delta(t)$	$\frac{1}{T}e^{-\frac{t}{T}}, t \geq 0$	$\frac{1}{2}t^2$	$\frac{1}{2}t^2 - Tt + T^2(1 - e^{-\frac{t}{T}}), t \geq 0$

3.4　二阶系统的时域分析

用二阶微分方程描述的控制系统称为二阶系统,在工程应用中这是最常见的一类系统。研究二阶系统的动态性能,不仅是因为二阶系统在数学上容易分析,更重要的是因为二阶系统的知识可作为研究高阶系统的基础,许多高阶系统在一定条件下常可以近似化简为二阶系统来处理。常见的二阶系统有 RLC 串联电路、电枢电压控制的直流电动机转速系统等。其微分方程为

$$T^2 \frac{\mathrm{d}c^2(t)}{\mathrm{d}t^2} + 2\zeta T \frac{\mathrm{d}c(t)}{\mathrm{d}t} + c(t) = r(t) \tag{3.7}$$

标准形式的二阶系统框图如图 3-4-1 所示,其闭环传递函数为

$$\Phi(s) = \frac{C(s)}{R(s)} = \frac{1}{T^2 s^2 + 2\zeta Ts + 1} = \frac{\omega_n^2}{s^2 + 2\zeta \omega_n s + \omega_n^2} \tag{3.8}$$

式中:ζ 为系统的阻尼比;ω_n 为系统的无阻尼自然振荡频率;$T = 1/\omega_n$ 为系统振荡周期。

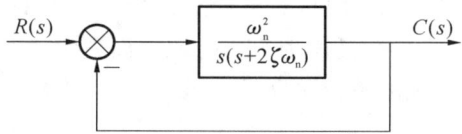

图 3-4-1　标准二阶系统框图

不同的控制系统具有不同的系统参数,但总可以变成式(3.8)这样的标准形式。这样,二阶系统的过渡过程就可以用 ζ 和 ω_n 这两个参数来描述。

闭环传递函数的分母多项式等于零的代数方程,称为系统的闭环特征方程,即

$$s^2 + 2\zeta\omega_n s + \omega_n^2 = 0 \tag{3.9}$$

闭环特征方程的两个根称为二阶系统特征根(亦称为闭环极点),即

$$s_{1,2} = -\zeta\omega_n \pm \omega_n\sqrt{\zeta^2 - 1} \tag{3.10}$$

3.4.1 二阶系统的单位阶跃响应

由式(3.8)可得二阶系统单位阶跃响应的拉普拉斯变换为

$$C(s) = \Phi(s)R(s) = \frac{\omega_n^2}{s^2 + 2\zeta\omega_n s + \omega_n^2} \frac{1}{s}$$

二阶系统的单位阶跃响应为

$$c(t) = L^{-1}[C(s)] = L^{-1}\left[\frac{\omega_n^2}{s^2 + 2\zeta\omega_n s + \omega_n^2} \frac{1}{s}\right] \tag{3.11}$$

式(3.11)的计算结果取决于二阶系统特征根的具体类型,而二阶系统特征根的类型又取决于 ζ 的大小,下面分几种情况进行讨论。

1) 过阻尼系统($\zeta > 1$)

此时,系统有两个不相等的负实根,且均位于复平面的负实轴上,即

$$s_{1,2} = -\zeta\omega_n \pm \omega_n\sqrt{\zeta^2 - 1} \tag{3.12}$$

令

$$T_1 = \frac{1}{\omega_n(\zeta - \sqrt{\zeta^2 - 1})}, \quad T_2 = \frac{1}{\omega_n(\zeta + \sqrt{\zeta^2 - 1})}$$

则系统输出响应的表达式为

$$c(t) = 1 + \frac{e^{-t/T_1}}{T_2/T_1 - 1} + \frac{e^{-t/T_2}}{T_1/T_2 - 1} \quad (t \geq 0) \tag{3.13}$$

式中:T_1 和 T_2 称为过阻尼二阶系统的时间常数,且有 $T_1 > T_2$。

式(3.13)表明,系统响应的暂态分量包含两个单调衰减的指数项,稳态分量为1。暂态分量之和绝不会超过稳态分量值,因此过阻尼二阶系统的单位阶跃响应呈非周期性,没有振荡和超调,且过渡过程时间长,无稳态误差。过阻尼二阶系统的极点分布及其单位阶跃响应曲线分别如图3-4-2(a)、(b)所示。

尤其值得注意的是,一阶系统的单位阶跃响应曲线(见图3-3-2)和二阶系统的单位阶跃响应曲线(见图3-4-2(b))较为类似,但也有着明显差异。前者的一阶导数随着时间的增大而单调减小直至为零;后者的一阶导数随着时间 t 的增大而先增大至最大值,然后又开始减小直至为零。若在 $t = t_i$ 时,二阶系统的单位阶跃响应曲线的一阶导数具有最大值,则 t_i 称为系统的拐点。

过阻尼二阶系统的性能指标一般只重点讨论 t_s。根据式(3.13),令 T_1/T_2 取不同值,可分别求解出系统响应的无量纲调节时间 t_s/T_1,如图3-4-3所示。当 T_1/T_2 或 ζ 很大时,特征根

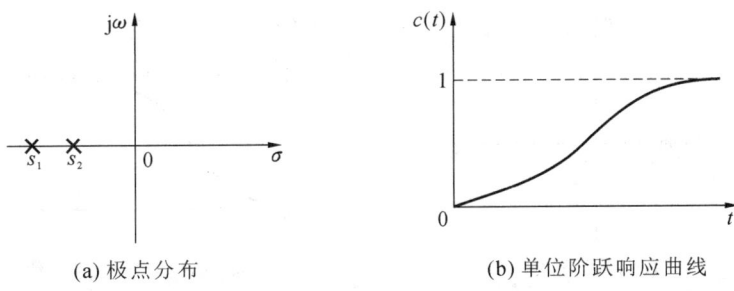

(a) 极点分布　　　　　　　(b) 单位阶跃响应曲线

图 3-4-2　过阻尼二阶系统的极点分布及其单位阶跃响应曲线

$s_2 = -1/T_2$；比 $s_1 = -1/T_1$ 远离虚轴，模态 e^{-t/T_2} 很快衰减为零，系统的调节时间主要由 s_1 对应的模态 e^{-t/T_1} 决定。由此可以看出，离虚轴越近的极点所决定的分量对系统响应产生的影响越大，反之则影响越小。此时可将过阻尼二阶系统近似看作由 s_1 确定的一阶系统，估算其动态性能指标。

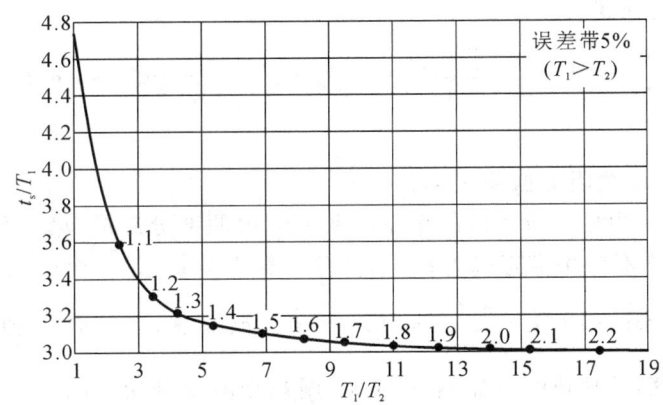

图 3-4-3　过阻尼二阶系统的调节时间特性

2）临界阻尼系统（$\zeta=1$）

此时，系统具有一对相等的负实根

$$s_{1,2} = -\zeta\omega_n \pm \omega_n \sqrt{\zeta^2 - 1} = -\omega_n \tag{3.14}$$

系统输出响应的表达式为

$$c(t) = 1 - \mathrm{e}^{-\omega_n t}(1 + \omega_n t) \qquad (t \geqslant 0) \tag{3.15}$$

式(3.15)表明，临界阻尼二阶系统的单位阶跃响应是按照指数规律单调上升的，无振荡、无超调，其稳态分量等于系统的输入量，故稳态误差为 0。临界阻尼二阶系统的极点分布及其单位阶跃响应曲线分别如图 3-4-4(a)、(b)所示。

3）欠阻尼系统（$0<\zeta<1$）

此时，系统具有一对共轭复数根，且均位于复平面的左半部，即

$$s_{1,2} = -\zeta\omega_n \pm \mathrm{j}\omega_n \sqrt{1 - \zeta^2} \tag{3.16}$$

系统单位阶跃响应的拉普拉斯变换表达式为

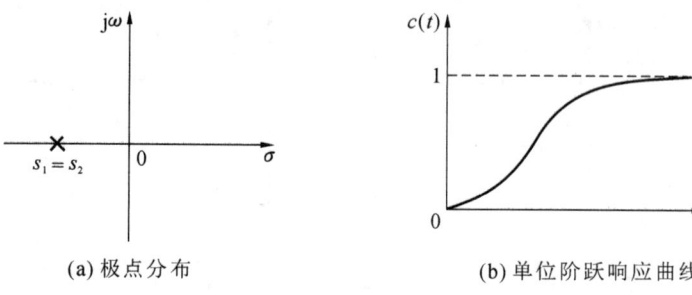

(a) 极点分布　　　　　　　　　(b) 单位阶跃响应曲线

图 3-4-4　临界阻尼二阶系统的极点分布及其单位阶跃响应曲线

$$C(s) = \frac{\omega_n^2}{s^2 + 2\zeta\omega_n s + \omega_n^2} \frac{1}{s} = \frac{1}{s} - \frac{s + \zeta\omega_n}{(s + \zeta\omega_n)^2 + \omega_d^2} - \frac{\zeta\omega_n}{(s + \zeta\omega_n)^2 + \omega_d^2}$$

令

$$\sigma = \zeta\omega_n, \omega_d = \omega_n \sqrt{1 - \zeta^2}, \beta = \arctan(\sqrt{1 - \zeta^2}/\zeta)$$

则系统输出响应的表达式为

$$c(t) = 1 - e^{-\zeta\omega_n t}\left(\cos\omega_d t + \frac{\zeta}{\sqrt{1 - \zeta^2}}\sin\omega_d t\right) = 1 - \frac{1}{\sqrt{1 - \zeta^2}}e^{-\sigma t}\sin(\omega_d t + \beta) \qquad (t \geqslant 0)$$

$$(3.17)$$

式中：σ 为衰减系数；ω_d 为阻尼振荡频率。

　　式(3.17)表明，欠阻尼二阶系统的单位阶跃响应由两部分组成：第一部分为稳态分量，其值为 1，表明系统最终不存在稳态误差；第二部分为暂态分量，是一个带有指数型函数作为振幅的正弦振荡项，其振荡频率为 $\frac{e^{-\sigma t}}{\sqrt{1 - \zeta^2}}\sin(\omega_d t + \beta)$。振幅中 $e^{-\sigma t} = e^{-\zeta\omega_n t}$ 随着时间的推移而逐渐趋于零，所以此振荡是衰减的。显然，σ 越大，振幅衰减得越快。因此欠阻尼二阶系统的单位阶跃响应是一条衰减振荡的曲线。欠阻尼二阶系统的极点分布及其单位阶跃响应曲线分别如图 3-4-5(a)、(b)所示。

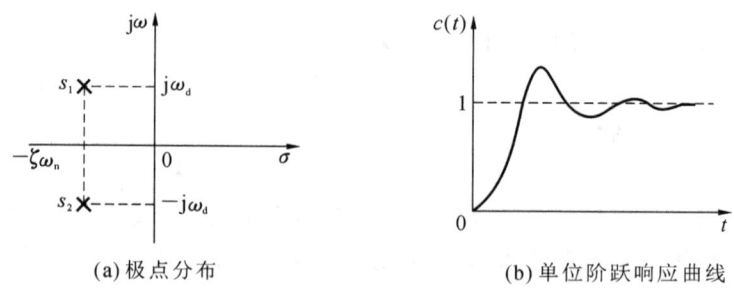

(a) 极点分布　　　　　　　　　(b) 单位阶跃响应曲线

图 3-4-5　欠阻尼二阶系统的极点分布及其单位阶跃响应曲线

　　依据式(3.17)以及二阶系统动态性能指标的定义，欠阻尼二阶系统的动态性能指标计算如下。

　　(1)上升时间 t_r。根据定义，当 $t = t_r$ 时，$c(t_r) = 1$，则

$$t_r = \frac{\pi - \arccos\zeta}{\omega_d} = \frac{\pi - \arccos\zeta}{\omega_n\sqrt{1-\zeta^2}} \tag{3.18}$$

（2）峰值时间 t_p。根据定义，t_p 是系统响应达到第一个峰值的时间，其计算为

$$\frac{dc(t)}{dt}\Big|_{t=t_p} = 0$$

有

$$t_p = \frac{\pi}{\omega_d} = \frac{\pi}{\omega_n\sqrt{1-\zeta^2}} \tag{3.19}$$

（3）调节时间 t_s。调节时间 t_s 与系统的两个特征参数 ζ、ω_n 均有关联，三者之间存在复杂的函数关系式，直接依据此关系式计算 t_s 的难度较大。在工程应用上，常采用如下近似计算：

$$t_s = \begin{cases} \dfrac{3}{\zeta\omega_n}, & \Delta = \pm 5\% \\[2mm] \dfrac{4}{\zeta\omega_n}, & \Delta = \pm 2\% \end{cases} \tag{3.20}$$

结合图 3-4-5(a)可知，$\zeta\omega_n$ 是指系统的闭环极点到虚轴的距离，那么对位于左半复平面的闭环极点而言，调节时间 t_s 与极点至虚轴的距离成反比。如果能使二阶系统的闭环极点远离虚轴，则系统将有较好的快速性。

（4）超调量 $\sigma\%$。将峰值时间 t_p 的计算式代入 $c(t)$ 表达式中，可得

$$c(t_p) = 1 + e^{-\pi\zeta/\sqrt{1-\zeta^2}} \tag{3.21}$$

有

$$\sigma\% = \frac{c(t_p) - c(\infty)}{c(\infty)} \times 100\% = e^{-\pi\zeta/\sqrt{1-\zeta^2}} \times 100\% \tag{3.22}$$

由式(3.22)可知，$\sigma\% = f(\zeta)$，随着阻尼比的增加，$\sigma\%$ 单调减小。$\zeta \geqslant 1$ 时，$\sigma\% = 0$，即无超调，$\sigma\%$ 与自然频率 ω_n 无关。$\sigma\%$ 与 ζ 之间的非线性关系曲线如图 3-4-6 所示。

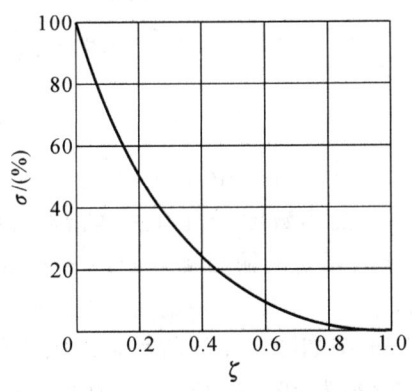

图 3-4-6　超调量和阻尼比的关系曲线

（5）延迟时间 t_d。在式(3.17)中，令 $c(t_d) = 0.5$，则 t_d 的计算式如下：

$$t_d = \frac{1 + 0.6\zeta + 0.2\zeta^2}{\omega_n} \tag{3.23}$$

当 $0 < \zeta < 1$ 时，即可近似认为

$$t_d = \frac{1 + 0.7\zeta}{\omega_n} \tag{3.24}$$

4）无阻尼系统（$\zeta = 0$）

此时，系统具有一对共轭纯虚数根，即

$$s_{1,2} = -\zeta\omega_n \pm \omega_n \sqrt{\zeta^2 - 1} = \pm j\omega \tag{3.25}$$

系统输出响应的表达式为

$$c(t) = 1 - \cos\omega_n t \qquad (t \geqslant 0) \tag{3.26}$$

由式（3.26）可知，无阻尼二阶系统的单位阶跃响应是一条平均值为 1 的等幅余弦振荡曲线，此时振荡频率为 ω_n，故 ω_n 也称为无阻尼自然振荡频率。无阻尼二阶系统的极点分布及其单位阶跃响应曲线分别如图 3-4-7(a)、(b)所示。

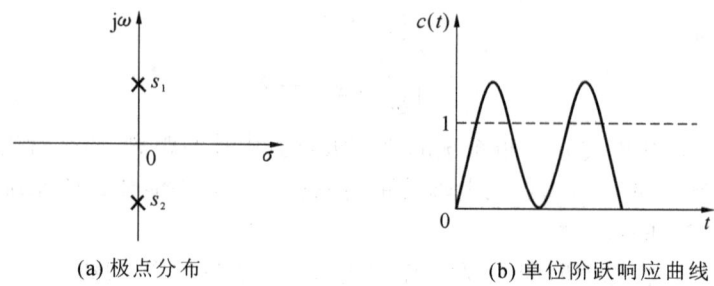

(a) 极点分布   (b) 单位阶跃响应曲线

图 3-4-7　无阻尼二阶系统的极点分布及其单位阶跃响应曲线

5）负阻尼系统（$\zeta < 0$）

此时，系统具有一对位于右半复平面的正实数根或共轭复数根，其单位阶跃响应为

$$\begin{cases} c(t) = 1 - \dfrac{e^{-\zeta\omega_n t}}{\sqrt{1-\zeta^2}}\sin(\omega_d t + \beta) & (-1 < \zeta < 0, t \geqslant 0) \\[3mm] c(t) = 1 + \dfrac{e^{-(\zeta+\sqrt{\zeta^2-1})\omega_n t}}{2\sqrt{\zeta^2-1}(\zeta+\sqrt{\zeta^2-1})} - \dfrac{e^{-(\zeta-\sqrt{\zeta^2-1})\omega_n t}}{2\sqrt{\zeta^2-1}(\zeta-\sqrt{\zeta^2-1})} & (\zeta \leqslant -1, t \geqslant 0) \end{cases}$$

$$\tag{3.27}$$

式中：

$$\beta = \arctan(\sqrt{1-\zeta^2}/\zeta)$$

由于阻尼比 $\zeta < 0$，式（3.27）中的指数因子具有正幂指数，因此系统的输出响应曲线呈单调发散或正弦振荡发散，即 $t \to \infty$ 时系统的输出响应 $c(t) \to \infty$，此时系统是不稳定的。对于不稳定的系统本节不进一步讨论。

【例 3.1】　某位置随动系统框图如图 3-4-8 所示。当该系统的给定输入信号为单位阶跃函数时，试计算放大器增益 K_A 分别为 200、1500、13.5 时系统输出响应特性的峰值时间 t_p、调节时间 t_s 和超调量 $\sigma\%$，并分析比较。

【解】　图 3-4-8 所示系统为二阶系统，其闭环传递函数为

$$\Phi(s) = \frac{5K_A}{s^2 + 34.5s + 5K_A}$$

单位阶跃函数输入的拉氏变换表达式为

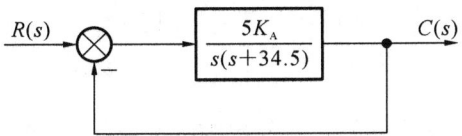

图 3-4-8　某位置随动系统框图

$$R(s) = \frac{1}{s}$$

（1）当 $K_A = 200$ 时，系统的闭环传递函数为

$$\Phi(s) = \frac{1000}{s^2 + 34.5s + 1000}$$

与标准形式对比，则有

$$\begin{cases} \omega_n^2 = 1000 \\ 2\zeta\omega_n = 34.5 \end{cases}$$

解得

$$\begin{cases} \omega_n = \sqrt{1000} = 31.6 \text{ rad/s} \\ \zeta = 0.546 \end{cases}$$

峰值时间

$$t_p = \frac{\pi}{\omega_d} = \frac{\pi}{\omega_n \sqrt{1-\zeta^2}} = 0.12 \text{ s}$$

调节时间

$$t_s = \frac{3}{\zeta\omega_n} = 0.17 \text{ s}$$

超调量

$$\sigma\% = e^{-\pi\zeta / \sqrt{1-\zeta^2}} \times 100\% = 13\%$$

（2）当 $K_A = 1500$ 时，系统的闭环传递函数为

$$\Phi(s) = \frac{7500}{s^2 + 34.5s + 7500}$$

与标准形式对比，则有

$$\begin{cases} \omega_n^2 = 7500 \\ 2\zeta\omega_n = 34.5 \end{cases}$$

解得

$$\begin{cases} \omega_n = \sqrt{7500} = 86.6 \text{ rad/s} \\ \zeta = 0.2 \end{cases}$$

峰值时间

$$t_p = \frac{\pi}{\omega_d} = \frac{\pi}{\omega_n \sqrt{1-\zeta^2}} = 0.037 \text{ s}$$

调节时间

$$t_s = \frac{3}{\zeta\omega_n} = 0.17 \text{ s}$$

超调量

$$\sigma\% = e^{-\pi\zeta/\sqrt{1-\zeta^2}} \times 100\% = 52.7\%$$

（3）当 $K_A = 13.5$ 时，系统的闭环传递函数

$$\Phi(s) = \frac{67.5}{s^2 + 34.5s + 67.5}$$

有

$$\begin{cases} \omega_n^2 = 67.5 \\ 2\zeta\omega_n = 34.5 \end{cases}$$

解得

$$\begin{cases} \omega_n = \sqrt{67.5} = 8.22 \text{ rad/s} \\ \zeta = 2.1 \end{cases}$$

系统处于过阻尼状态，其阶跃响应无峰值时间，无超调。系统的两个特征根为 $s_1 = 2.08$，$s_2 = -32.40$，因 s_1 离虚轴较近，s_2 离虚轴较远，则二阶系统简化为一阶系统时的系统阶跃响应为

$$c(t) \approx 1 + \frac{1}{2(\zeta^2 - \zeta\sqrt{\zeta^2 - 1})} e^{-(\zeta + \sqrt{\zeta^2 - 1})\omega_n t} = 1 + 0.9397 e^{-32.40t}$$

由

$$|c(t_s) - c(\infty)| = \Delta(\infty), \Delta = \pm 5\%$$

可得

$$t_s = \frac{\ln(0.05/0.9397)}{-2.08} \text{ s} = 1.41 \text{ s}$$

此时，系统的阶跃响应虽无超调，但调节时间过长。

K_A 取上述三个值（200、1500、13.5）时所对应的系统阶跃响应曲线如图 3-4-9 所示。对比图 3-4-9 中的三条曲线可发现，K_A 增大将使系统的单位阶跃响应曲线在初始阶段加快，但振荡加剧，平稳性下降；K_A 减小将使系统振荡减弱，平稳性增强，但会降低响应速度。

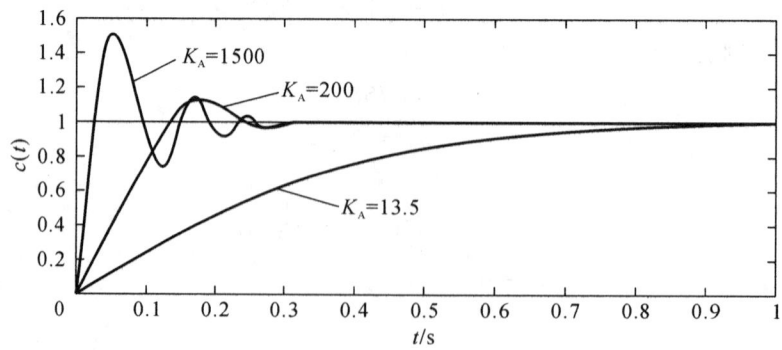

图 3-4-9　不同增益下的系统单位阶跃响应

【例 3.2】　角速度控制系统的框图如图 3-4-10 所示。图中 K 为开环增益，伺服电动机时

间常数 $T = 0.1$ s。若要求系统的单位阶跃响应无超调,且调节时间 $t_s \leqslant 1$ s,则 K 应取什么值?

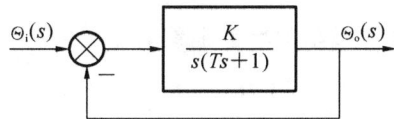

$$\Theta_i(s) \quad \Theta_o(s)$$

图 3-4-10 角速度控制系统框图

【解】 图中系统为二阶系统,其闭环传递函数为

$$\Phi(s) = \frac{K}{Ts^2 + s + K} = \frac{\dfrac{K}{T}}{s^2 + \dfrac{1}{T}s + \dfrac{K}{T}}$$

为满足系统的单位阶跃响应无超调,且使系统的调节时间尽量短,应取阻尼比 $\zeta = 1$。将上式与标准形式对比,有

$$\omega_n^2 = \frac{K}{T}$$

$$2\zeta\omega_n = \frac{1}{T}$$

其中 $\zeta = 1$,$T = 0.1$ s,解得

$$K = 2.5, \omega_n = \sqrt{10K} = 5 \text{ rad/s}$$

系统调节时间 $t_s = 0.80$ s,满足要求。

【例 3.3】 某单位反馈系统的开环传递函数

$$G(s) = \frac{4}{s(s+5)}$$

求单位阶跃响应 $e(t)$ 和调节时间 t_s。

【解】 依据题意,系统的闭环传递函数为

$$\Phi(s) = \frac{4}{s^2 + 5s + 4} = \frac{4}{(s+1) \cdot (s+4)} = \frac{4}{\left(s + \dfrac{1}{T_1}\right) \cdot \left(s + \dfrac{1}{T_2}\right)}$$

由上式可得 $T_1 = 1$ s,$T_2 = 0.25$ s。

采用部分分式分解法,系统单位阶跃响应的拉普拉斯变换表达式为

$$C(s) = \Phi(s)R(s) = \frac{4}{s \cdot (s+1) \cdot (s+4)} = \frac{C_0}{s} + \frac{C_1}{s+1} + \frac{C_2}{s+4}$$

式中的各参数计算如下:

$$C_0 = \lim_{s \to 0} s\Phi(s)R(s) = \lim_{s \to 0} \frac{4}{(s+1) \cdot (s+4)} = 1$$

$$C_1 = \lim_{s \to -1} (s+1)\Phi(s)R(s) = \lim_{s \to -1} \frac{4}{(s+4)} = -\frac{4}{3}$$

$$C_2 = \lim_{s \to -4} (s+4)\Phi(s)R(s) = \lim_{s \to -4} \frac{4}{(s+1)} = \frac{1}{3}$$

系统单位阶跃响应为

$$h(t) = 1 - \frac{4}{3}e^{-t} + \frac{1}{3}e^{-4t}$$

此时,系统的单位阶跃响应曲线为过阻尼状态曲线,两个闭环特征根均在负实轴上。

由图 3-4-3 得,$t_s = 3.3T_1 = 3.3$ s。

3.4.2 典型二阶系统的参数 ζ 和 ω_n 对性能的影响

用 $\omega_n t$ 作为横坐标,$c(t)$ 作为纵坐标,可得到图 3-4-11 所示的二阶系统单位阶跃响应通用曲线,该曲线簇只和 ζ 有关。根据此图分析参数 ζ、ω_n 对二阶系统平稳性、快速性和准确性三个方面的影响。

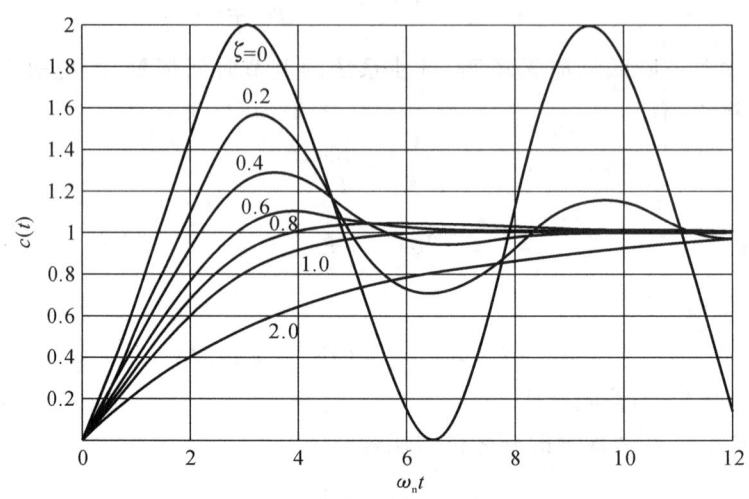

图 3-4-11 二阶系统单位阶跃响应通用曲线

(1)平稳性。由式(3.17)可知暂态分量的振幅为 $A = \dfrac{e^{-\zeta\omega_n t}}{\sqrt{1-\zeta^2}}$,振荡频率为 $\omega_d = \omega_n\sqrt{1-\zeta^2}$。结合图 3-4-11 所示系统响应曲线可知,阻尼比 ζ 越大,超调量 $\sigma\%$ 越小,系统响应曲线振荡越弱,系统平稳性越好。当 $\zeta \geq 1$ 时,系统响应曲线振荡消失变为单调过程,系统平稳性最佳。反之,阻尼比 ζ 小,超调量 $\sigma\%$ 越大,系统响应曲线振荡越强,系统平稳性越差。当 $\zeta = 0$ 时,系统响应曲线变为不衰减的等幅振荡。在一定的阻尼比 ζ 下,ω_n 越大则 ω_d 也越大,系统响应曲线振荡越激烈,系统平稳性越差。从整体上来看,要使单位阶跃响应的平稳性好,则要求阻尼比 ζ 大,自然振荡频率 ω_n 小。

(2)快速性。由图 3-4-11 所示系统响应曲线可知,ζ 过大,如 ζ 值接近于 1,系统的响应缓慢,所以调节时间亦长,快速性差。纵观全部曲线,当欠阻尼系统的 ζ 值为 0.4~0.8 时,系统响应曲线比无振荡的临界阻尼状态或过阻尼状态更快地达到稳态值。在 $\zeta \geq 1$ 即系统响应曲线无振荡情况下,临界阻尼状态的系统具有最快的响应特性,过阻尼系统对任何输入信号的响应总是缓慢的。

参数 ω_n 对快速性的影响可用时间响应来分析。由于时间响应只与 ζ 有关,对于一定的阻尼比 ζ,所对应的系统时间响应曲线是一定的。显然,当曲线进入误差带时,时间变量中的 ω_n

越大,调节时间 t_s 也就越短。因此,当 ζ 一定时,ω_n 越大,系统的快速性越好。

从图 3-4-12 中可知,对应 5% 的误差带,当 $\zeta=0.707$ 时,调节时间 t_s 最小,此时超调量 $\sigma\% < 5\%$,系统平稳性也较好,故 $\zeta=0.707$ 为最佳阻尼比。

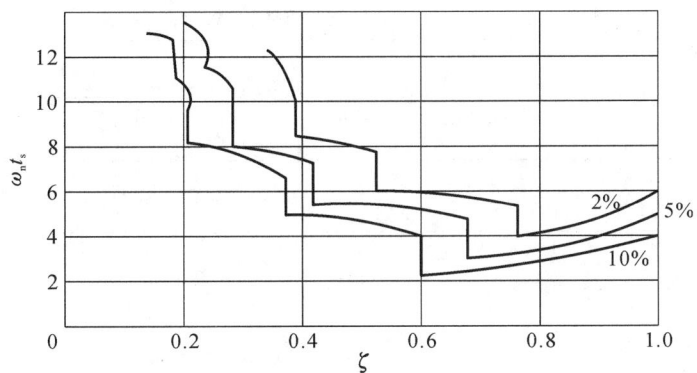

图 3-4-12　对应不同误差带的调节时间与阻尼比的关系曲线

（3）准确性。系统的暂态分量（除无阻尼情况外）均是随时间 t 的增长而衰减到零,而稳态分量值等于 1。因此,上述典型二阶系统的单位阶跃响应不存在稳态误差。

由以上分析可见,典型二阶系统在阻尼比 ζ 取不同值时,其阶跃响应曲线的动态特性相差很大。若阻尼比 ζ 过小,则系统响应曲线振荡加剧,超调量 $\sigma\%$ 大幅度增加;若阻尼比 ζ 过大,则系统响应过慢,调节时间又大幅度增加。因此,阻尼比 ζ 的取值对兼顾系统的稳定性和快速性非常重要。

3.4.3　二阶系统的脉冲响应

当输入信号为单位脉冲函数 $\delta(t)$,即 $R(s)=1$ 时,二阶系统的单位脉冲响应的拉普拉斯变换表达式为

$$K(s) = \frac{\omega_n^2}{s^2 + 2\zeta\omega_n s + \omega_n^2} \tag{3.28}$$

由式（3.28）取拉普拉斯反变换,即可得到各种情况下的脉冲响应。

（1）欠阻尼系统（$0 < \zeta < 1$）。

$$k(t) = L^{-1}\left[\frac{\omega_n^2}{s^2 + 2\zeta\omega_n s + \omega_n^2}\right] = \frac{\omega_n}{\sqrt{1-\zeta^2}}e^{-\zeta\omega_n t}\sin(\omega_n\sqrt{1-\zeta^2})t \qquad (t \geqslant 0) \tag{3.29}$$

（2）临界阻尼系统（$\zeta=1$）。

$$k(t) = \omega_n^2 e^{-\omega_n t}t \qquad (t \geqslant 0) \tag{3.30}$$

（3）过阻尼系统（$\zeta>1$）。

$$k(t) = \frac{\omega_n}{2\sqrt{1-\zeta^2}}(e^{-(\zeta-\sqrt{\zeta^2-1})\omega_n t} - e^{-(\zeta+\sqrt{\zeta^2-1})\omega_n t}) \tag{3.31}$$

（4）无阻尼系统（$\zeta=0$）。

$$k(t) = \omega_n\sin\omega_n t \qquad (t \geqslant 0) \tag{3.32}$$

单位脉冲函数是单位阶跃函数对时间的导数,故线性定常系统的单位脉冲响应必定是单位阶跃响应对时间的导数。表 3-4-1 所示为不同输入信号的时间响应函数。

表 3-4-1　不同输入信号的时间响应函数

输入信号	阻尼比	时间响应函数($t \geq 0$)
单位阶跃函数	$\zeta > 1$	$x_o(t) = 1 - \dfrac{1}{2(1 + \zeta \sqrt{\zeta^2 - 1} - \zeta^2)} e^{-(\zeta - \sqrt{\zeta^2 - 1})\omega_n t} - \dfrac{1}{2(1 - \zeta \sqrt{\zeta^2 - 1} - \zeta^2)} e^{-(\zeta + \sqrt{\zeta^2 - 1})\omega_n t}$
	$\zeta = 1$	$x_o(t) = 1 - e^{-\omega_n t}(1 + \omega_n t)$
	$0 < \zeta < 1$	$x_o(t) = 1 - \dfrac{e^{-\zeta \omega_n t}}{\sqrt{\zeta^2 - 1}} \sin(\omega_d t + \varphi)$ $\omega_d = \omega_n \sqrt{1 - \zeta^2}, \varphi = \arctan \dfrac{\sqrt{\zeta^2 - 1}}{\zeta}$
	$\zeta = 0$	$x_o(t) = 1 - \cos \omega_n t$
单位脉冲函数	$\zeta > 1$	$x_o(t) = \dfrac{\omega_n}{2\sqrt{\zeta^2 - 1}}(e^{-(\zeta - \sqrt{\zeta^2 - 1})\omega_n t} - e^{-(\zeta + \sqrt{\zeta^2 - 1})\omega_n t})$
	$\zeta = 1$	$x_o(t) = \omega_n^2 t e^{-\omega_n t}$
	$0 < \zeta < 1$	$x_o(t) = \dfrac{\omega_n e^{-\zeta \omega_n t}}{\sqrt{1 - \zeta^2}} \sin(\omega_d t)$
	$\zeta = 0$	$x_o(t) = \omega_n \sin \omega_n t$
单位速度函数	$\zeta > 1$	$x_o(t) = t - \dfrac{2\zeta}{\omega_n} + \dfrac{2\zeta^2 - 1 + 2\zeta \sqrt{\zeta^2 - 1}}{2\omega_n \sqrt{\zeta^2 - 1}} e^{-(\zeta - \sqrt{\zeta^2 - 1})\omega_n t} - \dfrac{2\zeta^2 - 1 + 2\zeta \sqrt{\zeta^2 - 1}}{2\omega_n \sqrt{\zeta^2 - 1}} e^{-(\zeta + \sqrt{\zeta^2 - 1})\omega_n t}$
	$\zeta = 1$	$x_o(t) = t - \dfrac{2}{\omega_n} + \dfrac{2}{\omega_n} e^{-\omega_n t} \left(1 + \dfrac{\omega_n t}{2}\right)$
	$0 < \zeta < 1$	$x_o(t) = t - \dfrac{2\zeta}{\omega_n} + \dfrac{e^{-\omega_n t}}{\omega_d} \sin(\omega_d t + \varphi)$ $\omega_d = \omega_n \sqrt{1 - \zeta^2}, \varphi = \arctan \dfrac{2\zeta \sqrt{\zeta^2 - 1}}{2\zeta^2 - 1}$
	$\zeta = 0$	$x_o(t) = t - \dfrac{1}{\omega_n} \sin \omega_n t$

3.5　线性系统的稳定性分析

稳定是控制系统的重要性能,也是系统能够正常运行的首要条件。控制系统在实际运行过程中,总会受到外界和内部一些因素的扰动,例如负载和能源的波动、系统参数的变化、环境条件的改变等。如果系统不稳定,就会在任何微小的扰动作用下偏离原来的平衡状态,并随时间的推移而发散。因而,分析系统的稳定性并提出保证系统稳定的措施,是自动控制理论的基本任务之一。

3.5.1 稳定性的基本概念

任何系统在扰动作用下都会偏离原平衡状态,产生初始偏差。稳定性是指系统在扰动消失后,由初始偏差状态恢复到原平衡状态的性能。

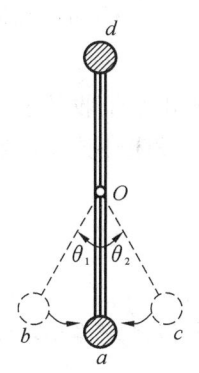

为了便于说明稳定性的基本概念,先看一个直观示例。图 3-5-1 是一个单摆的示意图,其中 O 为支点。设在外界扰动力的作用下,单摆由原平衡点 a 偏到新的位置 b,偏摆角为 θ_1。当外界扰动力去除后,单摆在重力作用下由点 b 回到原平衡点 a,但由于惯性作用,单摆经过点 a 继续运动到点 c。此后,单摆经来回几次减幅摆动,可以回到原平衡点 a,故称点 a 为稳定平衡点。反之,若图 3-5-1 所示单摆处于另一平衡点 d,则单摆一旦受到外界扰动力的作用偏离了原平衡位置后,即使外界扰动力消失,单摆无论经过多长时间也不可能再回到原平衡点 d。这样的平衡点称为不稳定平衡点。

图 3-5-1 单摆示意图

单摆的这种稳定概念,可以推广到控制系统。假设系统具有一个平衡工作状态,如果系统受到有界扰动作用偏离了原平衡状态,不论扰动引起的初始偏差有多大,当扰动取消后,系统都能以足够的准确度恢复到初始平衡状态,则这种系统称为大范围稳定的系统;如果系统受到有界扰动作用后,只有当扰动引起的初始偏差小于某一范围时,系统才能在取消扰动后恢复到初始平衡状态,否则就不能恢复到初始平衡状态,则这样的系统称为小范围稳定的系统。对于稳定的线性系统,必然在大范围内和小范围内都能稳定;只有非线性系统才可能有小范围稳定而大范围不稳定的情况。

其实,关于系统的稳定性有多种定义方法。上面所阐述的稳定性概念,实则是指平衡状态稳定性,由俄国学者李雅普诺夫于 1892 年首先提出,一直沿用至今。

在分析线性系统的稳定性时,我们所关心的是系统的运动稳定性,即系统方程在不受任何外界输入作用下,系统方程的解在时间 t 趋于无穷时的渐近行为。毫无疑问,这种解就是系统齐次微分方程的解,而“解”通常称为系统方程的一个“运动”,因而这种稳定性称为运动稳定性。严格来说,平衡状态稳定性与运动稳定性并不是一回事,但对于线性系统而言,运动稳定性与平衡状态稳定性是等价的。

按照李雅普诺夫分析稳定性的观点,首先假设系统具有一个平衡工作点,在该平衡工作点上,当输入信号为零时,系统的输出信号亦为零。一旦扰动信号作用于系统,系统的输出量将偏离原平衡工作点。若取扰动信号的消失瞬间作为计时起点,则 $t=0$ 时的系统输出量增量及其各阶导数,就可以用来研究 $t \geqslant 0$ 时的系统输出量增量的初始偏差。于是,$t \geqslant 0$ 时的系统输出量增量的变化过程,可以认为是控制系统在初始扰动影响下的动态过程。因此,根据李雅普诺夫稳定性理论,线性控制系统的稳定性可叙述如下:

若线性控制系统在初始扰动的影响下,其动态过程随时间的推移逐渐衰减并趋于零(原平衡工作点),则称系统渐近稳定,简称稳定;反之,若在初始扰动影响下,系统的动态过程随时间的推移而发散,则称系统不稳定,简称不稳定。

3.5.2 线性系统稳定的充分必要条件

上述稳定性定义表明,线性系统的稳定性仅取决于系统自身的固有特性,而与外界条件无关。因此,设线性系统在初始条件为零时,受到一个理想单位脉冲 $\delta(t)$ 的作用,这时系统的输出增量为脉冲响应 $c(t)$。这相当于系统在扰动信号作用下,输出信号偏离原平衡工作点的问题。若 $t\to\infty$ 时,脉冲响应

$$\lim_{t\to\infty}(t) = 0 \tag{3.33}$$

即输出增量收敛于原平衡工作点,则线性系统是稳定的。

设闭环传递函数

$$\Phi(s) = \frac{C(s)}{R(s)} = \frac{M(s)}{D(s)} = \frac{K\prod_{i=1}^{m}(s-z_i)}{\prod_{i=1}^{n}(s-s_i)}$$

且设 $s_i(i=1,2,\cdots)$ 为特征方程 $D(s)=0$ 的根,而且彼此不等。那么,由于 $\delta(t)$ 的拉氏变换为 1,所以系统输出增量的拉氏变换为

$$C(s) = \frac{M(s)}{D(s)} = \sum_{i=1}^{n}\frac{A_i}{s-s_i} = \frac{K\prod_{i=1}^{m}(s-z_i)}{\prod_{j=1}^{q}(s-s_j)\prod_{k=1}^{r}(s^2+2\zeta_k\omega_k s+\omega_k^2)} \tag{3.34}$$

式中,$q+2r=n$。将式(3.34)展成部分分式,并设 $0<\zeta_k<1$,可得

$$C(s) = \sum_{j=1}^{q}\frac{A_j}{s-s_i} + \sum_{k=1}^{r}\frac{B_k s+C_k}{s^2+2\zeta_k\omega_k s+\omega_k^2} \tag{3.35}$$

式中,A_j 是 $C(s)$ 在闭环实数极点 s_j 处的留数,可按下式计算

$$A_j = \lim_{s\to s_j}(s-s_j) = C(s) \qquad (j=1,2,\cdots,q) \tag{3.36}$$

B_k 和 C_k 是与 $C(s)$ 在闭环复数极点

$$s = -\zeta_k\omega_k \pm j\omega_k\sqrt{1-\zeta_k^2}$$

处的留数有关的常系数。

将式(3.35)进行拉氏反变换,并设初始条件全部为零,可得系统的脉冲响应为

$$c(t) = \sum_{j=1}^{q}A_j e^{s_j t} + \sum_{k=1}^{r}B_k e^{-\zeta_k\omega_k t}\cos(\omega_k\sqrt{1-\zeta_k^2})t$$
$$+ \sum_{k=1}^{r}\frac{C_k-B_k\zeta_k\omega_k}{\omega_k\sqrt{1-\zeta_k^2}}e^{-\zeta_k\omega_k t}\sin(\omega_k\sqrt{1-\zeta_k^2})t \qquad (t\geqslant 0) \tag{3.37}$$

式(3.37)表明,当且仅当系统的特征根全部具有负实部时,式(3.33)才能成立;若特征根中有一个或一个以上正实部根,则

$$\lim_{t\to\infty}(t) = \infty$$

这表明系统不稳定。若特征根中有一个或一个以上零实部根,而其余的特征根均有负实部,则脉冲响应 $c(t)$ 趋于常数,或趋于等幅正弦振荡,按照稳定性定义,此时系统不是渐近稳定的。顺便指出,最后一种情况系统处于稳定和不稳定的临界状态,常称为临界稳定情况。在经典控制理论中,只有渐近稳定的系统才称为稳定系统;否则,称为不稳定系统。

由此可见,线性系统稳定的充分必要条件是:闭环系统特征方程的所有根均有负实部;或

者说,闭环传递函数的极点均位于 s 左半平面。

应当指出,由于我们所研究的系统实质上都是线性化的系统,称为线性逼近系统,因此在建立系统线性化模型的过程中略去了许多次要因素,同时系统的参数又处于不断的微小变化之中,所以临界稳定现象实际上是观察不到的。基于线性逼近的稳定性,李雅普诺夫证明了一个显著的结论:如果其线性逼近是严格稳定的,即所有的根在 s 左半平面,那么非线性系统将在应用线性逼近的平衡点的某个邻域内稳定。此外,他还证明了另一个结论:如果线性逼近至少有一个根在 s 右半平面,那么这个非线性系统不可能在平衡点的任何邻域内稳定。

3.5.3　劳斯-赫尔维茨稳定判据

根据稳定的充分必要条件判别线性系统的稳定性,需要求出系统的全部特征根,因此需要找到一种判断方法来间接判断系统特征根是否全部位于 s 左半平面。劳斯和赫尔维茨分别于 1877 年和 1895 年独立提出了判断系统稳定性的代数判据,称为劳斯-赫尔维茨稳定判据。该判据以线性系统特征方程的系数为依据,其数学证明略。

1) 赫尔维茨稳定判据

设线性系统的特征方程为

$$D(s) = a_0 s^n + a_1 s^{n-1} + \cdots + a_{n-1} s + a_n \qquad (a_0 > 0) \qquad (3.38)$$

则使线性系统稳定的必要条件是:在特征方程(3.38)中各项系数为正数。

上述判断稳定性的必要条件是容易证明的,因为根据代数方程的基本理论有以下关系式成立:

$$\frac{a_1}{a_0} = -\sum_{i=1}^{n} s_i, \qquad \frac{a_2}{a_0} = -\sum_{\substack{i,j=1 \\ i \neq j}}^{n} s_i s_j$$

$$\frac{a_3}{a_0} = -\sum_{\substack{i,j,k=1 \\ i \neq j \neq k}}^{n} s_i s_j s_k, \qquad \frac{a_n}{a_0} = (-1)^n \prod_{i=1}^{n} s_i$$

式中: s_i, s_j, s_k 表示系统特征方程的根。在上述关系式中,所有比值必须大于零,否则系统至少有一个正实部根。然而,这一条件是不充分的,因为各项系数为正数的系统特征方程,完全可能拥有正实部的根。

根据赫尔维茨稳定判据,线性系统稳定的充分且必要条件应是:由系统特征方程(3.38)中的系数所构成的主行列式

$$\Delta_n = \begin{vmatrix} a_1 & a_3 & a_5 & \cdots & 0 & 0 \\ a_0 & a_2 & a_4 & \cdots & 0 & 0 \\ 0 & a_1 & a_3 & \cdots & 0 & 0 \\ 0 & a_0 & a_2 & \cdots & 0 & 0 \\ 0 & 0 & a_1 & \cdots & 0 & 0 \\ 0 & 0 & a_0 & \cdots & 0 & 0 \\ \vdots & \vdots & \vdots & & \vdots & \vdots \\ 0 & 0 & 0 & \cdots & a_n & 0 \\ 0 & 0 & 0 & \cdots & a_{n-1} & 0 \\ 0 & 0 & 0 & \cdots & a_{n-2} & a_n \end{vmatrix}$$

及其顺序主子式 $\Delta_i = (i=1,2,\cdots,n-1)$ 全部为正,即

$$\Delta_1 = a_1 > 0, \Delta_2 = \begin{vmatrix} a_1 & a_3 \\ a_0 & a_2 \end{vmatrix} > 0, \Delta_3 = \begin{vmatrix} a_1 & a_3 & a_5 \\ a_0 & a_2 & a_4 \\ 0 & a_1 & a_3 \end{vmatrix} > 0, \cdots, \Delta_n > 0$$

对于 $n \leqslant 4$ 的线性系统,其稳定的充分必要条件还可以表示为如下简单形式:

(1) $n=2$:特征方程的各项系数为正。

(2) $n=3$:特征方程的各项系数为正,且 $a_1 a_2 - a_0 a_3 > 0$。

(3) $n=4$:特征方程的各项系数为正,且 $\Delta_2 = a_1 a_2 - a_0 a_3 > 0$,以及 $\Delta_2 > a_1^2 a_4 / a_3$。

当系统特征方程的次数较高时,应用赫尔维茨稳定判据的计算工作量较大。有人已证明:在特征方程的所有系数为正的条件下,若所有奇次顺序赫尔维茨行列式为正,则所有偶次顺序赫尔维茨行列式亦必为正;反之亦然。这就是李纳德-戚帕特稳定判据。

【例 3.4】 设某单位反馈系统的开环传递函数为

$$G(s) = \frac{K(s+1)}{s(Ts+1)(2s+1)}$$

试用赫尔维茨稳定判据确定使闭环系统稳定的 K 及 T 的取值范围。

【解】 由题意得闭环系统特征方程为

$$D(s) = 2Ts^3 + (2+T)s^2 + (1+K)s + K = 0$$

由于要求特征方程各项系数为正,即

$$2T > 0, 2+T > 0, 1+K > 0, K > 0$$

故得 T 及 K 的取值下限:$T>0$ 和 $K>0$。

由于还要求 $\Delta_2 > 0$,可得 T 及 K 的取值上限:

$$T < \frac{2(K+1)}{K-1}, K < \frac{T+2}{T-2}$$

此时,为了满足 $T>0$ 及 $K>0$ 的要求,由上限不等式知,T 及 K 的取值互为条件,不能联立求解。于是,使闭环系统稳定的 T 及 K 的取值范围应是

$$\begin{cases} K > 0, 0 < T \leqslant 2 \\ 0 < K < \dfrac{T+2}{T-2}, T > 2 \end{cases} \quad \text{和} \quad \begin{cases} T > 0, 0 < K \leqslant 1 \\ 0 < T < \dfrac{2(K+1)}{K-1}, K > 1 \end{cases}$$

对于高阶系统来说,尽管采用李纳德-戚帕特判据后,可以减少一半的计算工作量,然而仍不太方便。这时,可以考虑采用劳斯稳定判据来判别系统的稳定性。

2) 劳斯稳定判据

劳斯稳定判据为表格形式,见表 3-5-1。劳斯表的前两行由系统特征方程(3.38)的系数直接构成。劳斯表中的第一行,由特征方程的第一,三,五,……项系数组成;第二行,由第二,四,六,……项系数组成。劳斯表中以后各行的数值,需按表 3-5-1 所示逐行计算,凡在运算过程中出现的空位,均置以零,这种过程一直进行到第 n 行为止,第 $n+1$ 行仅第一列有值,且正好等于特征方程最后一项系数 a_n。表中系数排列呈上三角形。

表 3-5-1　劳斯表

s^n	a_0	a_2	a_4	a_6	$\cdots$
s^{n-1}	a_1	a_3	a_5	a_7	$\cdots$
s^{n-2}	$c_{13}=\dfrac{a_1a_2-a_0a_3}{a_1}$	$c_{23}=\dfrac{a_1a_4-a_0a_5}{a_1}$	$c_{33}=\dfrac{a_1a_6-a_0a_7}{a_1}$	c_{43}	$\cdots$
s^{n-3}	$c_{14}=\dfrac{c_{13}a_3-a_1c_{23}}{c_{13}}$	$c_{24}=\dfrac{c_{13}a_5-a_1c_{33}}{c_{13}}$	$c_{34}=\dfrac{c_{13}a_7-a_1c_{43}}{c_{13}}$	c_{44}	$\cdots$
s^{n-4}	$c_{15}=\dfrac{c_{14}c_{23}-c_{13}c_{24}}{c_{14}}$	$c_{25}=\dfrac{c_{14}c_{33}-c_{13}c_{34}}{c_{14}}$	$c_{35}=\dfrac{c_{14}c_{43}-c_{13}c_{44}}{c_{14}}$	c_{45}	$\cdots$
$\vdots$	$\vdots$	$\vdots$	$\vdots$		
s^2	$c_{1,n-1}$	$c_{2,n-1}$			
s^1	$c_{1,n}$				
s^0	$c_{1,n+1}$				

按照劳斯稳定判据,由特征方程(3.38)所表征的线性系统稳定的充分且必要条件是:劳斯表中第一列各值为正。如果劳斯表第一列中出现小于零的数值,系统就不稳定,且第一列各系数符号的改变次数,代表特征方程(3.38)的正实部根的数目。

劳斯稳定判据与赫尔维茨稳定判据在实质上是相同的。显然,劳斯表中第一列各项与各顺序赫尔维茨行列式之间,存在如下关系:

$$a_1=\Delta_1,c_{13}=\Delta_2/\Delta_1,c_{14}=\Delta_3/\Delta_2,\cdots,c_{1,n}=\Delta_{n-1}/\Delta_{n-2},c_{1,n+1}=\Delta_n/\Delta_{n-1}$$

因此,在 $a>0$ 的情况下,如果所有的顺序赫尔维茨行列式为正,则劳斯表中第一列的所有元素必大于零。

【例 3.5】　设系统特征方程为

$$s^4+2s^3+3s^2+4s+5=0$$

试用劳斯稳定判据判别该系统的稳定性。

【解】　该系统劳斯表为

$$
\begin{array}{c|ccc}
s^4 & 1 & 3 & 5 \\
s^3 & 2 & 4 & 0 \\
s^2 & 1 & 5 & 0 \\
s^1 & -6 & & \\
s^0 & 5 & &
\end{array}
$$

由于劳斯表的第一列系数有两次变号,故该系统不稳定,且系统特征方程有两个正实部根。

3.5.4　劳斯稳定判据的特殊情况

应用劳斯稳定判据分析线性系统的稳定性时,有时会遇到下面两种特殊情况,使得劳斯表中的计算无法进行到底,因此需要进行相应的数学处理,处理的原则是不影响劳斯稳定判据的判别结果。

（1）劳斯表中某行的第一项为零，而其余各项不为零，或不全为零。

此时，计算劳斯表下一行的第一个元素时，将出现无穷大，使劳斯稳定判据失效。

例如，特征方程为

$$D(s) = s^3 - 3s + 2 = 0$$

其劳斯表为

$$
\begin{array}{c|cc}
s^3 & 1 & -3 \\
s^2 & 0 & 2 \\
s^1 & \infty &
\end{array}
$$

为了防止上述特殊情况的出现，可以用因子 $s+a$ 乘以原特征方程，其中 a 可为任意正数，再对新的特征方程应用劳斯稳定判据。例如，用 $s+3$ 乘以原特征方程，得新特征方程为

$$s^4 + 3s^3 - 3s^2 - 7s + 6 = 0$$

列出新劳斯表：

$$
\begin{array}{c|ccc}
s^4 & 1 & -3 & 6 \\
s^3 & 3 & -7 & 0 \\
s^2 & -2/3 & 6 & 0 \\
s^1 & 20 & 0 & 0 \\
s^0 & 6 &
\end{array}
$$

由新劳斯表可知，第一列有两次符号变化，故系统不稳定，且系统特征方程有两个正实部根。的确，若用因式分解法，原特征方程可分解为

$$D(s) = s^3 - 3s + 2 = (s-1)^2(s+2)$$

此方程有两个 $s=1$ 的正实部根。

（2）劳斯表中出现全零行。

这种情况表明特征方程中存在一些绝对值相同但符号相异的特征根。例如，两个大小相等但符号相反的实根和（或）一对共轭纯虚根，或者是关于实轴对称的两对共轭复根。

当劳斯表中出现全零行时，可用全零行上面一行的系数构造一个辅助方程 $F(s)=0$ 并将辅助方程对复变量求导，用所得导数方程的系数取代全零行的元素，便可按劳斯稳定判据的要求继续运算下去，直到得出完整的劳斯计算表。辅助方程的次数通常为偶数，它表明数值相同但符号相反的根数。所有数值相同但符号相异的根，均可由辅助方程求得。

【例 3.6】 已知系统特征方程为

$$D(s) = s^6 + s^5 - 2s^4 - 3s^3 - 7s^2 - 4s - 4 = 0$$

试用劳斯稳定判据分析系统的稳定性。

【解】 按劳斯稳定判据的要求，列出劳斯表：

$$
\begin{array}{c|ccc}
s^6 & 1 & -2 & -7 \\
s^5 & 1 & -3 & -4 \\
s^4 & 1 & -3 & -4 \quad \text{（辅助方程 } F(s)=0 \text{ 系数）} \\
s^3 & 0 & 0 & 0
\end{array}
$$

由于出现全零行，故用 s 行系数构造辅助方程：

$$F(s) = s^4 - 3s^2 - 4 = 0$$

取辅助方程对变量 s 的导数,得导数方程

$$\frac{\mathrm{d}F(s)}{\mathrm{d}s} = 4s^3 - 6s = 0$$

用导数方程的系数取代全零行相应的元素,便可按劳斯表的计算规则运算下去,得到

$$
\begin{array}{c|ccc}
s^6 & 1 & -2 & -7 \\
s^5 & 1 & -3 & -4 \\
s^4 & 1 & -3 & -4 \\
s^3 & 4 & -6 & 0 \quad (\mathrm{d}F(s)/\mathrm{d}s = 0 \text{ 系数})\\
s^2 & -1.5 & -4 & \\
s^1 & -16.7 & 0 & \\
s^0 & -4 & & \\
\end{array}
$$

由于劳斯表第一列数值有一次符号变化,故该系统不稳定,且系统特征方程有一个正实部根。如果解辅助方程 $F(s) = s^4 - 3s^2 - 4 = 0$,可以求出产生全零行的特征方程的根为 ± 2 和 $\pm \mathrm{j}$。倘若直接求解给出的特征方程,其特征根应是 ± 2、$\pm \mathrm{j}$ 以及 $(-1 \pm \mathrm{j}\sqrt{3})/2$,这表明劳斯表的判断结果是正确的。

3.5.5 劳斯稳定判据的应用

在线性控制系统中,劳斯判据主要用来判断系统的稳定性。如果系统不稳定,则这种判据并不能直接给出使系统稳定的方法;如果系统稳定,则劳斯判据也不能保证系统具备良好的动态性能。换句话说,劳斯判据不能表明系统特征根在 s 平面上相对于虚轴的距离。由高阶系统单位脉冲响应表达式(3.37)可见,若负实部特征方程式的根紧靠虚轴,则系统动态过程将具有缓慢的非周期特性或强烈的振荡特性。为了使稳定的系统具有良好的动态响应,我们常常希望在 s 左半平面上的系统特征根的位置与虚轴之间有一定的距离。为此,可在 s 左半平面上作一条 $s = -a$ 的垂线,而 a 是系统特征根位置与虚轴之间的最小给定距离,通常称为给定稳定度,然后将新变量 $s_1 = s + a$ 代入原系统特征方程,得到一个以 s 为变量的新特征方程,应用劳斯稳定判据,可以判别新特征方程的特征根是否全部位于垂线 $s = -a$ 之左。此外,应用劳斯稳定判据还可以确定系统的一个或两个可调参数对系统稳定性的影响,即确定一个或两个使系统稳定的参数取值范围,或使系统特征根全部位于垂线 $s = -a$ 之左的参数取值范围。

【例 3.7】 设比例-积分(PI)控制系统结构图如图 3-5-2 所示。其中,K_1 为与积分器时间常数有关的待定参数。已知参数 $\zeta = 0.2$ 及 $\omega_n = 86.6$,试用劳斯稳定判据确定使闭环系统稳定的 K 值范围。如果要求闭环系统的极点全部位于垂线 $s = -1$ 之左,请确定 K 值范围。

【解】 根据图 3-5-2 可写出系统的闭环传递函数为

$$\Phi(s) = \frac{\omega_n^2 (s + K_1)}{s^3 + 2\zeta\omega_n s^2 + K_1\omega_n^2 + s\omega_n^2}$$

因而,闭环特征方程为

$$D(s) = s^3 + 2\zeta\omega_n s^2 + K_1\omega_n^2 + s\omega_n^2 = 0$$

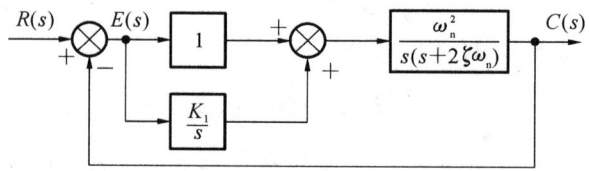

图 3-5-2　比例-积分控制系统结构图

代入已知的 ζ 与 ω_n，得

$$D(s) = s^3 + 34.6s^2 + 7500K_1 + 7500s = 0$$

相应的劳斯表为

s^3	1	7500
s^2	34.6	$7500K_1$
s^1	$(34.6 \times 7500 - 7500K_1)/34.6$	0
s^0	7500	

根据劳斯稳定判据，令劳斯表中第一列各元素为正，求得 K_1 的取值范围为 $0<K<34.6$。

当要求闭环极点全部位于垂线 $s=-1$ 之左时，可令 $s=s_1-1$，代入原特征方程，得到新特征方程为

$$(s_1-1)^3 + 34.6(s_1-1)^2 + 7500(s_1-1) + 7500K_1 = 0$$

整理得

$$s_1^3 + 31.6s_1^2 + 7433.8s_1 + 7500K_1 - 7466.4 = 0$$

相应的劳斯表为

s^3	1	7433.8
s^2	31.6	$7500K_1 - 7466.4$
s^1	$[31.6 \times 7433.8 - (7500K_1 - 7466.4)]/31.6$	0
s^0	$7500K_1 - 7466.4$	

令劳斯表中第一列各元素为正，求得全部闭环极点位于垂线 $s=-1$ 之左的 K_1 取值范围为 $1<K_1<32.3$。

如果需要确定系统其他参数，例如时间常数对系统稳定性的影响，其方法是类似的。一般说来，这种待定参数不能超过两个。

3.6　控制系统的稳态误差计算

控制系统的稳态误差是系统控制精度的一种度量，用来表征系统的稳态性能。由于系统结构、输入作用的类型（控制量或扰动量）、输入函数形式（阶跃、斜坡或加速度）的不同，实际控制系统的稳态输出不可能在任何情况下都与输入量一致或相当，也不可能在任何形式的扰动作用下都能准确地恢复到原平衡位置。此外，控制系统中存在的非线性因素都会造成附加的稳态误差。控制系统设计的任务之一，就是尽量减小系统的稳态误差，或使稳态误差小于某一容许值。显然，只有当系统稳定时，研究稳态误差才有意义。本节主要研究线性控制系统因系

统结构、输入作用形式和类型而产生的稳态误差的计算方法。

3.6.1　系统误差与系统稳态误差

1. 系统误差

现以图 3-6-1 所示的控制系统为例,说明系统误差和系统稳态误差的概念。图中,$R(s)$ 为给定输入,$N(s)$ 为扰动输入。系统误差有两种不同的定义方法:按输入端定义和按输出端定义。

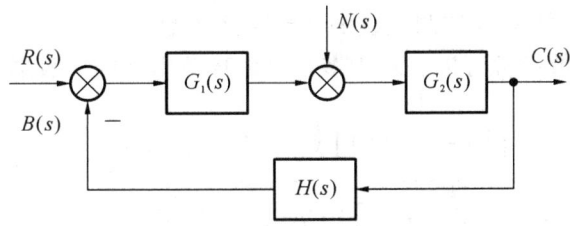

图 3-6-1　控制系统框图

（1）按输出端定义的系统误差为系统期望输出值 $C'(s)$ 与实际输出值 $C(s)$ 之差,即

$$E'(s) = C'(s) - C(s) \tag{3.39}$$

按输出端定义的系统误差在系统性能指标法中经常用到,但这种误差在实际系统中无法测量,因而通常只有数学意义。

（2）按输入端定义的系统误差为输入信号和反馈信号之差,即

$$E(s) = R(s) - B(s) = R(s) - H(s)C(s) \tag{3.40}$$

按输入端定义的系统误差在实际系统中是可以测量的,故在实际工程中应用较多。由图 3-6-1 可知,系统误差是由两部分构成的,一部分是由输入信号 $R(s)$ 引起的误差 $E_R(s)$,另一部分是由干扰信号 $N(s)$ 引起的 $E_N(s)$,因此误差可以表示为

$$E(s) = E_R(s) + E_N(s) = \Phi_{ER}(s)R(s) + \Phi_{EN}(s)N(s) \tag{3.41}$$

式中:$\Phi_{ER}(s)$ 为误差 $E_R(s)$ 对输入信号 $R(s)$ 的闭环传递函数;$\Phi_{EN}(s)$ 为误差 $E_N(s)$ 对干扰信号 $N(s)$ 的闭环传递函数。两者的表达式为

$$\Phi_{ER}(s) = \frac{1}{1 + G_1(s)G_2(s)H(s)} \tag{3.42}$$

$$\Phi_{EN}(s) = \frac{-G_2(s)H(s)}{1 + G_1(s)G_2(s)H(s)} \tag{3.43}$$

误差的时域表达式为

$$e(t) = L^{-1}[E(s)]$$

2. 系统稳态误差

稳定误差的终值称为稳态误差,用 e_{ss} 表示,其表达式为

$$e_{ss} = \lim_{t \to \infty} e(t) \tag{3.44}$$

如果函数 $sE(s)$ 的极点位于 s 左半平面(包括坐标原点),则可以根据拉普拉斯变换的终值

定理求出系统的稳态误差为

$$e_{ss} = \lim_{s \to 0} sE(s) = \lim_{s \to 0} sE_R(s) + \lim_{s \to 0} sE_N(s) = e_{ssr} + e_{ssn} \tag{3.45}$$

3.6.2 给定输入作用下的稳态误差

系统只有输入信号 $r(t)$ 作用,干扰信号 $n(t) = 0$,对于图 3-6-1 所示的典型结构的控制系统有

$$E(s) = E_R(s) = \frac{1}{1 + G_1(s)G_2(s)H(s)}R(s) = \frac{1}{1 + G(s)}R(s) \tag{3.46}$$

式中:$G(s) = G_1(s)G_2(s)H(s)$ 为控制系统的开环传递函数。

系统的开环传递函数通常可以表示为多个典型环节串联的一般形式:

$$G(s) = \frac{K \prod\limits_{i=1}^{l}(\tau_i s + 1) \prod\limits_{d=1}^{p}(\tau_d^2 s^2 + 2\zeta'_d \tau_d s + 1)}{s^\nu \prod\limits_{j=1}^{r}(T_j s + 1) \prod\limits_{k=1}^{q}(T_k^2 s^2 + 2\zeta_k T_k s + 1)} = \frac{K}{s^\nu} G_0(s) \tag{3.47}$$

式中:K 为开环增益(即开环放大倍数);ν 为开环传递函数中积分环节的个数(即系统的型别数),$\nu + r + q = n$(开环传递函数分母的阶次),$l + p = m$(开环传递函数分子的阶次)。当 $\nu = 0$,1,2 时,则分别称相应系统为 0 型系统、Ⅰ 型系统和 Ⅱ 型系统,含两个以上积分环节的系统不易稳定,故很少采用 Ⅱ 型以上的系统。

1. 阶跃信号输入

$$r(t) = A \cdot 1(t), \quad R(s) = \frac{A}{s}$$

$$e_{ss} = \lim_{s \to 0} sE(s) = \lim_{s \to 0} s \frac{1}{1 + G(s)} \frac{A}{s} = \frac{1}{1 + K_p} \tag{3.48}$$

式中:K_p 为静态位置误差系数。

$$K_p = \lim_{s \to 0} G(s) = \lim_{s \to 0} \frac{K}{s^\nu} \tag{3.49}$$

由式(3.49)可得

$$K_p = \begin{cases} K, & \nu = 0 \\ \infty, & \nu = 1,2 \end{cases} \tag{3.50}$$

则阶跃信号作用下稳态误差 e_{ss} 为

$$e_{ss} = \begin{cases} \dfrac{A}{1 + K_p}, & \nu = 0 \\ 0, & \nu = 1,2 \end{cases} \tag{3.51}$$

式(3.51)表明,0 型系统对阶跃输入信号的响应有误差,开环增益 K 增大则稳态误差 e_{ss} 减小,若要使系统对阶跃输入信号无误差,则系统至少要有一个积分环节。

2. 斜坡信号输入

$$r(t) = A(t), \quad R(s) = \frac{A}{s^2}$$

$$e_{ss} = \lim_{s \to 0} sE(s) = \lim_{s \to 0} s \frac{1}{1 + G(s)} \frac{A}{s^2} = \lim_{s \to 0} \frac{A}{s + sG(s)} = \frac{A}{K_v} \qquad (3.52)$$

式中：K_v 为静态速度误差系数。

$$K_v = \lim_{s \to 0} sG(s) = \lim_{s \to 0} \frac{K}{s^{\nu - 1}} \qquad (3.53)$$

由式(3.53)可得

$$K_v = \begin{cases} 0, & \nu = 0 \\ K, & \nu = 1 \\ \infty, & \nu = 2 \end{cases} \qquad (3.54)$$

则斜坡信号作用下稳态误差 e_{ss} 为

$$e_{ss} = \begin{cases} \infty, & \nu = 0 \\ \dfrac{A}{K_v}, & \nu = 1 \\ 0, & \nu = 2 \end{cases} \qquad (3.55)$$

式(3.55)表明，0 型系统不能跟随斜坡输入信号；Ⅰ 型系统可以跟随斜坡输入信号，但是存在稳态误差，开环增益 K 增大则稳态误差 e_{ss} 减小。如果要使系统对斜坡输入信号无误差，则系统至少要有两个积分环节。

3. 加速度信号输入

$$r(t) = \frac{1}{2}At^2, \quad R(s) = \frac{A}{s^3}$$

$$e_{ss} = \lim_{s \to 0} sE(s) = \lim_{s \to 0} s \frac{1}{1 + G(s)} \frac{A}{s^3} = \lim_{s \to 0} \frac{A}{s^2 + s^2 G(s)} = \frac{A}{K_a} \qquad (3.56)$$

式中：K_a 为静态加速度误差系数。

$$K_a = \lim_{s \to 0} s^2 G(s) = \lim_{s \to 0} \frac{K}{s^{\nu - 2}} \qquad (3.57)$$

由式(3.57)可得

$$K_a = \begin{cases} 0, & \nu = 0, 1 \\ K, & \nu = 2 \end{cases} \qquad (3.58)$$

则加速度信号作用下稳态误差 e_{ss} 为

$$e_{ss} = \begin{cases} \infty, & \nu = 0, 1 \\ \dfrac{A}{K_a}, & \nu = 2 \end{cases} \qquad (3.59)$$

式(3.59)表明，0 型、Ⅰ 型系统不能跟随加速度输入信号；Ⅱ 型系统可以跟随加速度输入信号，但是存在稳态误差，开环增益 K 增大则稳态误差 e_{ss} 减小。如果要使系统对加速度响应无误差，则系统至少要有三个积分环节。

表 3-6-1 列出了各典型输入信号作用下控制系统的稳态误差和静态误差系数。

表 3-6-1　典型输入信号作用下的稳态误差

系统类型	静态误差系数			阶跃输入 $r(t)=A \cdot 1(t)$	斜坡输入 $r(t)=A(t)$	加速度输入 $r(t)=\frac{1}{2}At^2$
	K_p	K_v	K_a	位置误差 $e_{ss}=\frac{A}{1+K_p}$	速度误差 $e_{ss}=\frac{A}{K_v}$	加速度误差 $e_{ss}=\frac{A}{K_a}$
0	K	0	0	$\frac{A}{1+K_p}$	∞	∞
I	∞	K	0	0	$\frac{A}{K_v}$	∞
II	∞	∞	K	0	0	$\frac{A}{K_a}$

若系统的输入信号是几种典型函数的组合,例如

$$r(t) = R_0 \cdot 1(t) + R_1 t + \frac{1}{2}R_1 t^2$$

则根据叠加原理,可将每一个输入分量分别作用于系统,再将各稳态误差分量叠加,得到

$$e_{ss} = e_{ssp} + e_{ssv} + e_{ssa} = \frac{R_0}{1+K_p} + \frac{R_1}{K_v} + \frac{R_2}{K_a} \tag{3.60}$$

【例 3.8】　已知单位反系统的开环传递函数,试求输入信号 $r(t)=2+2t+t^2$ 时系统的稳态误差。

$$G(s) = \frac{10(s+1)}{s(s+4)}$$

【解】　首先,根据劳斯稳定判据可知,此系统为稳定系统。

$$G(s) = \frac{10(s+1)}{s(s+4)} = \frac{2.5(s+1)}{s(0.25s+1)}$$

此系统为 I 型系统,$K_p=\infty$,$K_v=K=2.5$,$K_a=0$。

此系统的输入信号由阶跃信号、斜坡信号和加速度信号组成,依据线性系统的叠加性,系统总的稳态误差为

$$e_{ss} = \frac{2}{1+\infty} + \frac{2}{2.5} + \frac{2}{0} = 0 + 0.8 + \infty = \infty$$

【例 3.9】　2004 年,中国正式开展月球探测工程,并命名为"嫦娥工程",计划按"绕、落、回"三步开展。截至 2020 年,我国已经成功进行五次探测,嫦娥五号探测器已实现月球区域软着陆及采样返回。"玉兔号"是中国首辆月球车,设计质量 140 千克,能源为太阳能,能够耐受月球表面真空、强辐射、-180 ℃~150 ℃极限温度等极端环境。"玉兔号"月球车由移动、导航控制、电源、热控、结构与机构、综合电子、测控数传、有效载荷八个分系统组成。其中移动分系统采用 6 轮主副摇臂悬架的移动构件,可 6 轮独立驱动,4 轮独立转向,在月面巡视时采取自主导航和地面遥控的组合模式,具有自主测距、测速、前进、后退、转弯、避障、越障、爬坡、横向侧摆、原地转向、行进间转向、感知环境、规划路径、月面长时间生存的本领。"玉兔号"实现

了全部"中国制造",国产率达 100％。

　　"玉兔号"月球车转向控制的设计涉及两个参数的选择,如图 3-6-2 所示,系统的框图模型如图 3-6-3 所示,转向控制器的传递函数为 $G_c(s)$,动力传动系统与月球车的传递函数为 $G(s)$。"玉兔号"的两组车轮以不同的速度运行,以便实现整个装置的转向。本例的设计目标是通过选择参数 K 和 a 使系统稳定,并使系统对斜坡输入的稳态误差小于或等于输入指令幅度的 24％。

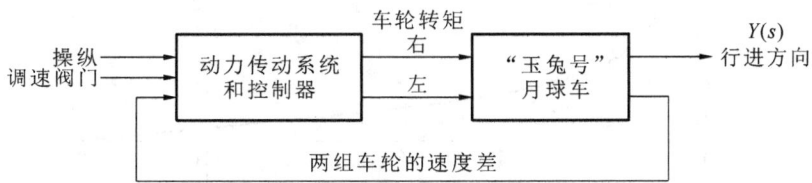

图 3-6-2 "玉兔号"月球车转向控制系统示意图

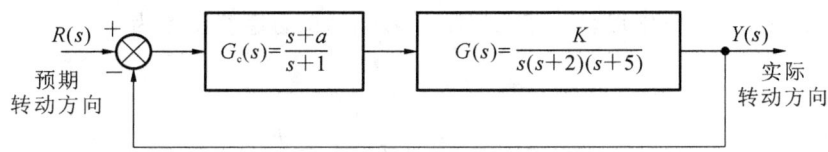

图 3-6-3 "玉兔号"月球车转向控制系统框图

　　【解】　根据系统框图,可得出闭环反馈系统的特征方程为

$$G_c(S)G(S) + 1 = 0$$

即

$$\frac{K(s+a)}{s(s+1)(s+2)(s+5)} + 1 = 0$$

化简得

$$K(s+a) + s(s+1)(s+2)(s+5) = 0$$
$$s^4 + 8s^3 + 17s^2 + (K+10)s + Ka = 0$$

建立劳斯表

$$
\begin{array}{c|ccc}
s^4 & 1 & 17 & K \\
s^3 & 8 & K+10 & 0 \\
s^2 & b_3 & Ka & \\
s^1 & c_3 & & \\
s^0 & Ka & &
\end{array}
$$

$$b_3 = \frac{126 - K}{8}, \quad c_3 = \frac{b_3(K+10) - 8Ka}{b_3}$$

若系统稳定,劳斯表第一列元素必须大于 0,即

$$
\begin{cases}
K < 126 \\
(K+10)(126-K) - 64Ka > 0 \\
Ka > 0
\end{cases}
\Rightarrow
\begin{cases}
0 < K < 126 \\
a > 0 \\
a < (K+10)(126-K)/64K
\end{cases}
$$

绘制出系统参数 K、a 稳定区域示意图,如图 3-6-4 所示,在曲线左下区域为系统稳定区域。

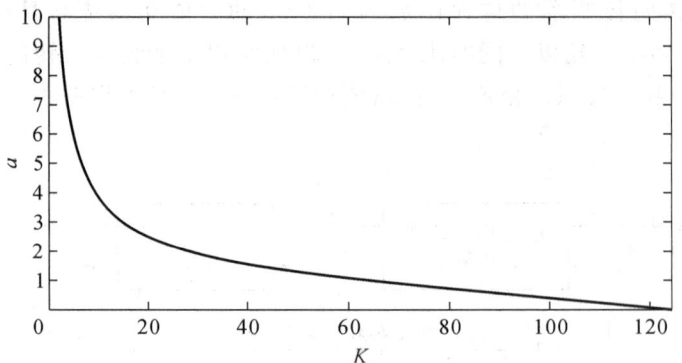

图 3-6-4　系统参数 K、a 稳定区域示意图

系统的型次为 Ⅰ 型,对斜坡输入信号 $r(t)=At,t>0$ 的稳态误差为

$$e_{ss} = \frac{A}{K_v}$$

$$K_v = \lim_{s \to 0} s G_c(s) G(s) = \frac{K_a}{10}$$

$$e_{ss} = \frac{10A}{K_a}$$

当 e_{ss} 等于 A 的 23.8% 时,应该有 $K_a=42$。这可以通过在稳定区域内选择 $K=70$、$a=0.6$ 来满足要求;当然可以选 $K=50$、$a=0.84$。通过计算,还可以得到一系列在稳定区域内满足 $K_a=42$ 的参数组合 K 和 a,只要注意稳定区域的约束,这些参数组合都是可以接受的设计参数。

3.6.3　干扰信号作用下的稳态误差

实际系统往往处于各种干扰信号作用之下,如负载的改变、供电电源的波动等,都可能影响系统的输出,使系统出现误差。干扰作用下误差的大小,反映了系统抗干扰的能力。

系统只有干扰信号作用,给定输入信号 $R(s)=0$ 对于图 3-6-1 所示的典型结构的控制系统有

$$E(s) = E_N(s) = \frac{-G_1(s)G_2(s)}{1+G_1(s)G_2(s)H(s)} N(s) = \frac{-G_1(s)G_2(s)}{1+G(s)} N(s) \tag{3.61}$$

式中:$G(s)$ 为控制系统的开环传递函数。

当开环传递函数 $G(s)=G_1(s)G_2(s)H(s) \gg 1$ 时,式(3.61)可以近似为

$$E(s) = E_N(s) = -\frac{N(s)}{G_1(s)} \tag{3.62}$$

若

$$G_1(s) = \frac{K_1 \prod_{i=1}^{m}(\tau_i s + 1)}{s^\nu \prod_{j=1}^{n} T_j s + 1}$$

则干扰信号作用下的稳态误差

$$e_{ss} = \lim_{s \to 0} sE(s) = -\lim_{s \to 0} \frac{N(s)}{G_1(s)} = -\lim_{s \to 0} \frac{s^{\nu+1}}{K_1} N(s) \tag{3.63}$$

当干扰信号为阶跃扰动信号,即

$$N(s) = \frac{A}{s}$$

有

$$e_{ss} = \lim_{s \to 0} \frac{-As^{\nu}}{K_1} \tag{3.64}$$

式(3.64)表明,要使系统在阶跃干扰信号作用下的稳态误差为 0,则 $G_1(s)$ 中至少有一个积分环节,即 $\nu \geqslant 1$;$G_1(s)$ 中积分环节个数为零,系统在阶跃作用下存在常值稳态误差,$G_1(s)$ 的放大系数越大,此常值稳态误差越小。

【例 3.10】　在某控制系统中添加比例-积分环节,如图 3-6-5 所示。图中,比例-积分环节

$$G_1(s) = K_1 \left(1 + \frac{1}{T_1 s} \right)$$

被控对象为

$$G_2(s) = \frac{K_2}{s(T_2 s + 1)}$$

反馈环节 $G_1(s) = 1$,试分别计算系统在阶跃扰动和斜坡扰动作用下的稳态误差。

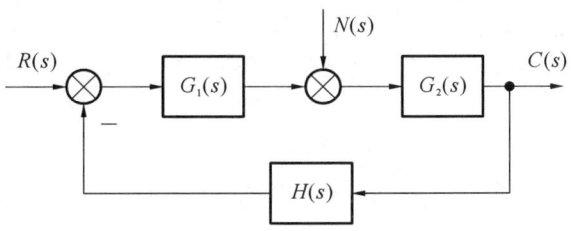

图 3-6-5　比例-积分控制系统

【解】　由图 3-6-5 可知,在扰动作用点之前有一个积分环节,故该系统对扰动作用而言是Ⅰ型系统,在阶跃扰动作用下无稳态误差,而在斜坡扰动作用下存在常值稳态误差。由图可写出扰动作用下的系统误差表达式为

$$E_N(s) = -\frac{K_2 T_1 s}{T_1 T_2 s^3 + T_1 s^2 + K_1 K_2 T_1 s + K_1 K_2} N(s)$$

若 $sE_N(s)$ 的极点位于 s 左半平面,则可用终值定理求得稳态误差
当 $N(s) = n_0 / s$ 时,有

$$e_{ss} = \lim_{s \to 0} sE_N(s) = -\frac{n_0 K_2 T_1 s}{T_1 T_2 s^3 + T_1 s^2 + K_1 K_2 T_1 s + K_1 K_2} = 0$$

当 $N(s) = n_1 / s^2$ 时,有

$$e_{ss} = \lim_{s \to 0} sE_N(s) = -\frac{n_1 K_2 T_1}{T_1 T_2 s^3 + T_1 s^2 + K_1 K_2 T_1 s + K_1 K_2} = -\frac{n_1 T_1}{K_1}$$

显然,提高比例增益 K_1 可以减小斜坡作用下的稳态误差,但 K_1 的增大也要受系统的稳定性要求和动态性能指标的制约。

【例 3.11】 已知某控制系统的框图如图 3-6-6 所示。

(1) 确定参数 K_1、K_2,使系统极点配置为 $\lambda_{1,2} = -5 \pm j5$。

(2) 设计 $G_1(s)$,使 $r(t)$ 作用下的稳态误差恒为零。

(3) 设计 $G_2(s)$,使 $n(t)$ 作用下的稳态误差恒为零。

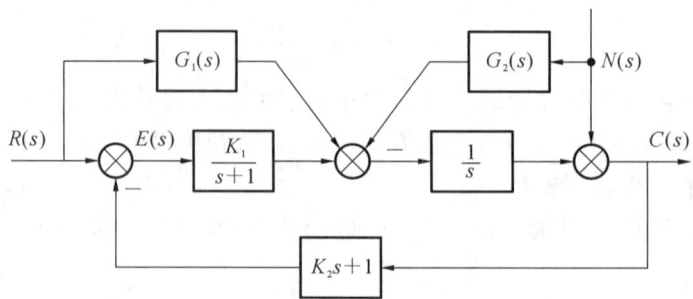

图 3-6-6 例 3.11 控制系统框图

【解】

(1) 由图可得系统的特征方程为
$$D(s) = s^2 + (1 + K_1 K_2)s + K_1 = 0$$
若系统稳定,则有 $K_1 > 0, K_2 > 0$。

依据题意,系统特征方程为
$$D(s) = s^2 + (1 + K_1 K_2)s + K_1 = (s + 5 - j5)(s + 5 + j5) = s^2 + 10s + 50$$
对比方程两边的系数,得
$$\begin{cases} K_1 = 50 \\ 1 + K_1 K_2 = 10 \end{cases}$$
解得
$$\begin{cases} K_1 = 50 \\ K_2 = 0.18 \end{cases}$$

(2) 当 $r(t)$ 作用时,系统的输入误差传递函数为
$$\Phi_{ER}(s) = \frac{E(s)}{R(s)} = \frac{1 - \dfrac{K_2 s + 1}{s} G_1(s)}{1 + \dfrac{K_1(K_2 s + 1)}{s(s+1)}} = \frac{(s+1)[s - (K_2 s + 1)G_1(s)]}{s(s+1) + K_1(K_2 s + 1)} = 0$$

由上式可知,若 $r(t)$ 作用下系统的稳态误差为零,则有
$$G_1(s) = \frac{s}{K_2 s + 1}$$

(3) 当 $n(t)$ 作用时,系统的干扰误差传递函数为
$$\Phi_{EN}(s) = \frac{E(s)}{N(s)} = \frac{-(K_2 s + 1) + \dfrac{K_2 s + 1}{s} G_2(s)}{1 + \dfrac{K_1(K_2 s + 1)}{s(s+1)}} = \frac{-(K_2 s + 1) + (s+1)[s - G_2(s)]}{s(s+1) + K_1(K_2 s + 1)} = 0$$

由上式可知,若 $n(t)$ 作用下的系统稳态误差恒为零,则有

$$G_2(s) = s$$

综上所述,可总结如下:

(1) 提高系统的开环增益和增加系统的积分环节个数,是减小和消除系统稳态误差的有效手段。需要注意的是,在其他条件不变时,此两种方法一般会影响系统的动态性能,甚至系统的稳定性能。

(2) 增大误差信号与扰动作用点之前,前向通道的开环增益和积分环节个数,可以减小或消除扰动信号引起的稳态误差,但也会影响系统的稳定性。

(3) 不能单纯依靠增加系统积分环节的个数来消除误差,系统积分环节的个数不能超过两个。

(4) 可采用串级控制方式抑制内回路的扰动,或采用前馈-反馈相结合的复合控制方式来消除扰动,从而提高控制精度。

3.7 应用案例

3.7.1 直流电动机速度控制系统

【案例 3.1】 某直流电动机速度控制系统的结构图如图 3-7-1 所示,分析当放大器 $K=6$ 时,系统在阶跃信号和斜坡信号下的稳态误差。

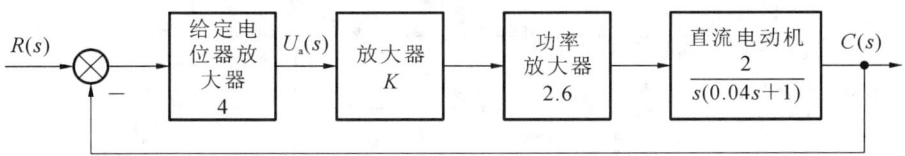

图 3-7-1 直流电动机速度控制系统的结构图

【解】 在图 3-7-1 中,$R(s)$ 为期望的电动机转速,$U_a(s)$ 为电枢电压,$C(s)$ 表示电动机转速。对于图 3-7-1 的 Ⅰ 型单位负反馈系统,当放大器 $K=6$ 时,系统开环传递函数为

$$G(s) = \frac{124.8}{s(0.04s + 1)}$$

则该单位负反馈系统的闭环特征方程为

$$D(s) = 0.04s^2 + s + 124.8 = 0$$

由此可以验证,此时闭环系统稳定。故此时系统的稳态误差可表示为

$$e_{ss} = \lim_{s \to 0} s \frac{1}{1 + G(s)} R(s)$$

对于 Ⅰ 型系统来说,在阶跃输入下的稳态误差为 0。若输入为斜坡信号 $r(t) = Rt$(R 为斜坡输入的幅值),则其稳态误差为

$$e_{ss} = \frac{R}{K_v} = \frac{R}{124.8}$$

图 3-7-2 所示为直流电动机速度控制系统在单位阶跃输入下的稳态误差,图 3-7-3 为直流电动机速度控制系统在单位斜坡下的输入和输出响应曲线。

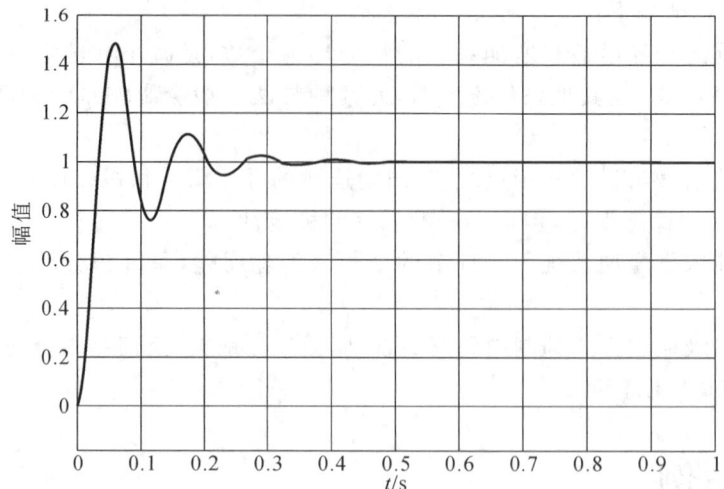

图 3-7-2　直流电动机速度控制系统在单位阶跃输入下的稳态误差

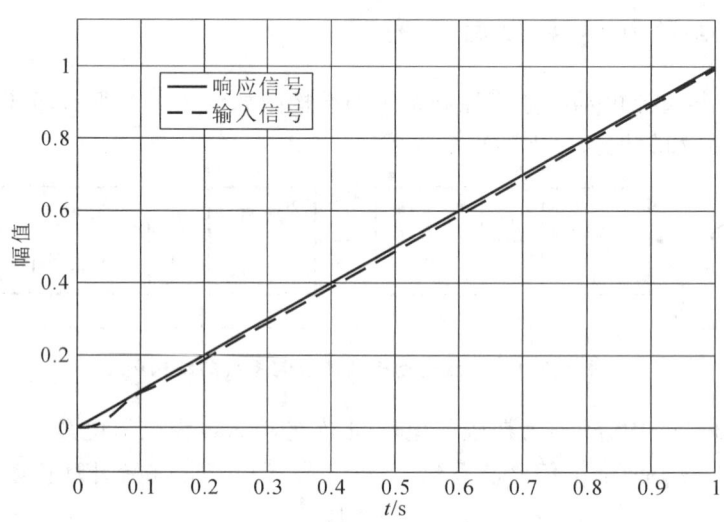

图 3-7-3　直流电动机速度控制系统在单位斜坡下的输入和输出响应曲线

3.7.2　火星漫游车转向控制系统

【案例3.2】　1997 年 7 月 4 日,以太阳能作动力的"逗留者号"漫游车在火星上着陆,其外形图如图 3-7-4(a)所示。漫游车重 10.4 kg,可由地球上发出的路径控制信号(即输入信号)实施遥控。漫游车的两组车轮以不同的速度运行,以便实现整个装置的转向。为进一步探测火星上是否有水,2004 年美国国家航空航天局发射的"勇气号"漫游车在火星着陆。为了便于对比,图 3-7-4(b)给出了"勇气号"漫游车的外形图。由图 3-7-4 可见,两者有许多相似之处,但是"勇气号"漫游车上的装备和技术更为先进。

(a) "逗留者号"

(b) "勇气号"

图 3-7-4 火星漫游车外形图

本案例仅研究"逗留者号"漫游车的转向控制,该漫游车的转向控制系统如图 3-7-5 所示。

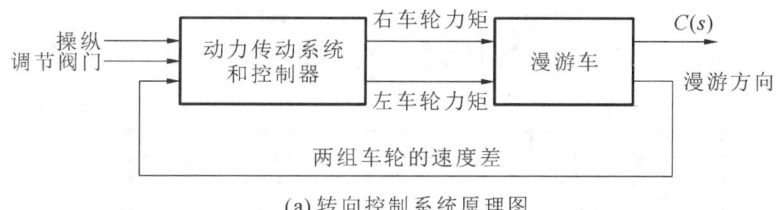

(a) 转向控制系统原理图

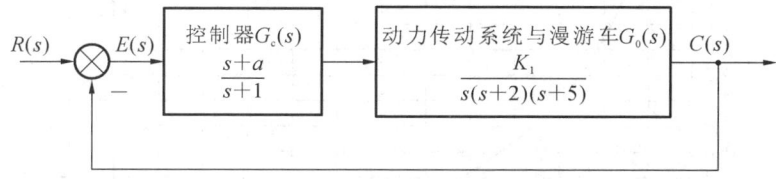

(b) 转向控制系统结构图

图 3-7-5 "逗留者号"漫游车的转向控制系统

在图 3-7-5 中,$R(s)$ 为"逗留者号"漫游车转向控制系统预期的转动方向,$C(s)$ 为"逗留者号"漫游车转向控制系统实际的转动方向,试选择参数 K_1 与 a,确保系统稳定且对斜坡输入的稳态误差不超过输入指令幅度的 24%。

【解】 由图 3-7-5(b)所示的转向控制系统结构图,可得"逗留者号"漫游车转向控制系统的闭环传递函数为

$$\Phi(s) = \frac{G_c(s)G_0(s)}{1 + G_c(s)G_0(s)}$$

式中:系统的开环传递函数为

$$G_c(s)G_0(s) = \frac{K_1(s+a)}{s(s+1)(s+2)(s+5)}$$

系统的闭环特征方程为

$$D(s) = 1 + G_c(s)G(s) = 1 + \frac{K_1(s+a)}{s(s+1)(s+2)(s+5)} = 0$$

整理得

$$s^4 + 8s^3 + 17s^2 + (10 + K_1)s + aK_1 = 0$$

为了确定 K_1 和 a 的稳定区域,列写劳斯表为

s^4	1	17 aK_1
s^3	8	$10 + K_1$
s^2	$\dfrac{126 - K_1}{8}$	aK_1
s^1	$\dfrac{1260 + (116 - 64a)K_1 - K_1^2}{126 - K_1}$	
s^0	aK_1	

由劳斯稳定判据可知,"逗留者号"漫游车转向控制系统闭环稳定的充分必要条件为

$$K_1 < 126$$

$$aK_1 > 0$$

$$1260 + (116 - 64a)K_1 - K_1^2 > 0$$

当 $K_1 > 0$ 时,"逗留者号"漫游车转向控制系统的稳定区域如图 3-7-6 所示。

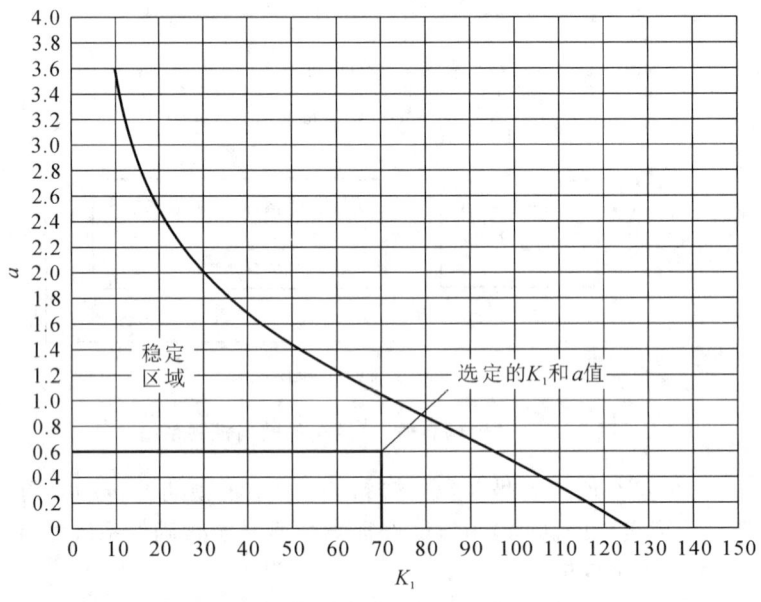

图 3-7-6　"逗留者号"漫游车转向控制系统的稳定区域

由于设计指标要求系统在斜坡输入时的稳态误差不大于输入指令幅度的 24%,故需要对 K_1 与 a 的取值关系加以约束。令 $r(t) = Rt$(R 为斜坡输入的幅值),则系统的稳态误差为

$$e_{ss} = \frac{R}{K_v}$$

式中:静态速度误差系数

$$K_v = \lim_{s \to 0} s G_c(s) G(s) = \frac{aK_1}{10}$$

于是

$$e_{ss} = \frac{10R}{aK_1}$$

例如,若取 $aK_1 = 42$,则 e_{ss} 等于 A 的 23.8%,正好满足指标要求。因此,在图 3-7-6 的稳定区域中,在 $K_1 < 126$ 的限制条件下,任取满足 $aK_1 = 42$ 的 a 与 K_1 值。例如:$K_1 = 70$,$a = 0.6$ 或者 $K_1 = 50$,$a = 0.84$ 等参数组合。

3.7.3　船舶航向控制系统

【案例 3.3】　船舶航行时,必须对船舶的航向进行控制。为了尽快地到达目的地和减少燃料的消耗,总是力求使船舶以一定的速度进行直线航行。这是船舶的航向保持问题。当在预定的航线上发现障碍物或其他船舶时,或者在有限航道(内河或进出港航道等)内航行时,船舶必须及时改变航速和航向。船舶航向控制系统是使船舶自动稳定在期望航向上的控制系统,为了分析方便,等效单位反馈系统结构图如图 3-7-7 所示。在图 3-7-7 中,$C(s)$ 为实际的航向,$R(s)$ 为给定的航向,$N(s)$ 为影响航向的扰动因素。

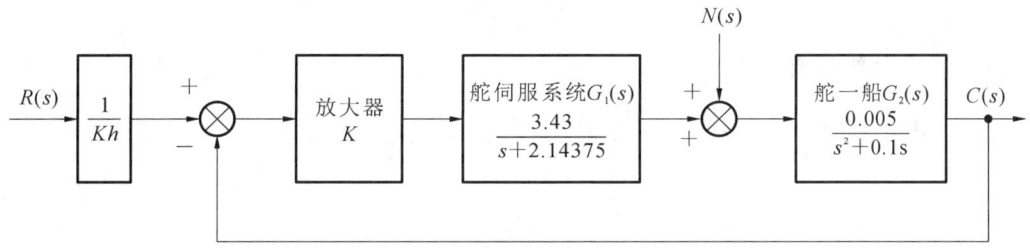

图 3-7-7　等效单位反馈系统结构图

本案例的目的如下:

(1) 分析参数 K 对闭环系统性能的影响,并选择合适的参数 K 使得系统在斜坡输入下的稳态误差和单位阶跃扰动下的稳态误差较小。

(2) 分析开环系统当扰动 $N(s)$ 分别为单位阶跃信号和正弦信号时的输出响应。

(3) 分析闭环系统当输入 $R(s)$ 为 10 倍单位阶跃信号、扰动 $N(s)$ 为正弦信号时的输出响应。

【解】

(1) 由系统结构图,设 $N(s) = 0$,则系统在输入 $R(s)$ 作用下的闭环传递函数为

$$\Phi(s) = \frac{C(s)}{R(s)} = \frac{KG_1(s)G_2(s)}{1 + KG_1(s)G_2(s)}$$

式中:系统的开环传递函数为

$$KG_1(s)G_2(s) = \frac{0.01715K}{s(s + 0.1)(s + 2.14375)}$$

系统的闭环特征方程为

$$D(s) = 1 + KG_1(s)G_2(s) = 1 + \frac{0.01715K}{s(s + 0.1)(s + 2.14375)} = 0$$

整理得

$$D(s) = s^3 + 2.24375s^2 + 0.214375s + 0.01715K = 0$$

列劳斯表,得

$$
\begin{array}{c|cc}
s^3 & 1 & 0.214375 \\
s^2 & 2.24375 & 0.01715K \\
s^1 & 0.214375 - 0.007643454K & 0 \\
s^0 & 0.01715K &
\end{array}
$$

由劳斯稳定判据知,令劳斯表首列元素为正,则系统闭环稳定的充分必要条件为

$$0 < K < 28.046875$$

若使系统在斜坡输入时的稳态误差较小,需要对 K 的取值加以约束。设 $N(s)=0$,令 $r(t)=Rt$,其中,R 为斜坡输入的幅值,则

$$R(s) = \frac{R}{s^2}$$

于是,系统在斜坡输入下的稳态误差为

$$e_{ss} = \frac{R}{K_v}$$

式中:静态速度误差系数

$$K_v = \lim_{s \to 0} sKG_1(s)G_2(s) = \lim_{s \to 0} s \frac{0.01715K}{s(s+0.1)(s+2.14375)} = 0.08K$$

于是

$$e_{ss} = \frac{R}{0.08K}$$

可见,在满足 $0<K<28.046875$ 的前提下,K 值越大,稳态误差越小。当 $K=28$ 时,闭环系统的单位斜坡输入与输出响应曲线如图 3-7-8 所示。

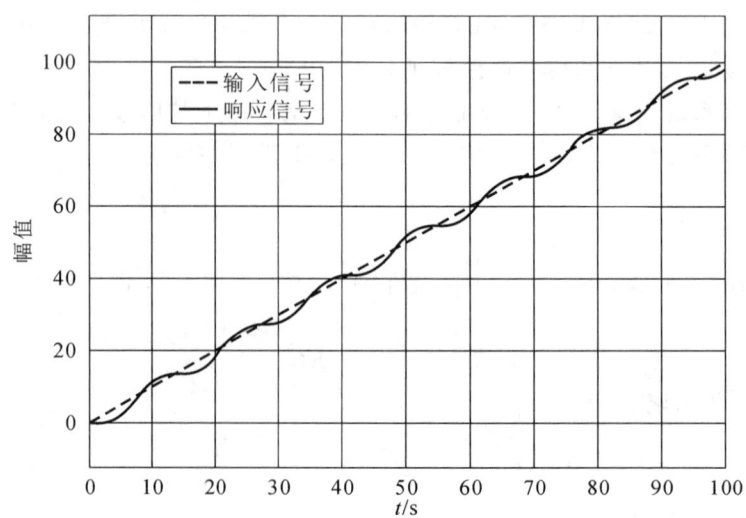

图 3-7-8　闭环系统的单位斜坡输入与输出响应曲线

设 $R(s)=0$，则系统在扰动作用下的闭环传递函数为

$$\Phi_n(s) = \frac{C(s)}{N(s)} = \frac{G_2(s)}{1+KG_1(s)G_2(s)} = \frac{0.005(s+2.14375)}{s(s+0.1)(s+2.14375)+0.01715K}$$

设扰动信号

$$N(s) = \frac{1}{s}$$

则闭环系统在单位阶跃扰动作用下的稳态输出为

$$C_n(\infty) = \lim_{s \to 0} s\Phi_n(s)N(s) = \frac{0.625}{K}$$

为减小扰动对输出的影响，从系统的稳态性能考虑，K 值越大越好。例如，当取 $K=28$ 时，$|C_n(\infty)|<0.0233$。

当 $K=28$ 时，闭环系统在单位阶跃扰动下的输出响应曲线如图 3-7-9 所示。

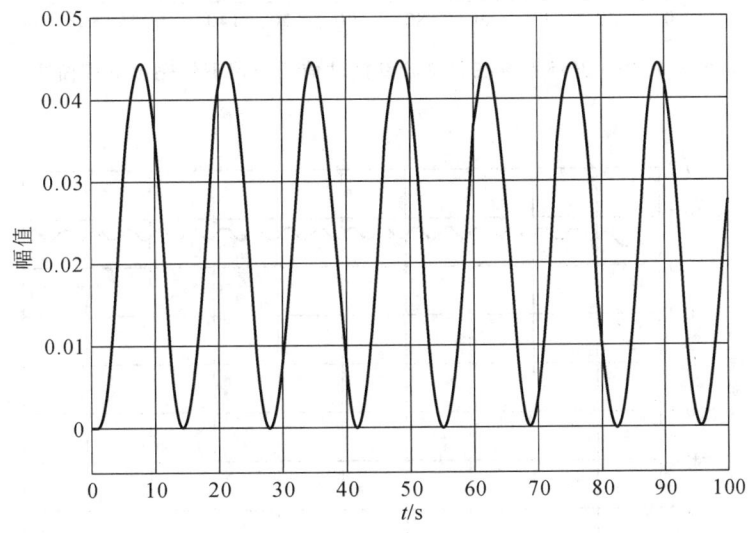

图 3-7-9　闭环系统在单位阶跃扰动下的输出响应曲线

（2）考虑到船舶在实际航行过程中，经常受到随机海浪的干扰。变化无常的随机海浪干扰信号应该采用随机过程理论进行分析处理。为方便分析，实际船舶控制中，海浪干扰信号常常采用适当频率的等效正弦信号来模拟。考虑到海浪有义波高 2.5～5 m 时，海浪主要能量集中频段频率为 0.25～2.0 rad/s，因此，选择影响航向的扰动因素信号频率为 1.6 rad/s，即信号周期为 10 s。此时，设系统的等效正弦扰动信号为

$$n(t) = \sin\left(\frac{2\pi}{10}t + \frac{\pi}{6}\right)$$

图 3-7-10 和图 3-7-11 分别为开环系统在单位阶跃扰动信号和等效正弦扰动信号作用下的输出响应曲线。

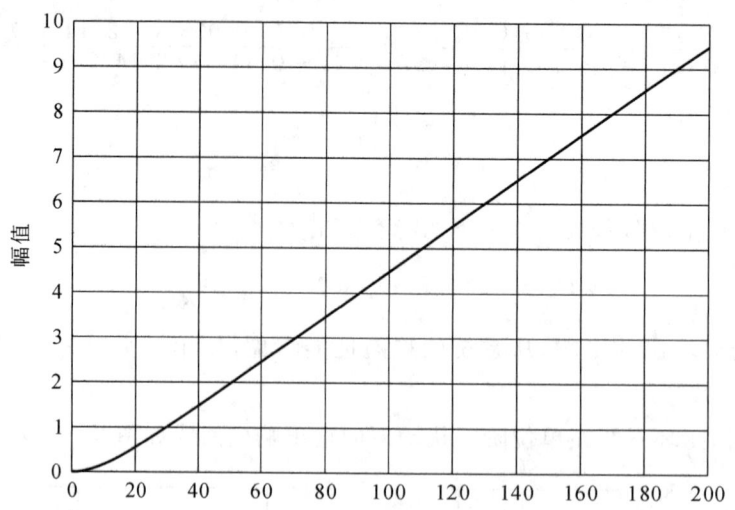

图 3-7-10 开环系统在单位阶跃扰动信号作用下的输出响应曲线

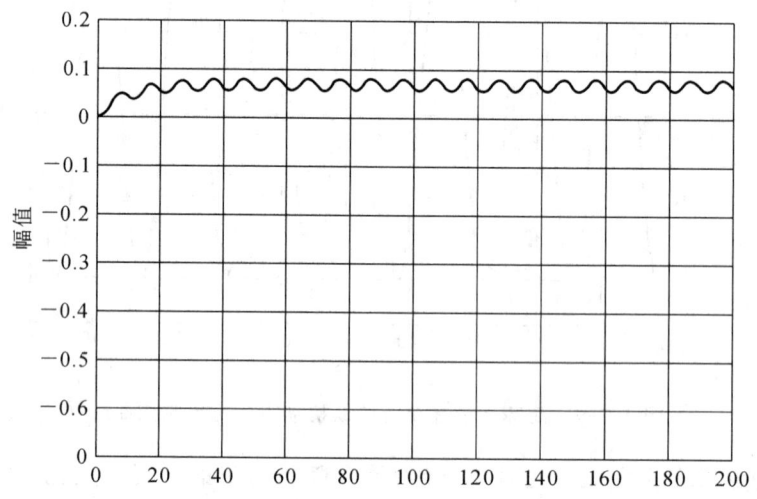

图 3-7-11 开环系统在等效正弦扰动信号作用下的输出响应曲线

（3）综上所述,选择 $K=28$,输入 $R(s)$ 为 10 倍的单位阶跃信号,扰动 $N(s)$ 为正弦信号,此时单位阶跃扰动信号和等效正弦扰动信号共同作用下的输出响应曲线如图 3-7-12 所示。

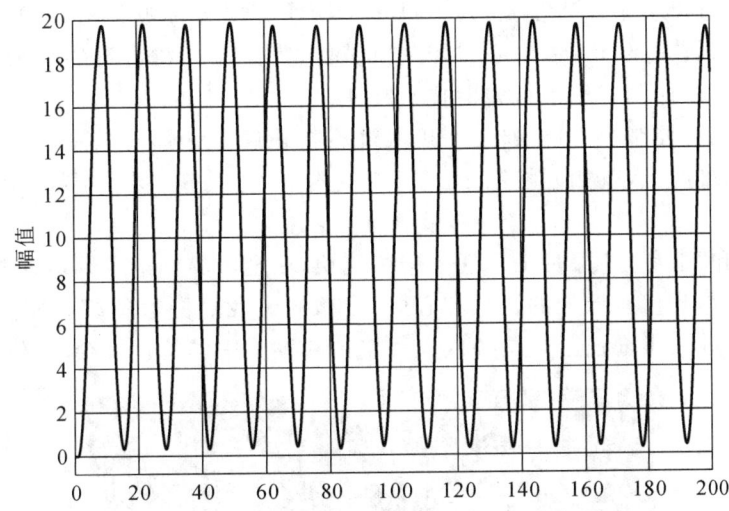

图 3-7-12　单位阶跃扰动信号和等效正弦扰动信号共同作用下的输出响应曲线

3.8　思政融合——"自主创新"

关键词：民族自信，勇攀高峰

2013 年 12 月 2 日，"嫦娥三号"探测器携中国首辆月球车"玉兔号"在西昌卫星发射中心由长征三号乙运载火箭发射成功。12 月 14 日，"嫦娥三号"成功软着陆于月球雨海西北部（"虹湾着陆区"），我国成为世界上第三个实现月球软着陆的国家。12 月 15 日，"嫦娥三号"着陆器与巡视器成功分离，"玉兔号"月球车缓缓开动，驶上月球表面，在月球上留下了中国人的第一履足迹！

"玉兔号"月球车的设计质量为 140 kg，能源为太阳能，能够耐受月球表面真空、强辐射、$-180 ℃ \sim 150 ℃$ 等极端环境。月球车具备 20°爬坡、20 cm 越障能力，并配备有全景相机、红外成像光谱仪、测月雷达、粒子激发 X 射线谱仪等科学探测仪器。"玉兔号"月球车实现了全部"中国制造"，国产率达到 100%。

为提高月球车的静态稳定性，设计师们联合攻关，从车轮的棘爪入手，经过反复的论证和试验，使车轮棘爪与导轨悬梯上的棘齿咬合，再将"DSP＋FPGA"的架构设计和模块化电机驱动设计引入，提高了控制的精度，确保导轨释放过程中车轮零转速，使月球车稳稳地停在导轨上。研制人员还突破了多项关键技术，包括月面巡视技术、月夜生存技术、测控通信技术、综合电子技术、月球探测科学及仪器技术等，每一项技术的攻克都是一次创新。

2014 年 1 月 14 日 21 时 45 分，"玉兔号"月球车展开机械臂，成功对月壤实施首次月面科学探测。北京航天飞行控制中心总体室副主任吴风雷介绍："这次探测任务的成功，标志着我国突破了月面高精度机械臂遥操作控制技术，实现了 38 万千米之外机械臂毫米级的精确控制。"

据悉，由于受"玉兔号"月球车活动维度限制和避障因素影响，机械臂对一个预定目标点完成探测,一般要经过十多个操作步骤,几乎每一步操作都要经过极其精密的计算。2013 年 12 月 23 日凌晨,北京航天飞行控制中心曾控制机械臂进行投放测试,目的是为此次月壤元素成分探测以及其他科学探测工作进行先期技术验证。

在北京航天飞行控制中心遥操作厅,机械臂控制软件设计师荣志飞说:"此次探测的精度要求高,操作控制难度大,就如同控制 38 万千米之外的'手'进行穿针引线,稍有偏差就会前功尽弃。"

"嫦娥三号"和"玉兔号"探月工程任务连续成功,在全世界创造了月球探测史的中国纪录。这一成就,凝结的是几代航天人的智慧和心血,依靠的是我们国家的综合实力,汇聚的是中国人民的整体力量,进一步增强了全国各族人民坚持和发展中国特色社会主义的决心和自信。

"嫦娥三号"探测器(左为着陆器,右为巡视器)

本 章 小 结

本章阐述了控制系统的时间响应和一、二阶系统在典型输入信号作用下的时间响应及系统的瞬态和稳态性能问题,讨论了控制系统的误差与偏差及系统型别和误差之间的关系,并介绍了时域分析中的稳定性代数判据——劳斯稳定判据。学习本章后应掌握以下知识点。

(1)时域分析法是通过求解控制系统在典型输入信号作用下的时间响应来分析系统的稳定性、快速性和准确性的,具有直观、准确、物理概念清楚的特点,是学习和研究自动控制原理最基本的方法。

(2)稳定系统的时间响应分为瞬态响应和稳态响应,分别反应系统自身的动态特性和静态特性。通过拉普拉斯变换与反变换,可以得出系统的时间响应;通过拉普拉斯变换的终值定理可以得到系统的稳态解。系统的输出不仅取决于系统本身的结构参数、初始状态,而且与输入信号的形式有关。

(3)对一、二阶系统理论分析的结果是分析高阶系统的基础。一阶系统的典型形式是惯性环节,时间常数 T 反映了一阶系统的固有特性,其值越小系统惯性越小,响应越快;典型二阶系统的两个特征参数,阻尼比 ζ 和无阻尼固有频率(自然频率)ω_n 决定了二阶系统的动态过程。瞬态响应的性能指标可以评价系统过渡过程的快速性和平稳性。时域分析中常以单位阶跃响应的上升时间 t_r、峰值时间 t_p、调整时间 t_s、最大超调量 $M_p(\sigma\%)$、振荡次数 N 共五个指标来评价控制系统的瞬态性能。

（4）稳定性是控制系统正常工作的首要条件，是系统本身的固有特性，由系统的结构和参数决定，与初始条件和外部作用无关。系统稳定的充要条件是其特征方程的根全部具有负实部，即系统的闭环极点全部位于 s 左半平面。劳斯稳定判据是时域分析中稳定性判别的代数判据，无须求解系统特征根，直接通过特征方程的系数构建劳斯表，由此判断系统的稳定性。

（5）误差与偏差是两个不同的概念，它们既有区别又有联系。对于单位负反馈系统，误差等于偏差。稳态误差是系统的稳态性能测度，它标志着系统的控制精度。稳态误差不仅与输入信号的形式、大小有关，还与系统的型别即开环传递函数中积分环节的个数有关。系统型别越高，开环增益越大，系统的稳态误差越小。在设计控制系统时，可以通过改变系统的型别来改变系统的性能。

习　　题

3-1　温度计的传递函数为 $\dfrac{1}{Ts+1}$，现在用该温度计测量一容器内水的温度，发现需要 1 min 的时间才能指示出实际水温的 98% 的数值，试求此温度计的时间常数 T。如果给容器加热，使水温以 10 ℃/min 的速度变化，此温度计的稳态误差是多少？

3-2　已知系统的单位脉冲响应为 $x_o(t)=7-5e^{-6t}$，试求系统的传递函数。

3-3　已知系统的传递函数为

$$G(s)=\frac{13s^2}{(s+5)(s+6)}$$

输入为 $x_i(t)=\dfrac{1}{2}t^2$，试求系统的输出。

3-4　已知单位反馈系统的开环传递函数为

$$G(s)=\frac{4}{s(s+5)}$$

试求该系统的单位阶跃响应和单位脉冲响应。

3-5　已知系统的单位阶跃响应为 $x_o(t)=1+0.2e^{-60t}-1.2e^{-10t}$，试求：

（1）系统的闭环传递函数；

（2）系统的阻尼比 ζ 和无阻尼固有频率 ω_0。

3-6　设单位反馈系统的开环传递函数为

$$G(s)=\frac{1}{s(s+5)}$$

试求系统的上升时间 t_r、峰值时间 t_p、调整时间 t_s、最大超调量 M_p 和振荡次数 N。

3-7　如题图 3-7 所示系统，要使系统的最大超调量等于 0.2，峰值时间等于 1 s，试确定增益 K 和 K_h 的数值，并确定在此数值下，系统的上升时间 t_r 和调整时间 t_s。

3-8　已知单位反馈系统的开环传递函数为

$$G(s)=\frac{5K}{s(s+34.5)}$$

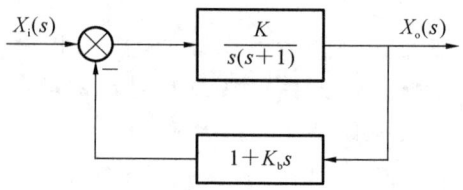

题图 3-7　系统框图

试求当 $K=200$ 时,系统单位阶跃响应的动态性能指标。如果 $K=1500$ 或 $K=13.5$ 时,试分析系统动态性能指标的变化情况。

　　3-9　已知单位反馈系统的开环传递函数为

$$G(s) = \frac{20}{(0.5s+1)(0.04s+1)}$$

试分别求出系统在单位阶跃输入、单位速度输入和单位加速度输入时的稳态误差。

　　3-10　某单位反馈系统如题图 3-10 所示,试求在单位阶跃、单位速度和单位加速度输入信号作用下的稳态误差。

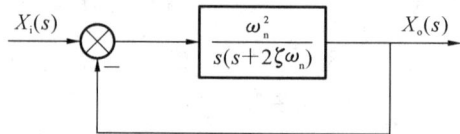

题图 3-10　单位反馈系统

　　3-11　已知单位反馈系统前向通道的传递函数为

$$G(s) = \frac{100}{s(0.1s+1)}$$

试求:

　　(1) 稳态误差系数 K_p、K_v 和 K_a;

　　(2) 当输入为 $x_i(t) = a_0 + a_1 t + \frac{1}{2} a_2 t^2$ 时系统的稳态误差。

　　3-12　某控制系统如题图 3-12 所示,当输入信号 $x_i(t) = 1(t)$,干扰信号 $n(t) = 1(t)$ 时,试求系统总的稳态误差。

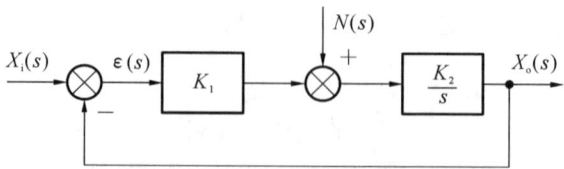

题图 3-12　系统框图

　　3-13　在波浪的作用下,船舶会发生摇摆,大多数船舶采用如题图 3-13(a)所示的水平舵来保证摆动的平稳性。船舶摆动角控制系统框图如题图 3-13(b)所示,图中船舶特性传递函数为

$$G(s) = \frac{\omega_n^2}{s^2 + 2\zeta\omega_n s + \omega_n^2}$$

若阻尼比 $\zeta = 0.1$，摆动周期为 3 s，船舶平稳后的倾斜角 $\theta = 18°$。试求：

(1) 在幅度 $N = (1 + K_1 K_a)\pi/10$ 的干扰信号 $T_d(s)$ 作用下的稳态倾斜角；

(2) 系统在阶跃输入信号以及阶跃干扰作用下的总稳态误差；

(3) 比较系统闭环前后干扰对系统输出的影响。

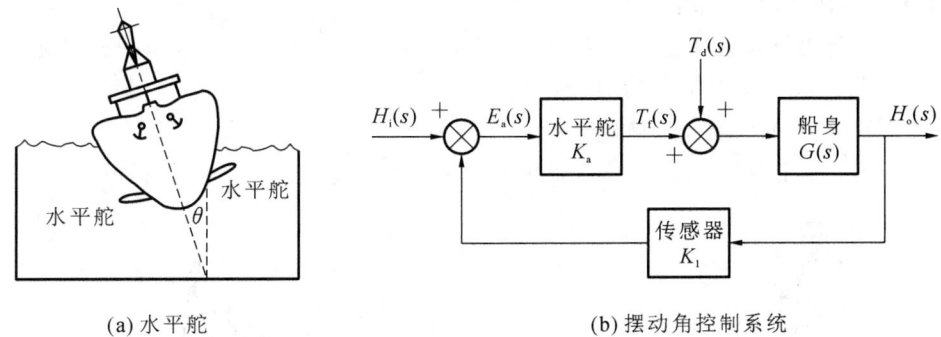

(a) 水平舵　　　　　　　　　　(b) 摆动角控制系统

题图 3-13

3-14　已知某系统的闭环传递函数为

$$\frac{x_o(s)}{x_i(s)} = \frac{(s+6)(s+16)}{(s+8)(s+9)(s+4-j5)(s+4+j5)}$$

试说明系统是否稳定。

3-15　已知某单位反馈系统的开环传递函数为

$$G(s) = \frac{K}{s(Ts+1)}$$

试说明系统是否稳定。

3-16　对于具有如下特征方程的反馈系统,试应用劳斯稳定判据判别系统的稳定性:

(1) $s^3 - 15s + 126 = 0$

(2) $s^4 + 8s^3 + 18s^2 + 16s + 5 = 0$

(3) $s^3 + 4s^2 + 5s + 10 = 0$

(4) $s^5 + s^4 + 2s^3 + 2s^2 + 3s + 5 = 0$

(5) $s^3 + 10s^2 + 16s + 160 = 0$

3-17　对于具有如下特征方程的反馈系统,试用劳斯稳定判据确定使系统稳定的 K 的取值范围。

(1) $s^4 + 22s^3 + 10s^2 + 2s + K = 0$

(2) $s^4 + 20Ks^3 + 5s^2 + (K+10)s + 15 = 0$

(3) $s^3 + (K+0.5)s^2 + 4Ks + 50 = 0$

(4) $s^4 + Ks^3 + s^2 + s + 1 = 0$

(5) $s^3 + 5Ks^2 + (2K+3)s + 10 = 0$

3-18　已知单位反馈系统的开环传递函数为

$$G(s) = K \frac{K_1}{T_1 s + 1} \frac{K_2}{s(T_2 s + 1)} K_h$$

输入信号为 $u(t) = a + bt$，其中 K、K_1、K_2、K_h、T_1、T_2、a、b 为常数，要使闭环系统稳定，且稳态误差 $e_{ss} < \Delta$，试求系统各个参数应满足的条件。

3-19 机器人常用的手爪如题图 3-19(a)所示，它由直流电动机驱动，以改变两个手指间的夹角 θ。手爪控制系统模型相应的系统框图如图 3-19(b)所示。图中 $K_m = 30$，$R_f = 1\ \Omega$，$K_f = K_t = 1$，$J = 0.1$，$b = 1$。试求：

(1) 当功率放大器增益 $K_a = 20$ 时，应用 MATLAB 绘制单位阶跃和单位速度输入下的响应曲线以及单位阶跃扰动作用下的响应曲线；

(2) 当 $\theta_d = 0$，$n(t) = l(t)$ 时，确定干扰对系统的影响；

(3) 当 $n(t) = 0$，$\theta_d(t) = t(t > 0)$ 时，确定系统的稳态误差。

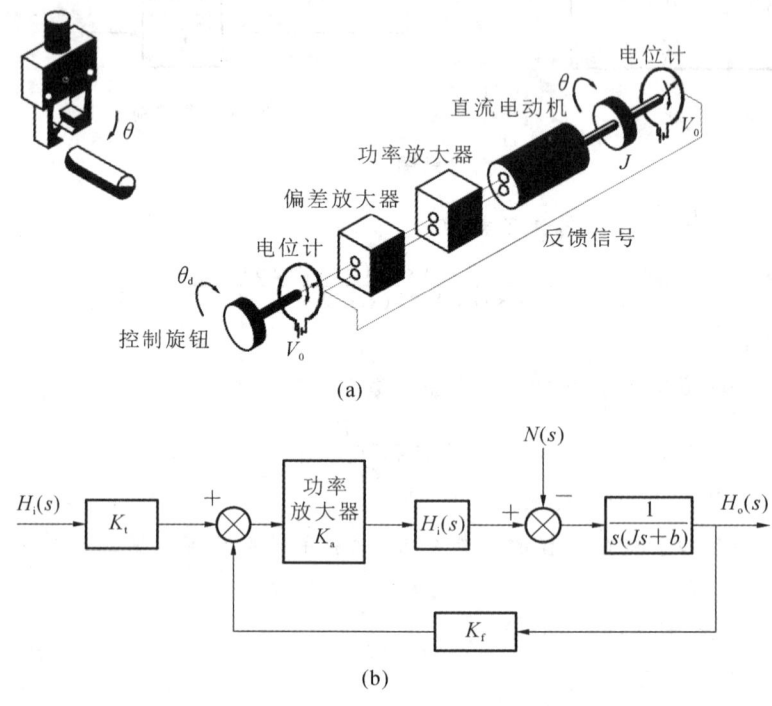

题图 3-19

第4章 线性系统的根轨迹法

线性系统的时域分析表明,闭环系统的特征根的分布决定了线性控制系统的响应性能。好的响应性能需要有合适的特征根,因此,为了分析闭环控制系统的这些性能特征,往往需要确定闭环传递函数的极点,即要解决闭环特征方程式的求根问题。由于高阶特征方程的求根过程一般较为复杂和困难,尤其是当研究系统参数变化对闭环极点的位置及系统性能的影响时,需要进行大量的反复计算,同时还不能直观地了解这些参数变化对系统性能的影响趋势,因此对于高阶系统来说,用数学的方法求解特征方程就显得很不方便。

针对上述缺陷,伊凡思(W. R. Evans)研究出一种图解法求解闭环特征方程根的简单方法,并在控制工程中获得了广泛的应用,这种方法称为根轨迹法。它让系统中容易设定的参数在可能的范围内连续变化,引起特征根的连续变化,从而绘制出闭环系统特征方程式的根在 s 平面上的运动轨迹。通过绘制出的根轨迹不仅可以方便地确定闭环系统时间响应的全部信息,而且还可以比较直观地分析系统参数与闭环特征方程式的根之间的关系,从而可以选择合适的系统参数,使系统获得最佳的响应。

4.1 根轨迹的基本概念

当系统开环传递函数的某一参数量从零变化到无穷大时,闭环系统特征方程式的根在 s 平面上跟随这个变化参数连续变化而形成的轨迹称为根轨迹。由于特征根是闭环极点,因此根轨迹也是闭环极点的轨迹。通过根轨迹图可以看出系统参数变化对闭环极点分布的影响以及闭环极点与系统的关系。

4.1.1 根轨迹图

结合图 4-1-1 所示的典型的二阶系统,说明根轨迹。

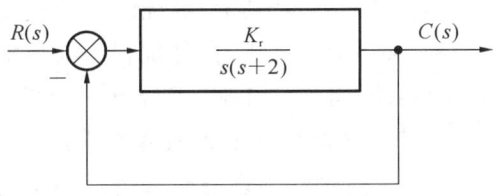

$$R(s) \quad \bigotimes \quad \frac{K_r}{s(s+2)} \quad C(s)$$

图 4-1-1 二阶系统结构图

图中,系统开环传递函数为

$$G(s) = \frac{K_r}{s(s+2)}$$

式中:K_r 为开环放大系数,有两个开环极点,分别为 $p_1 = 0$,$p_2 = -2$。

系统的闭环传递函数为

$$\frac{C(s)}{R(s)} = \frac{K_r}{s^2 + 2s + K_r} \tag{4.1}$$

系统的特征方程为

$$s^2 + 2s + K_r = 0 \tag{4.2}$$

系统的特征根为

$$s_{1,2} = -1 \pm \sqrt{1 - K_r} \tag{4.3}$$

当参数 K_r 变化时,系统特征根的情况如下:

　　(1) 当 $K_r = 0$ 时,特征根为 $s_1 = 0$、$s_2 = -2$;

　　(2) 当 $0 < K_r < 1$,s_1、s_2 为互不相等的两个实根,$s_{1,2} = -1 \pm \sqrt{1 - K_r}$;

　　(3) 当 $K_r = 1$ 时,则两根相等,即 $s_1 = s_2 = -1$;

　　(4) 当 $1 < K_r < \infty$ 时,有两个共轭复数根,根的实部为 -1,而虚部随 K_r 的变化而变化。

　　当 K_r 分别取数值 0,0.5,1,1.5,2 等几个递增数值时,特征根 s_1、s_2 在 s 平面上的分布情况如图 4-1-2(a)所示,图中显示的特征根的变化是有方向的。当 K_r 由 0→∞ 连续变化时,特征根沿着上述方向连续变化形成根轨迹,如图 4-1-2(b)所示。

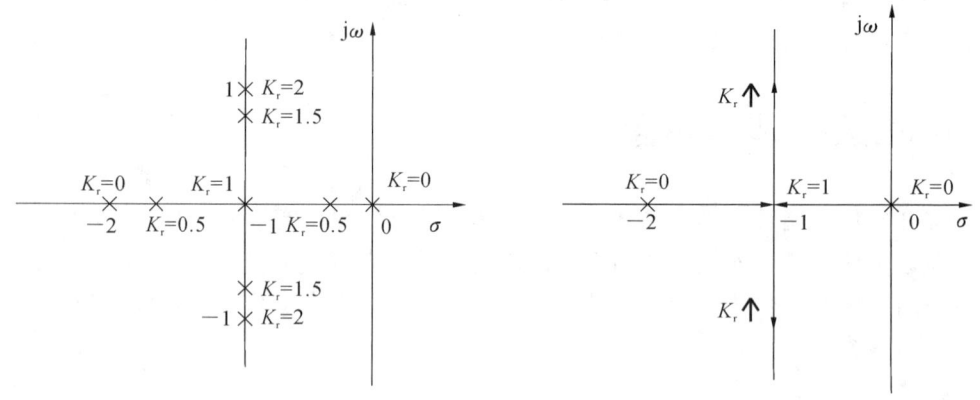

(a) K_r 取不同值时的特征根　　　　　　　(b) K_r 连续变化的特征根根轨迹

图 4-1-2　系统特征根的变化

　　从图 4-1-2 可知特征根呈现一定的变化规律:系统的根轨迹由 $K_r = 0$ 时,分别从开环极点 $p_1 = 0$ 和 $p_2 = -2$ 出发;当 K_r 由 0 增大至 1 时,特征根均为负实数,系统处于欠阻尼状态,两个特征根沿着实轴向(-1,j0)移动;当 $K_r = 1$ 时,系统有两个相同的特征根 $s_1 = s_2 = -1$,系统为临界阻尼状态;当 $1 < K_r < \infty$ 时,两个特征根 s_1 和 s_2 离开实轴,变为共轭复数根,其实部保持 -1 不变,系统为过阻尼状态,在系统中将出现衰减振荡,且 K_r 越大,振荡频率越高,振荡越剧烈,超调量越大。

　　通常绘制根轨迹时选择的参数可以是系统的任意参数,以上述的 K_r 为参数绘制的根轨迹为常规根轨迹。

　　这种通过直接求解特征根来绘制根轨迹的方法,对于高阶系统是很困难的。高阶系统根轨迹图的绘制在实际中通常是根据已知的开环零、极点位置,采用图解的方法来实现的。

4.1.2 根轨迹的幅值条件和相角条件

负反馈控制系统在给定输入量作用下的动态结构图如图 4-1-3 所示。

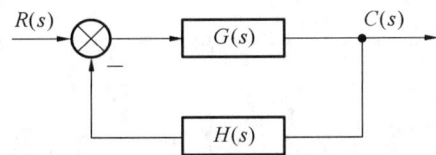

图 4-1-3 负反馈系统结构图

系统的闭环传递函数为

$$\frac{C(s)}{R(s)} = \frac{G(s)}{1 + G(s)H(s)}$$

特征方程为

$$1 + G(s)H(s) = 0$$

即

$$G(s)H(s) = -1 \tag{4.4}$$

式中：$G(s)H(s)$ 为开环传递函数。

根据等式两边幅值和相角分别相等的条件，可以得到幅值条件和相角条件。

幅值条件：

$$|G(s)H(s)| = 1 \tag{4.5}$$

相角条件：

$$G(s)H(s) = \pm 180°(2q+1) \qquad (q = 0,1,2,\cdots) \tag{4.6}$$

式(4.5)和式(4.6)满足特征方程的幅值条件和相角条件，是绘制根轨迹的重要依据。在 s 平面上的任意一点，只要能满足上述幅值条件和相角条件，它就是系统特征方程的根，这个点就必定在根轨迹上。

现将系统的开环传递函数用零、极点来表示以便进一步分析

$$G(s)H(s) = \frac{K_r \prod\limits_{i=1}^{m}(s+z_i)}{\prod\limits_{j=1}^{n}(s+p_j)} \tag{4.7}$$

式中：K_r 为开环根轨迹增益，把式(4.7)代入式(4.4)中，可以得到

$$K_r \frac{\prod\limits_{i=1}^{m}(s+z_i)}{\prod\limits_{j=1}^{n}(s+p_j)} = -1 \tag{4.8}$$

式(4.8)通常被称为根轨迹方程，是特征方程的另一种表达形式。

由幅值条件和相角条件分别可得

$$| G(s)H(s) | = \frac{K_r \prod\limits_{i=1}^{m} | s + z_i |}{\prod\limits_{j=1}^{n} | s + p_j |} = 1 \tag{4.9}$$

$$\angle G(s)H(s) = \sum_{i=1}^{m} \angle(s + z_i) - \sum_{j=1}^{n} \angle(s + p_j) = \pm 180°(2q+1) \quad (q = 0,1,2,\cdots) \tag{4.10}$$

由式(4.9)与式(4.10)可以看出，幅值条件与系统的开环根轨迹增益 K_r 有关，而相角条件与系统的开环根轨迹增益 K_r 无关。所以，如果把满足相角条件的 s 值代入幅值条件中，总可以求得一个与之对应的 K_r 值，也就是说，凡是满足相角条件的 s 点必定同时满足幅值条件；反之，未必成立。当 K_r 连续变化时，s 值也连续变化；当 K_r 为某一固定值时，值是根轨迹上固定的点。因此，相角条件是确定 s 平面上根轨迹的充分必要条件，s 平面上满足相角条件的点，都是对应于开环根轨迹增益取不同值时的闭环特征根，即根轨迹。

在实际绘制根轨迹时，用相角条件确定根轨迹上的点，用幅值条件确定根轨迹某一点所对应的系统开环根轨迹增益值，这种方法称为试探法。用试探法找出特征根，再通过手工绘制根轨迹十分烦琐、费时。能否在不求解根轨迹方程的情况下绘制出根轨迹呢？这需要找到根轨迹的运动规律和满足根轨迹方程的特殊点，因此，根据相角条件和幅值条件得出若干绘制根轨迹的规则，用这些规则可以简捷地绘制出轨迹图。

4.2 绘制根轨迹的规则和方法

绘制根轨迹需要将参变量(或与参变量成比例的量)从特征方程中分离出来作为根轨迹增益 K_r。为了能用图解方法确定特征根在平面上的轨迹，现介绍以开环根轨迹增益 K_r 为可变参数的常规根轨迹的绘制规则。

如果控制系统为负反馈，由特征方程

$$1 + G(s)H(s) = 0$$

得其相角条件为

$$\angle G(s)H(s) = \pm 180°(2q+1) \quad (q = 0,1,2,\cdots)$$

此为绘制正反馈系统根轨迹的相角条件。正反馈系统的根轨迹又称作 0° 根轨迹。由此可知，180° 根轨迹和 0° 根轨迹的幅值条件相同，而相角条件是有区别的。绘制负反馈控制系统的根轨迹需注意以下方面。

1. 根轨迹的连续性和对称性

根轨迹具有连续性，且关于实轴对称。

由于闭环特征方程式中的某些系数是根轨迹增益的函数，因此当 K_r 由零向无穷大连续变化时，特征方程式的这些系数也随之连续变化，从而使得特征方程式的根必定也是连续变化的，说明根轨迹具有连续性。

同时，又因为闭环特征方程式的系数均为实数，所以其相应的特征根必为实根或共轭复根。实根位于实轴上,共轭复根对称于实轴,由此可见,根轨迹必然关于实轴对称。利用这一性质,在绘制根轨迹时,只需先绘出 s 平面上半部分的根轨迹,然后利用对称关系就可以得到 s 平面下半部分的根轨迹形状。

2. 根轨迹的分支数

根轨迹的分支数与开环有限零点数 m 和有限极点数 n 中的大者相等。

根据定义,根轨迹指的是当系统开环传递函数的某一参量从零变化到无穷时,闭环系统特征方程式的根在 s 平面上的变化轨迹。因此,根轨迹的分支数必定与闭环特征方程式的根的数目相同。

由于在实际系统中,开环传递函数分母多项式的最高次数总是大于等于分子多项式的最高次数,即 $n \geqslant m$,因而上述闭环特征方程式的根的数目与开环极点数相等,即有 n 个特征根。当 K_r 由 $0 \to \infty$ 变化时,这 n 个特征根也随之变化,从而形成 n 条根轨迹。

3. 根轨迹的起点和终点

根轨迹的起点是指当 $K_r = 0$ 时根轨迹的点。当 $K_r = 0$ 时,式(4.8)的右边为 ∞,而等式左边只有当 $s = -p_j$ 时才为 ∞,所以根轨迹起始于开环极点。

根轨迹的终点是指当 $K_r \to \infty$ 时根轨迹的点。当 $K_r \to \infty$ 时,式(4.8)的右边为 0,而等式左边只有当 $s = -z_i$ 时才等于 0,所以根轨迹终止于开环零点。

通常,系统的开环传递函数有 n 个极点,m 个零点,且有 $n > m$。这说明从开环极点出发的 n 条根轨迹中,只有 m 条终止于开环零点(实际的),另外有 $n - m$ 条分支也终止于开环零点(虚有的),但其在无穷远处。

4. 实轴上的根轨迹

在实轴上任取一点,若该点右侧开环零、极点数目之和为奇数,则该点所在线段(或区间)构成实轴上的根轨迹。开环零、极点总数指的是其右侧开环实有限零点和实有限极点的总数。因为实轴上的某一段是否存在根轨迹取决于相角条件是否得到满足。如果控制系统的开环零、极点都不在实轴上,则实轴上不存在根轨迹。一般控制系统有实数的开环零、极点,则实轴上以开环零点或极点为区间端点的闭区间或半闭区间(根轨迹趋向于开环无限零点的情形)上存在根轨迹,在那里相角条件得到满足。

5. 根轨迹的渐近线

根轨迹中 $n - m$ 条趋向于无穷远的开环零点(虚有的)的渐近线与正实轴的夹角为 φ_a,并与实轴交于一点,其坐标为 $(\sigma_a, j0)$。其中

$$\sigma_a = \frac{\sum_{j=1}^{n}(-p_j) - \sum_{i=1}^{m}(-z_i)}{n - m} \tag{4.11}$$

$$\varphi_a = \pm \frac{2q + 1}{n - m} 180° \qquad (q = 0, 1, \cdots, n - m - 1) \tag{4.12}$$

证明

从有限的开环零、极点到位于渐近线上无穷远处的一点的向量的相角是基本相等的。以

φ_a 表示,即$\angle(s_d=z_i)=\angle(s_d=p_j)=\varphi_a$,式中:$i=0,1,2,\cdots,m$;$j=0,1,2,\cdots,n$。将上述关系代入相角条件式(4.10)得

$$m\varphi_a - n\varphi_a = \pm 180°(2q+1) \tag{4.13}$$

因此可得根轨迹的渐近线与正实轴的夹角为

$$\varphi_a = \pm \frac{2q+1}{n-m}180° \quad (q=0,1,\cdots,n-m-1) \tag{4.14}$$

6. 根轨迹的分离点与会合点

两条或两条以上的根轨迹分支在s平面上相遇后又立即分开的点,就称为根轨迹的分离点或会合点。具体为根轨迹分支沿实轴相向移动,在实轴上相遇的点离开实轴进入复平面,此时的相遇点成为根轨迹的分离点;同理,根轨迹分支由复平面进入实轴,与实轴上的点会合,然后沿实轴反向移动,此时的相遇点称为根轨迹的会合点。一般地,若实轴上两相邻开环极点之间存在根轨迹,则这两相邻极点之间必有分离点;若实轴上两相邻开环零点(其中一个可能是无穷远处零点)之间存在根轨迹,则这两相邻零点之间必有会合点。在分离点或会合点上,根轨迹的切线与正实轴的夹角称为分离角(或会合角)。分离相角 φ_d 与分离的根轨迹分支数 l 的关系为

$$\varphi_d = \frac{180°}{l} \tag{4.15}$$

设某开环系统有两个极点和一个零点,位置如图 4-2-1 所示。两条根轨迹分别从开环极点 $-p_1$ 和 $-p_2$ 出发,随着 K_r 的增大,会合于 a 点并且立即分离进入复平面,然后又从复平面回到实轴,相遇于 b 点,再分离,一条分支终止于实有限零点 $-z_1$ 点,另一条分支趋于无穷远处零点(虚有的零点)。实际上,根轨迹图中的分离点与会合点,就是特征方程的重根。由根轨迹的对称性可知,重根只能在实轴上,复平面上不可能有重根。分离点是 K_r 从 0 增大过程中维持特征根在实轴区间内分布取得极大值的情况;会合点是 K_r 在增大过程中,特征根由复平面回到实轴后在实轴区间内分布取得极小值的情况。可以用求重根的方法确定分离点与会合点。如果方程 $F(z)$ 有两个重根,则必然同时满足方程 $F(z_1)=0$ 和方程 $F(z_2)=0$。

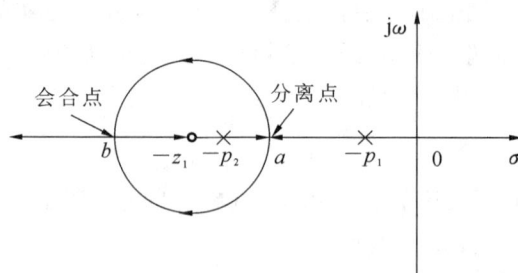

图 4-2-1 根轨迹的会合与分离

设系统的开环传递函数为

$$G(s)H(s) = \frac{K_r\prod_{i=1}^{m}|s+z_i|}{\prod_{j=1}^{n}|s+p_j|} = K_r\frac{Y(s)}{X(s)} \tag{4.16}$$

式中:$Y(s)$、$X(s)$分别为 m 阶、n 阶多项式,则系统的闭环特征方程为

$$1 + K_r \frac{Y(s)}{X(s)} = 0 \tag{4.17}$$

或

$$X(s) + K_r Y(s) = 0 \tag{4.18}$$

因此特征方程的重根可从以下两个方程得到

$$\begin{cases} K_r Y(s) + X(s) = 0 \\ K_r Y'(s) + X'(s) = 0 \end{cases} \tag{4.19}$$

消去 K_r 可得

$$Y(s)X'(s) - Y'(s)X(s) = 0 \tag{4.20}$$

解式(4.20)便能得到特征方程的重根,即根轨迹上的分离点或会合点。将计算出的分离点和会合点处的 s 值代入式(4.18),可以计算出分离点或会合点处的 K_r。

应用式(4.20)求解的 s 值可能有多个,具体是分离点还是会合点还应该参照根轨迹的走势和分布区间来确定。

【例 4.1】　已知控制系统的开环传递函数为

$$G(s)H(s) = \frac{K_r}{s(s+1)(s+2)}$$

求根轨迹在实轴上的分离点。

【解】　本题中 $X(s)=s(s+1)(s+2)$,$Y(s)=1$,根据 $Y(s)X'(s)-Y'(s)X(s)=0$ 解之,得其根为 $s_{1,2}=-0.423,-1.577$。因分离点必定在$[0,-1]$之间的实轴线段上,故可确定 $s=-0.423$ 为分离点。对于更复杂的高阶系统分离点的求解,我们可借助计算机通过 MATLAB 或类似的软件求得。

7. 根轨迹的出射角和入射角

根轨迹的出射角是指根轨迹离开开环复数极点处的切线与实轴正方向的夹角,而根轨迹的入射角是指根轨迹进入开环复数零点处的切线与实轴正方向的夹角。出射角描述了根轨迹以什么样的角度离开开环复数极点,入射角描述了根轨迹以什么样的角度进入开环复数零点。

确定根轨迹出射角和入射角的目的在于了解根轨迹相应分支的起始方向和终止方向,这便于更加准确地绘制出系统的根轨迹图。

在开环复数极点处根轨迹的出射角为

$$\varphi_p = \mp 180° + \sum \theta_z - \sum \theta_p \tag{4.21}$$

在开环复数零点处根轨迹的入射角为

$$\varphi_i = -(\mp 180° + \sum \theta_z - \sum \theta_p) \tag{4.22}$$

式中:$\sum \theta_z$ 为所有开环复数零点对出射角或入射角所提供的相角之和;$\sum \theta_p$ 为所有开环复数极点对出射角或入射角所提供的相角之和。

出射角和入射角的公式可以由相角条件推导出来。设系统开环零、极点的分布如图 4-2-2 所示。设根轨迹上有一点靠近开环复数极点 p_2 很近的点 s_d,可认为$\angle(s_d - p_2)$为 p_2 的出射角 θ_{p_2}。由于 s_d 在根轨迹上应满足前面的相角条件,即

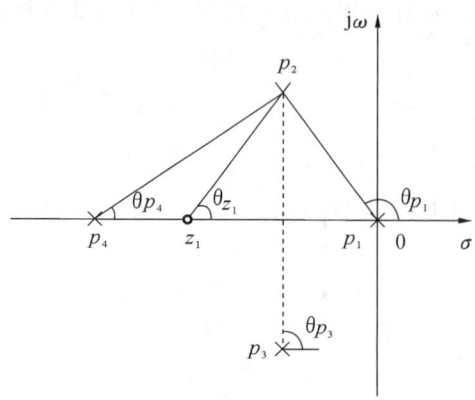

图 4-2-2 出射角的确定

$$\theta_{z_1} - (\theta_{p_1} + \theta_{p_2} + \theta_{p_3} + \theta_{p_4}) = \pm 180° \tag{4.23}$$

因 $\theta_{p_2} = \varphi_p$ 即为出射角，所以式(4.23)可写为

$$\varphi_p = \mp 180° + \theta_{z_1} - (\theta_{p_1} + \theta_{p_3} + \theta_{p_4}) \tag{4.24}$$

所以，开环复数极点处根轨迹的出射角由各零点到该极点的向量的相角之和与其余各极点到该极点的向量的相角之和相减，并用 $\pm 180°$ 调整得到。因此式(4.21)得以证明。同理可求得根轨迹进入开环复数零点的入射角。

【例 4.2】 已知控制系统的开环传递函数为

$$G(s)H(s) = \frac{K_r(s+2)}{s(s+3)(s^2+2s+2)}$$

试求根轨迹的出射角。

【解】 由开环传递函数易知，该系统有 1 个开环零点和 4 个开环极点，分别为 $z_1 = -2$，$p_1 = 0$，$p_{2,3} = -1 \pm j$，$p_4 = -3$。系统开环零、极点分布如图 4-2-3 所示。

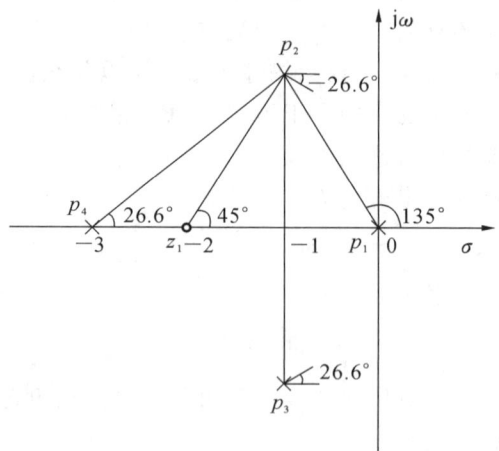

图 4-2-3 系统开环零、极点分布图

按式(4.24)可得开环复数极点 p_2 的出射角为

$$\begin{aligned}
\theta_{P_2} &= \mp 180° + \angle(z_1 - p_2) - [\angle(p_1 - p_2) + \angle(p_3 - p_2) + \angle(p_4 - p_2)] \\
&= \mp 180° + \arctan\frac{1}{1} - \left[\left(\arctan\frac{1}{1} + 90°\right) + 90° + \arctan\frac{1}{2}\right] \\
&= \mp 180° + 45° - 135° - 90° - 26.6° \\
&= -26.6°
\end{aligned}$$

因为共轭复数的对称性,所以开环复数极点 p_3 的出射角为 $26.6°$。

8. 根轨迹与虚轴的交点

当根轨迹与虚轴相交时,意味着闭环特征方程式有一对纯虚根 $\pm j\omega$,此时系统处于临界稳定状态,交点处对应的 K_r 值就称为临界开环根轨迹增益。随着开环根轨迹增益 K_r 的增大,根轨迹可能由左半 s 平面跨越虚轴而进入右半 s 平面,一旦根轨迹越过虚轴进入右半 s 平面,系统将由稳定变成不稳定。因此,正确确定根轨迹与虚轴的交点及其相关参数就显得尤为重要。

一般用于求解根轨迹与虚轴交点的方法有两种,一是利用劳斯判据的方法确定,二是令闭环特征方程式 $1+G(s)H(s)=0$ 中的 $s=j\omega$,然后令其实部和虚部分别为零而求得。

【例 4.3】　已知系统的开环传递函数为

$$G(s)H(s) = \frac{K_r}{s(s+1)(s+2)}$$

试确定根轨迹与虚轴的交点及对应的临界开环根轨迹增益 K_r。

【解】　由开环传递函数可知,系统的闭环特征方程式为

$$s^3 + 3s^2 + 2s + K_r = 0 \tag{4.25}$$

(1) 用 $s=j\omega$ 代入闭环特征方程式直接求解。

将 $s=j\omega$ 代入式(4.25)得

$$-3\omega^2 + K_r + j\omega(-\omega^2 + 2) = 0 \tag{4.26}$$

令式(4.26)的实部和虚部分别等于零,于是有

$$\begin{cases} -3\omega^2 + K_r = 0 \\ \omega(-\omega^2 + 2) = 0 \end{cases}$$

联立求解上述方程组,得到 $\omega = \pm\sqrt{2}$,$K_r = 6$。

(2) 用劳斯判据计算。

根据式(4.25),可以列出劳斯表如下:

s^3	1	2
s^2	3	K_r
s^1	$\dfrac{6-K_r}{6}$	0
s^0	K_r	

当系统特征方程有共轭纯虚根时,劳斯表中某一行的元素全部为零。此时,共轭复根可由该行上面的一行元素为系数组成的辅助方程 $3s^2 + K_r = 0$,即 $3s^2 + 6 = 0$ 求得。于是解得

$$s_{1,2} = \pm j\sqrt{2} \tag{4.27}$$

这表示根轨迹中有两条分支分别与虚轴交于点 $s_1 = +j\sqrt{2}$ 和点 $s_2 = -j\sqrt{2}$ 处,对应的临界

开环根轨迹增益为 $K_r=6$。显然,这一结果与直接求解得到的结果是一致的。

9. 闭环极点的和与积

设系统的开环传递函数为

$$G(s)H(s) = \frac{K_r \prod\limits_{i=1}^{m}(s+z_i)}{\prod\limits_{j=1}^{n}(s+p_j)} \quad (n \geq m) \tag{4.28}$$

系统特征多项式则为

$$\prod_{j=1}^{n}(s+p_j) + K_r \prod_{i=1}^{m}(s+z_i) = \prod_{r=1}^{n}(s+s_r) \tag{4.29}$$

式(4.29)中 s_r 为特定 K_r 下的闭环极点,即闭环特征根,将式(4.29)展开,得

$$s^n + (\sum_{j=1}^{n}p_j)s^{n-1} + \cdots + \prod_{j=1}^{n}p_j + K_r\Big[s^m + (\sum_{i=1}^{m}z_i)s^{m-1} + \cdots + \prod_{i=1}^{m}z_i\Big]$$

$$= s^n + (\sum_{r=1}^{n}s_r)s^{n-1} + \cdots + \prod_{r=1}^{n}s_r \tag{4.30}$$

当 $n-m \geq 2$ 时,由式(4.30)两边 s^{n-1} 项的系数相等可得

$$\sum_{j=1}^{n}p_j = \sum_{r=1}^{n}s_r \tag{4.31}$$

即

$$\sum_{r=1}^{n}(-s_r) = \sum_{j=1}^{n}(-p_j) = \text{const} \tag{4.32}$$

由式(4.30)两边的常数项相等可得

$$\prod_{j=1}^{n}p_j + K_r \prod_{i=1}^{m}z_i = \prod_{r=1}^{n}s_r \tag{4.33}$$

即

$$(-1)^n \prod_{r=1}^{n}s_r = (-1)^n \prod_{j=1}^{n}p_j + (-1)^m K_r \prod_{i=1}^{m}z_i \tag{4.34}$$

若 $m=0$,没有开环零点,则式(4.33)可写成

$$(-1)^n \prod_{r=1}^{n}s_r = (-1)^n \prod_{j=1}^{n}p_j + K_r \tag{4.35}$$

式(4.31)揭示了根轨迹的一个重要性质,随着开环根轨迹增益 K_r 的增大,若有特征根增大,则必有特征根减小,以保持其和为常数,即当 K_r 由 $0 \to \infty$ 时,闭环特征方程式的所有特征根之和恒等于开环极点之和。这就是说,随着开环根轨迹增益 K_r 的增大,如果有一部分根轨迹的分支向左移动,那么另一部分根轨迹的分支必向右移动。对于某些简单系统,在已知其部分闭环极点的情况下,利用上述结论可以很容易地确定其余的闭环极点,用来估计根轨迹分支的大致走向。

【例 4.4】 仍以例 4.3 所示的开环传递函数为例,即

$$G(s)H(s) = \frac{K_r}{s(s+1)(s+2)}$$

若已知该系统的根轨迹与虚轴的交点为 $s_{1,2}=\pm\mathrm{j}\sqrt{2}$，求系统的第三个闭环极点 s_3，并确定根轨迹与虚轴交点处的临界开环根轨迹增益 K_r 的值。

【解】　由开环传递函数的表达式易知，该系统有 3 个开环极点，分别为：$p_1=0,p_2=-1$ 和 $p_3=-2$，无开环零点。因此，$n=3,m=0$，满足关系式 $n-m\geqslant 2$。于是，根据式(4-31)可得

$$s_1+s_2+s_3=p_1+p_2+p_3$$

即

$$-\mathrm{j}\sqrt{2}+\mathrm{j}\sqrt{2}+s_3=0+(-1)+(-2)$$

解得系统的第三个闭环极点 $s_3=-3$。

因系统有零值开环极点 p_1，所以 $\prod\limits_{j=1}^{n}p_j=0$，从而由式(4.35)可得

$$K_r=(-1)^3\prod_{r=1}^{3}s_r=(-1)^3\times(\mathrm{j}\sqrt{2})\times(-\mathrm{j}\sqrt{2})\times(-3)=6$$

由此可见，按照上述方法解得的临界开环根轨迹增益与例 4.3 中求得的结果一致。

10. 开环根轨迹增益 K_r

应用幅值条件式(4.9)确定与某一闭环极点 s_x 相对应的开环根轨迹增益 K_r 的值。由 s_x 处的幅值条件可得

$$|G(s)H(s)|=\frac{\prod\limits_{i=1}^{m}|s_x+z_i|}{\prod\limits_{j=1}^{n}|s_x+p_j|}=1$$

所以

$$K_r=\frac{\prod\limits_{j=1}^{n}|s_x+p_j|}{\prod\limits_{i=1}^{m}|s_x+z_i|} \tag{4.36}$$

若无开环零点，则开环增益为各开环极点到此闭环极点 s_x 距离之积，即

$$K_r=\prod_{j=1}^{n}|s_x+p_j| \tag{4.37}$$

【例 4.5】　已知控制系统的开环传递函数为

$$G(s)H(s)=\frac{K_r(s+2)}{s(s+3)(s^2+2s+2)}$$

试求系统的根轨迹。

【解】　系统有 4 个开环极点，$p_1=0$、$p_2=-3$、$p_{3,4}=-1\pm\mathrm{j}$；一个开环零点，$z_1=-2$。

(1) 确定根轨迹起点和终点。

$n=4,m=1$，因此系统根轨迹有 4 条分支。根轨迹起始于 4 个开环极点，终止于 $z_1=-2$ 和三个无穷远处的开环零点。

(2) 确定实轴上的根轨迹。

实轴上根轨迹的区段有 $(-\infty,-3]$ 和 $[-2,0]$。由于系统实轴上的零、极点是相间隔的，

所以没有分离点或会合点。

（3）确定根轨迹的渐近线。

根轨迹中有 3 条趋向无穷远处的开环零点（虚有的）。

渐近线与实轴的交点 σ_a 为

$$\sigma_a = \frac{[0+(-3)+(-1+j)+(-1-j)]-(-2)}{4-1} = -1$$

渐近线与正实轴的夹角 φ_a 为

$$\varphi_a = 60°,180°,300°$$

（4）确定开环复数极点的出射角 φ_p。

$$\varphi_p = \pm 180° + 45° - (26.6° + 90° + 135°) = -26.6°$$

（5）确定根轨迹与虚轴的交点。

令 $s=j\omega$，代入特征方程得

$$s^4 + 5s^3 + 8s^2 + 6s + K_r(s+2) = (j\omega)^4 + 5(j\omega)^3 + 8(j\omega)^2 + 6j\omega + K_r(j\omega+2) = 0$$

由实部和虚部为零，得

$$\begin{cases} \omega^4 - 8\omega^2 + 2K_r = 0 \\ -5\omega^3 + (6+K_r)\omega = 0 \end{cases}$$

解得 $\omega = \pm 1.61, K_r = 7$。

由以上这些即可绘制出系统的根轨迹，如图 4-2-4 所示。

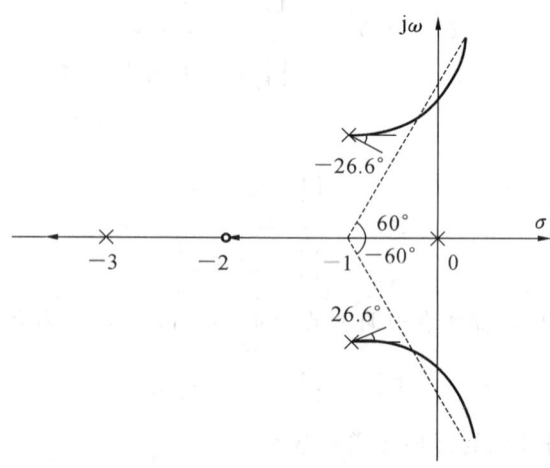

图 4-2-4 系统的根轨迹图

【例 4.6】 已知控制系统的开环传递函数为

$$G(s)H(s) = \frac{K_r(s+2)}{(s^2+4s+9)^2}$$

试求系统的根轨迹。

【解】 系统有 4 个开环极点，$p_{1,2,3,4} = -2 \pm j\sqrt{5}$；一个开环零点，$z_1 = -2$。

（1）确定根轨迹起点和终点。

$n=4, m=1$，因此系统根轨迹有 4 条分支。根轨迹起始于 4 个开环复数极点，但它们是重

极点,所以每个极点为两条根轨迹的起点,终止于 $z_1 = -2$ 和三个无穷远处的开环零点。

（2）确定实轴上的根轨迹。

实轴上根轨迹的区段为 $(-\infty, -2]$。

（3）确定根轨迹的渐近线。

根轨迹中有 3 条趋向无穷远处的开环零点(虚有的)。

渐近线与实轴的交点 σ_a 为

$$\sigma_a = \frac{[2 \times (-2 + j\sqrt{5}) + 2 \times (-2 - j\sqrt{5})] - (-2)}{4 - 1} = -2$$

渐近线与正实轴的夹角 φ_a 为

$$\varphi_a = 60°, 180°, 300°$$

（4）确定开环复数极点 p_1 的出射角 φ_p。

由于零点到 p_1 的方向为 90°,p_3 和 p_4 到 p_1 的方向角各为 90°,又因为极点 p_1 与 p_2 相重合,出射角也重叠,所以极点 p_1 的出射角为

$$2\varphi_p = \pm 180° + [90° - (90° + 90°)] = 90° \text{ 或} -270°$$

因此

$$\varphi_p = 45°, -135°$$

由于对称性,极点 p_3 和 p_4 的出射角为 $-45°, +135°$。

（5）确定根轨迹与实轴的会合点。

在实轴上 -2 的左侧有会合点。会合点与分离点的求解方法一致,即

$$X(s) = (s^2 + 4s + 9)^2, Y(s) = s + 2$$

根据

$$Y(s)X'(s) - Y'(s)X(s) = 0$$

解上式,得其根为

$$s_{1,2} = -2 \pm j\sqrt{5}, s_3 = -0.71, s_4 = -3.29$$

这表明重极点本身就是分离点。$s_4 = -3.29$ 是实轴上的会合点,$s_3 = -0.71$ 不在根轨迹上,应舍去。

（6）确定根轨迹与虚轴的交点及临界根轨迹增益 K_r。

将 $s = j\omega$,代入特征方程

$$(s^2 + 4s + 9)^2 + K_r(s + 2) = 0$$

整理后得

$$\begin{cases} \omega^4 - 34\omega^2 + 81 + 2K_r = 0 \\ -8\omega^3 + (72 + K_r)\omega = 0 \end{cases}$$

解方程得有用的解为

$$\omega = \pm\sqrt{21} = \pm 4.58, K_r = 96$$

所以根轨迹与虚轴的交点为 ± 4.58,临界开环增益为 $K_r = 96$。

由以上这些即可绘制出系统的根轨迹,如图 4-2-5 所示。

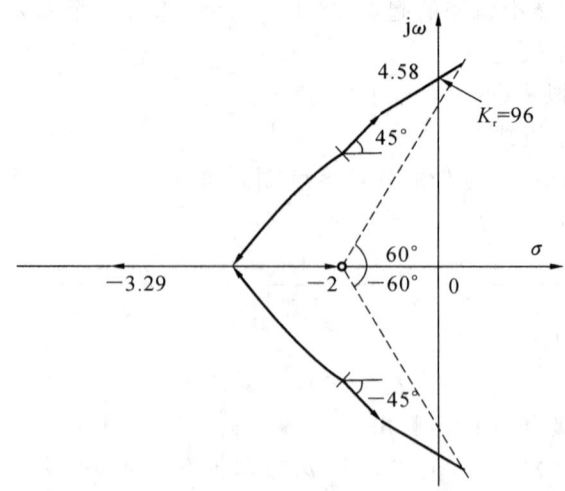

图 4-2-5　系统的根轨迹图

　　在实际系统中,经常遇见系统仅有两个开环极点和一个开环零点。这时根轨迹有可能是直线,也有可能是圆弧。可以证明,若根轨迹一旦离开实轴,必然会沿着圆弧移动,并且圆心位于开环零点上,半径为两个极点到零点的距离乘积的平方根。此结论可根据相角条件证明。

　　设系统的开环传递函数为

$$G(s)H(s) = \frac{K_r(s+z)}{(s+p_1)(s+p_2)} \tag{4.38}$$

此系统的典型根轨迹如图 4-2-6 所示。其中:圆心为开环零点 $(-z,0)$,半径为 $R = \sqrt{(p_1-z)(p_2-z)}$。

　　图 4-2-6(a)为两个开环极点是负实数的情况,图 4-2-6(b)为两个开环极点是共轭复数的情况,其半径计算更为简单,只取任意一个复极点与零点的距离即可。

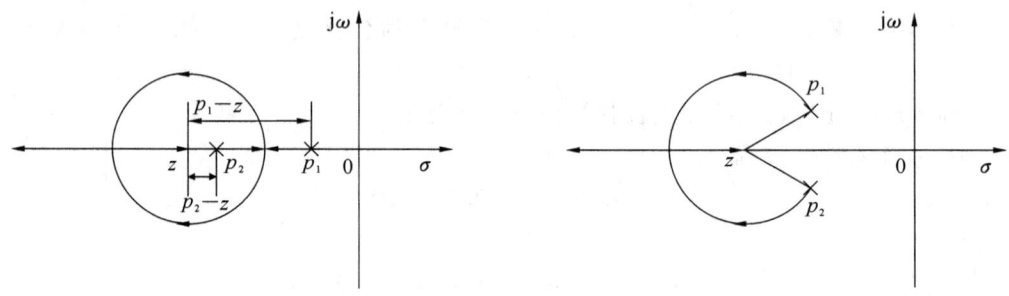

(a) 两个开环极点为负实数　　　　　　　　(b) 两个开环极点为共轭复数

图 4-2-6　系统的典型根轨迹图

　　【例 4.7】　已知系统的开环传递函数为

$$G(s)H(s) = \frac{K_r(s+2)}{s(s+1)}$$

试绘制该系统的根轨迹。

【解】 系统有两个极点和一个零点。其零点、极点分布如图 4-2-7 所示。

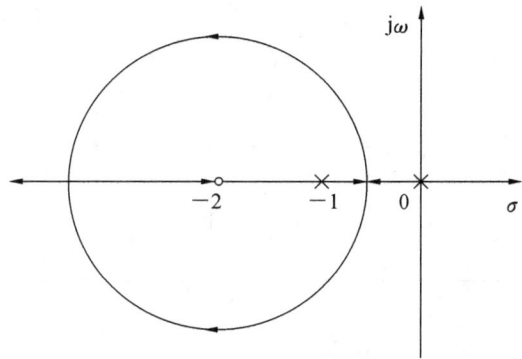

图 4-2-7　例 4.7 的根轨迹图

实轴根轨迹区间为 $(-\infty, -2]$ 以及 $[-1, 0]$，系统的根轨迹为圆，圆心为 $(-2, \mathrm{j}0)$。分离点为

$$(s+2)\frac{\mathrm{d}s(s+1)}{\mathrm{d}s} - \frac{\mathrm{d}(s+2)}{\mathrm{d}s}s(s+1) = 0$$

得

$$s_1 = -2 + \sqrt{2}, \quad s_2 = -2 - \sqrt{2}$$

所以圆的半径为

$$R = \sqrt{2}$$

表 4-2-1 给出了一些常见开环零、极点系统的根轨迹图。根轨迹的样式仅取决于开环极点和零点的相对位置。一旦有了应用根轨迹的经验，就可以根据各种零、极点分布作出的根轨迹图，较容易地对因开环极点和零点的数目和位置变化而造成的根轨迹变化做出判断。

表 4-2-1　常见开环零、极点系统的根轨迹图

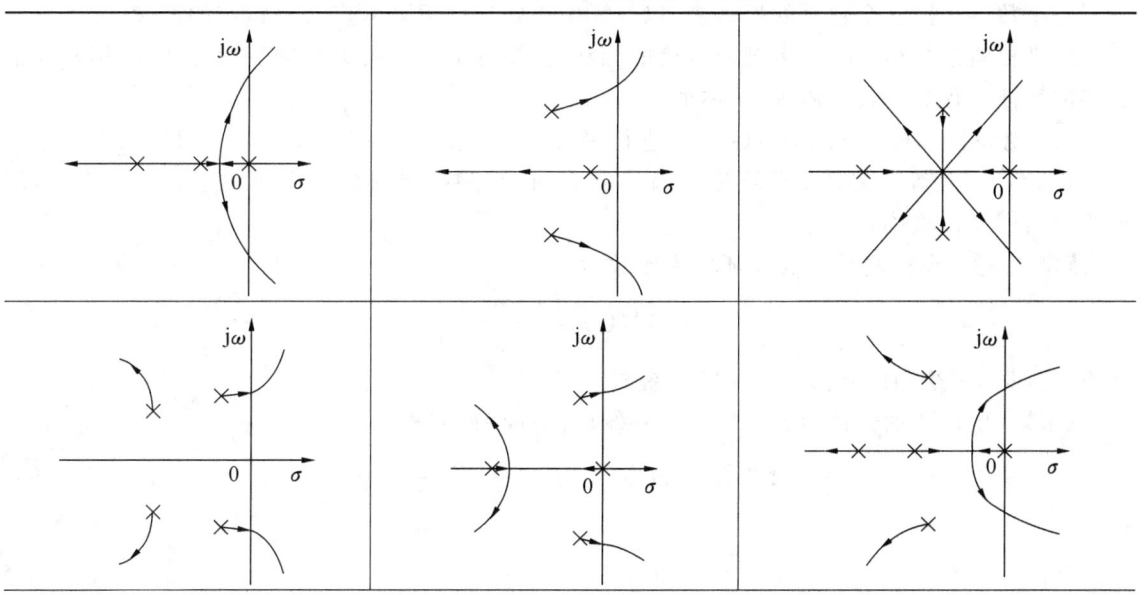

续表

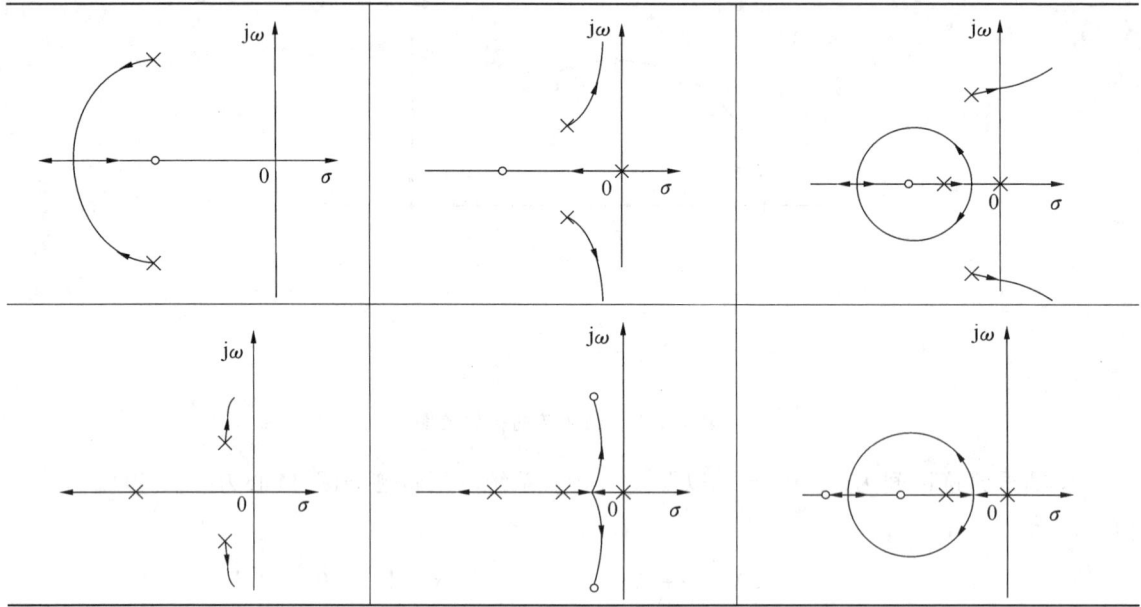

4.3　广义根轨迹

4.3.1　广义根轨迹的绘制

在控制系统中,通常把负反馈系统中随开环根轨迹增益 K_r 变化时的根轨迹称为常规根轨迹,而把系统其他情形下的根轨迹统称为广义根轨迹。如系统的参量根轨迹、开环传递函数中零点个数多于极点个数时的根轨迹,以及零度根轨迹等可列入广义根轨迹的范畴。

广义根轨迹的绘制基于常规根轨迹的画法,主要是通过特征方程的变形与转变,用常规根轨迹的特征方程的形式来体现,具体如下:

（1）对特征方程 $1+G(s)H(s)=0$ 进行等价变换,将其化为 $1+\rho G'(s)=0$ 形式;

（2）$G'(s)$ 是等效的系统开环传递函数,ρ 是可变参数,再根据常规根轨迹的绘制方法,即可绘制出广义根轨迹。

【例 4.8】　设控制系统的开环传递函数为

$$G(s)H(s) = \frac{K_r}{s(s+a)}$$

当 $K_r=4$ 时,试绘制以 a 为参变量的系统根轨迹。

【解】　由已知的开环传递函数可知系统的闭环特征方程为

$$1+G(s)H(s) = 1 + \frac{10}{s(s+a)} = 0 \tag{4.39a}$$

即

$$s^2 + as + 10 = 0 \tag{4.39b}$$

由于 a 为参变量,因而不能按照 $G(s)H(s)$ 的零、极点来绘制系统的根轨迹。为此,式(4.39b)可改写成如下形式:

$$1 + \frac{as}{s^2 + 10} = 0$$

显然所改形式与原闭环特征方程式(4.39a)的形式相同。其中 $\dfrac{as}{s^2 + 10}$ 为等效的开环传递函数,而 a 则相当于等效开环传递函数中的根轨迹增益。这样变换后就可按常规根轨迹的绘制方法,绘制出 a 由 0 趋近于 ∞ 时的根轨迹。

由劳斯稳定判据可得,只要参数 $a > 0$,则系统稳定。

系统的开环零、极点分别为

$$z_1 = 0,\ p_1 = j\sqrt{10},\ p_2 = -j\sqrt{10}$$

其渐近线为

$$\varphi_a = \pm \frac{(2q+1)}{n-m}180° = \pm 180°$$

故系统有一个开环零点、两个开环极点,因此根轨迹中的一段为圆弧,圆心为开环零点,半径为 $\sqrt{10}$。因此系统根轨迹如图 4-3-1 所示。

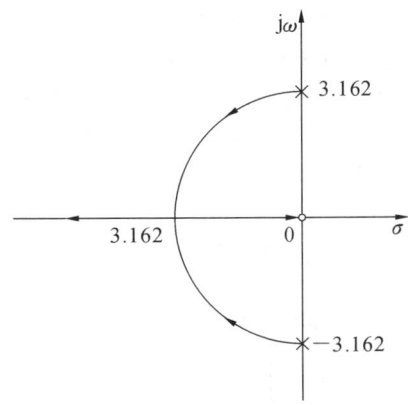

图 4-3-1　以 a 为参变量的根轨迹图

4.3.2　多回路系统的根轨迹绘制

前面介绍的都是单回路根轨迹的绘制,但在实际工程中常常会碰到结构复杂的多回路系统,为了分析局部闭环或其他参数对整个系统的影响,就需要解决多回路控制系统根轨迹绘制的问题。

绘制多回路系统的根轨迹的步骤:

(1) 根据局部闭环子系统的开环传递函数绘制其根轨迹,确定局部小闭环系统的极点分布;

(2) 由局部小闭环系统的零、极点和系统其他部分的零、极点组成整个多回路系统开环零、极点,绘制总系统的根轨迹。

多回路控制所研究的变量可能多于一个,可选定某个可变参数作上述等效变换,对于其余可变参数的每一组值,都可作出相应的参数根轨迹,这样获得的一簇根轨迹称为根轨迹簇。

【例4.9】 设一多回路控制系统的结构如图4-3-2所示,绘制系统关于参数 a 和放大系数 K 变化时的根轨迹图。

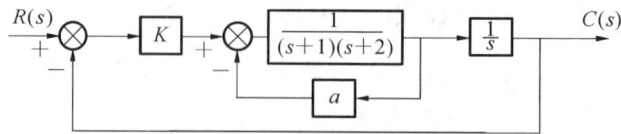

图4-3-2 多回路控制系统图

【解】 局部反馈回路系统的闭环传递函数为

$$M'(s) = \frac{1/[(s+1)(s+2)]}{1+a/[(s+1)(s+2)]} = \frac{1}{(s+1)(s+2)+a}$$

局部反馈回路闭环系统的特征方程为

$$(s+1)(s+2)+a = 0$$

进一步化为

$$1 + \frac{a}{(s+1)(s+2)} = 1 + aG'(s) = 0 \tag{4.40}$$

式(4.40)的 $G'(s)$ 为局部等效的开环传递函数。等效的开环传递函数有 $p_1 = -1$、$p_2 = -2$ 两个开环极点。当参数 a 由0趋近于∞时,局部反馈回路系统的根轨迹如图4-3-3所示。

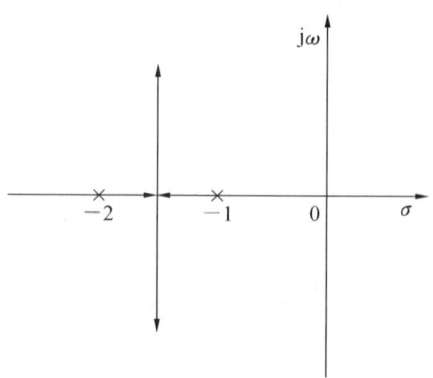

图4-3-3 局部反馈回路系统的根轨迹图

总系统的开环传递函数为

$$G(s) = KM'(s)/s = \frac{K}{s[(s+1)(s+2)+a]} \tag{4.41}$$

可见,系统有3个开环极点,其中2个是局部反馈回路系统的闭环极点。当 $a=2.5$ 时,局部反馈回路系统的两个闭环极点为

$$s_1' = -1.5 + \mathrm{j}1.5, \quad s_2' = -1.5 - \mathrm{j}1.5$$

所以局部反馈回路闭环系统的特征方程为

$$(s+1)(s+2)+a = (s+1.5-\mathrm{j}1.5)(s+1.5+\mathrm{j}1.5) = 0 \tag{4.42}$$

将式(4.42)代入式(4.41),得

$$G(s) = \frac{K}{s(s+1.5-j1.5)(s+1.5+j1.5)}$$

此时,总系统的三个开环极点分别为

$$p_1 = s_1' = -1.5 + j1.5, \quad p_2 = s_2' = -1.5 - j1.5, \quad p_3 = 0$$

当 $a=2.5$ 时,整个多回路系统的零、极点分布如图 4-3-4 所示。图中同时绘制出当 K 由 0 趋近于∞时的根轨迹。随着 K 的增大,整个多回路系统的振荡程度逐渐加剧,当 $K>13.5$ 时,系统就变得不稳定了。

当 $a \neq 2.5$ 而是等于其他数值时,可画出与其相应的另一组根轨迹,最终形成一簇根轨迹,如图 4-3-5 中虚线所示。

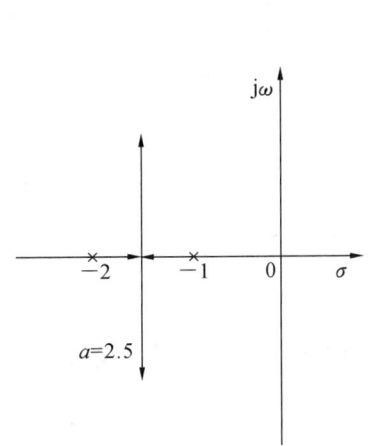

图 4-3-4　$a=2.5$ 时的系统零、极点分布

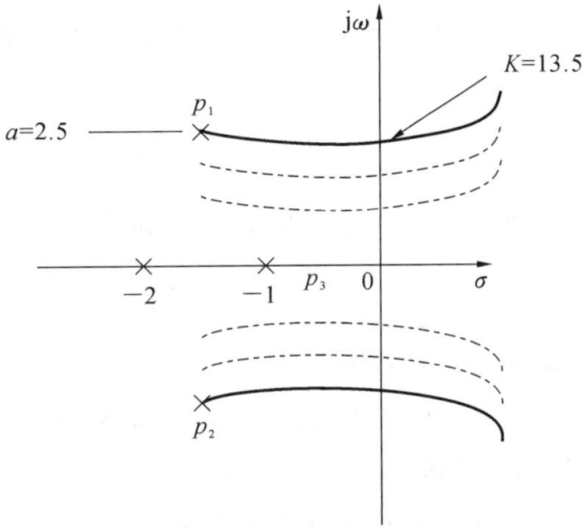

图 4-3-5　以 K、a 为参数的根轨迹图

4.3.3　正反馈内回路的根轨迹

在复杂的控制系统中,可能存在正反馈内回路,如图 4-3-6 所示,这种回路通常由外回路给予稳定。下面只研究正反馈内回路。

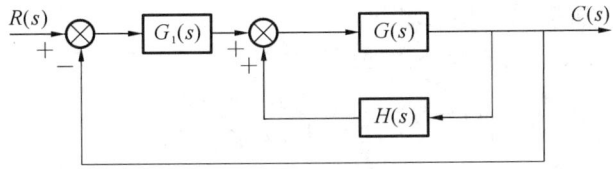

图 4-3-6　含有正反馈的控制系统

正反馈内回路的闭环传递函数为

$$\frac{C(s)}{R(s)} = \frac{G(s)}{1 - G(s)H(s)} \tag{4.43}$$

因此特征方程为

$$1 - G(s)H(s) = 0 \qquad (4.44)$$

由式(4.44)可知其幅值条件为

$$|G(s)H(s)| = 1 \qquad (4.45)$$

其相角条件为

$$\angle G(s)H(s) = \pm 180° \times 2q \qquad (q = 0,1,2,\cdots) \qquad (4.46)$$

显然,与负反馈系统的幅值条件和相角条件比较可知,两个系统的幅值条件相同,而相角条件不同。因为只有相角条件发生了变化,所以只需修改前面介绍的常规根轨迹绘制方法中与相角条件相关的规则即可绘制出正反馈系统的根轨迹。其中与相角条件相关的规则有 3 条,其余 7 条对正、负反馈都适用。具体需修改的 3 条规则如下:

1. 根轨迹的渐近线

① 渐近线与实轴的交点 σ_a 与常规根轨迹相同,仍为

$$\sigma_a = \frac{\sum_{j=1}^{n}(-p_j) - \sum_{i=1}^{m}(-z_i)}{n-m} \qquad (4.47)$$

② 渐近线与正实轴的夹角 φ_a 应为

$$\varphi_a = \pm \frac{2q}{n-m} \times 180° \qquad (q = 0,1,\cdots,n-m-1) \qquad (4.48)$$

2. 实轴上的根轨迹

实轴上任取一点,若其右侧开环零、极点个数的总数为偶数,则该点所在线段(或区间)构成实轴上的根轨迹。

3. 根轨迹的出射角和入射角

在开环复数极点处根轨迹的出射角为

$$\varphi_p = \sum \theta_z - \sum \theta_p \qquad (4.49)$$

在开环复数零点处根轨迹的入射角为

$$\varphi_i = -\left(\sum \theta_z - \sum \theta_p\right) \qquad (4.50)$$

式中:$\sum \theta_z$ 为所有开环复数零点对出射角或入射角所提供的相角之和;$\sum \theta_p$ 为所有开环复数极点对出射角或入射角所提供的相角之和。

【例 4.10】 设正反馈系统的开环传递函数为

$$G(s)H(s) = \frac{K_r(s+2)}{(s+3)(s^2+2s+2)}$$

试绘制 K_r 变化时的根轨迹。

【解】

(1) 在 s 平面上画出三个开环极点 $p_{1,2} = -1 \pm j$、$p_3 = -3$ 和一个开环零点 $z_1 = -2$。

当 $K_r = 0 \to \infty$ 时,闭环极点起始于开环极点,终止于开环零点(实际零点或无穷远处零点),这与负反馈系统的情况相同。

（2）确定实轴上的根轨迹。

在实轴上，根轨迹存在于 $[-2,+\infty]$ 以及 $(-\infty,-3]$ 区段上。

（3）确定根轨迹的渐近线。

渐近线与正实轴的夹角为

$$\varphi_a = \frac{\pm 360°q}{3-1} = \pm 180°(q=1)$$

这说明根轨迹渐近线位于实轴上。

（4）确定根轨迹的分离点。

系统的特征方程为

$$(s+3)(s^2+2s+2) - K(s+2) = 0$$

$$K = \frac{(s+3)(s^2+2s+2)}{(s+2)}$$

$$\frac{dK}{ds} = \frac{2s^3+11s^2+20s+10}{(s+2)^2} = 0$$

$$2s^3+11s^2+20s+10 = 2(s+0.8)(s^2+4.7s+6.24)$$
$$= 2(s+0.8)(s+2.35+j0.77)(s+2.35-j0.77)$$

经分析发现只有 $s=-0.8$ 位于根轨迹上，满足要求，其他两个不满足相角条件，不是分离点或会合点。

（5）确定根轨迹出射角和入射角。

开环复数极点 $p_1 = -1+j$ 处根轨迹的出射角为

$$\varphi_{p1} = \sum \theta_z - \sum \theta_p = 45° - 27° - 90° = -72°$$

开环复数极点 $p_2 = -1-j$ 处根轨迹的出射角为 $72°$。

由此作出给定正反馈系统的根轨迹图如图 4-3-7 所示。

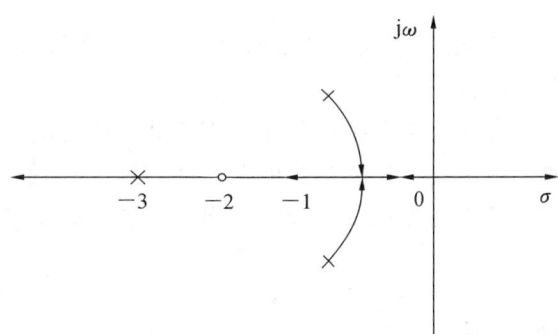

图 4-3-7　正反馈系统的根轨迹图

如果

$$K > \frac{(s+3)(s^2+2s+2)}{s+2}\bigg|_{s=0} = 3$$

此时，系统的一个实根进入右半 s 平面。因此，当 $K>3$ 时，系统转为不稳定。此时，系统必须借助于外回路加以稳定。

为了将正反馈根轨迹图与负反馈根轨迹图进行比较,在图 4-3-8 上绘制出负反馈系统的根轨迹。

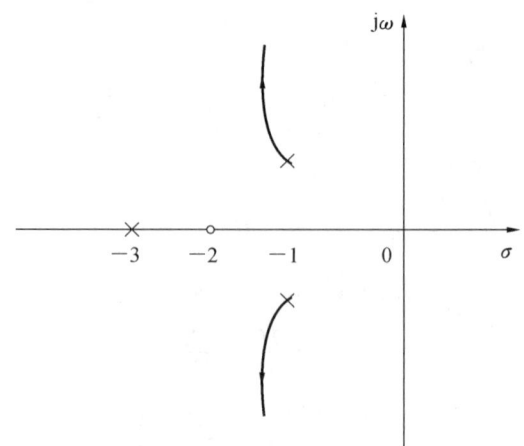

图 4-3-8　负反馈系统的根轨迹图

比较图 4-3-7 和图 4-3-8 可以知道正反馈根轨迹和负反馈根轨迹的区别如下:

(1) 实轴上负反馈系统的根轨迹没有经过的区段,恰好由相应的正反馈系统的根轨迹所填补;

(2) 在任一开环复数极点(或零点)处,正、负反馈系统根轨迹的出射角(或入射角)恰好相差 $180°$。

4.4　根轨迹的应用

第 3 章讨论了时域响应性能问题,这里从根轨迹方面分析系统性能,以便利用根轨迹的直观性选择满足系统响应性能的特征根。

自动控制系统的暂态性能是由闭环极点和闭环零点共同决定的。根轨迹上的闭环极点是随着参数的变化而变化的。由于实际控制系统的多样性,对响应性能的要求也不尽相同,多数控制系统总希望将闭环主导极点选择在复平面上适当的位置以获得较快的响应速度并具有较小的超调量。

4.4.1　分析系统的性能

在根轨迹图上可以确定闭环极点、分析系统的稳定性、计算系统的稳态性能和动态性能。

(1) 在根轨迹上确定闭环极点。

在根轨迹上确定闭环极点往往是先在一个分支上选好一个闭环极点,该点的 K_r 值是确定的,于是其余的闭环极点在各自分支上的位置随之而定。选择的闭环极点如能充当闭环主导极点,系统的响应性能将以闭环主导极点的模式为主。

（2）在根轨迹上分析系统的稳定性。

在根轨迹上可以直观地看出系统是否稳定。当开环增益 K_r 从 0 趋近于 ∞ 时，根轨迹均在 s 平面的左半部，那么系统是稳定的，如果根轨迹位于 s 平面的右半部，那么系统是不稳定的。

（3）在根轨迹上计算系统的稳态性能。

当开环传递函数有一个极点位于复平面 s 坐标原点时，该控制系统为 I 型系统，单位阶跃作用下的控制系统稳态误差为零，静态速度误差系数即为根轨迹上对应的值。如果给定了系统在单位速度信号作用下的稳态误差要求，则由根轨迹图可以确定闭环极点的允许范围。

（4）在根轨迹上计算系统的动态性能。

① 当根轨迹上的闭环极点为两个不相等的负实根时，系统呈过阻尼状态，阶跃响应为非周期过程。

② 当根轨迹上的闭环极点为两个相等的负实根时，系统呈临界阻尼状态。

③ 当根轨迹上的闭环极点为一对共轭复根时，系统呈欠阻尼状态，阶跃响应呈衰减振荡过程，且超调量将随着 K 值的增大而增大。

【例 4.11】　已知单位反馈系统的开环传递函数为

$$G(s) = \frac{K}{s(s+1)(s+3)}$$

试绘制该系统的根轨迹，并求取阻尼比 ζ 为 0.5 时的共轭闭环主导极点的和其他闭环极点，并估算此时系统的性能指标。

【解】　系统有 3 个开环极点，即 $p_1=0$、$p_2=-1$ 和 $p_3=-3$。

（1）绘制根轨迹。

实轴上根轨迹区段为 $(-\infty,-3]$ 和 $[-1,0]$，令

$$\frac{dK}{ds}=0$$

即

$$3s^2+8s+3=0$$

求解得到分离点为 $\sigma=-0.45$。进入复平面后沿着渐近线方向趋于无穷远，渐近线与实轴的交点为

$$\sigma_a = \frac{\sum_{i=1}^{n} p_i - \sum_{j=1}^{m} z_j}{n-m} = -\frac{0+1+3}{3-0} = -1.33$$

渐近线与实轴的夹角为

$$\varphi_a = \pm\frac{2q+1}{n-m}180° = \pm\frac{2q+1}{3-0}180° = \pm60° \qquad (q=0)$$

它们与虚轴的交点可以将特征方程中的 s 用 $j\omega$ 替代后计算出来，特征方程为

$$s^3+4s^2+3s+K_r=0$$

将 $s=j\omega$ 代入上式，得

$$-j\omega^3-4\omega^2+3j\omega+K_r=0$$

令虚部为 0，可以得到

$$-\omega^3+3\omega=0$$

解得 $\omega_1 = 0$，$\omega_{2,3} = \pm\sqrt{3}$，其中 $\omega_1 = 0$ 是根轨迹起始于 0 值的开环极点的角频率，$\omega_{2,3} = \pm\sqrt{3}$ 是根轨迹穿越虚轴的角频率。

令实部为 0，可以得到

$$-4\omega^2 + K_r = 0$$

代入 $\omega = \sqrt{3}$ 求得临界根轨迹放大系数为 $K_r = 12$。另一条根轨迹自实轴上的开环极点 $(-3, j0)$ 沿着实轴负方向趋于无穷远。系统根轨迹如图 4-4-1 所示。

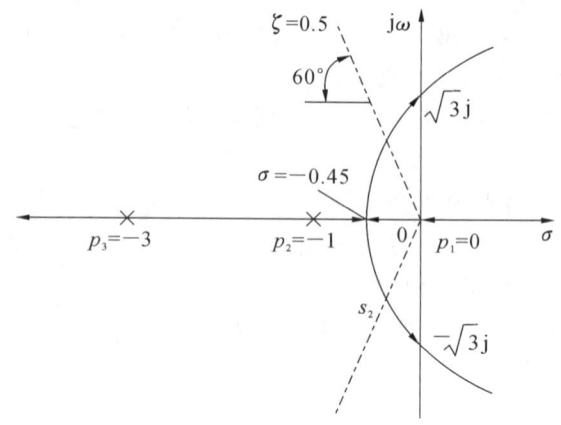

图 4-4-1 系统根轨迹图

（2）确定闭环主导极点。

作 $\zeta = 0.5$ 的阻尼线（$\theta = 60°$）交根轨迹于 s_1 点，得到 $s_1 = -0.37 + j0.64$，其共轭根为 $s_2 = -0.37 - j0.64$，另外一个特征根可以由规则 9 求出，即

$$s_1 + s_2 + s_3 = -4$$

解得 $s_3 = -3.26$，是 $(-\infty, -3]$ 分支上的点。该特征根到虚轴的距离与两个共轭复数极点到虚轴的距离之比为

$$A = \frac{3.26}{0.36} = 9.06$$

s_1，s_2 满足闭环主导极点的条件。由幅值条件可知，s_1 点对应的 K_r 值为

$$
\begin{aligned}
K_r &= |s_1 + p_1| \cdot |s_1 + p_2| \cdot |s_1 + p_3| \\
&= |-0.37 + j0.64| \cdot |-0.37 + j0.64 + 1| \cdot |-0.37 + j0.64 + 3| \\
&= 0.739 \times 0.898 \times 2.71 \\
&= 1.80
\end{aligned}
$$

（3）估算系统的性能指标。

将闭环主导极点 $s_{1,2}$ 当作二阶系统的极点来估算系统的性能指标。

自然振荡频率 ω_n 为

$$\omega_n = \sqrt{0.37^2 + 0.64^2} = 0.739$$

阶跃响应超调量为

$$\sigma_p\% = e^{-\zeta\pi/\sqrt{1-\zeta^2}} \times 100\% = e^{-0.5\pi/\sqrt{1-(0.5)^2}} \times 100\% = 16.3\%$$

调节时间为

$$t_s = \frac{3}{\zeta \omega_n} = \frac{3}{0.5 \times 0.78 \text{s}} = 7.7 \text{s} (\Delta = 5\%)$$

系统的稳态误差系数为

$$K_p = \lim_{s \to 0} G(s) = \lim_{s \to 0} \frac{K}{s(s+1)(s+3)} = \infty$$

$$K_v = \lim_{s \to 0} s G(s) = \frac{K}{3} = 0.6$$

$$K_a = \lim_{s \to 0} s^2 G(s) = 0$$

所以,系统在单位斜坡给定信号作用下的稳态误差为

$$e_{sr} = \frac{1}{K_v} = \frac{1}{0.6} = 1.67$$

系统的闭环传递函数可近似表示为

$$\Phi(s) = \frac{0.739^2}{s^2 + 2 \times 0.5 \times 0.739 s \times 0.739^2} = \frac{0.546}{s^2 + 0.739 s + 0.546}$$

由此可得系统的根轨迹图如图 4-4-1 所示。

4.4.2　闭环零、极点位置与系统瞬态响应的关系

控制系统的性能与闭环零极点的位置分布有直接的关系,系统的闭环零、极点位置与瞬态响应之间的关系可以归纳如下:

(1)系统的稳定性只取决于闭环极点在 s 平面的位置。若闭环极点位于左半 s 平面,则系统的瞬态响应呈收敛性,系统必定稳定。

(2)如果系统的闭环极点均为负实数,而且无闭环零点,则系统的瞬态响应一定为非振荡的,相应时间主要取决于距虚轴最近的闭环极点。离虚轴最近的闭环极点对系统的动态性能影响最大,起着决定性的主导作用。通常若其他极点离虚轴的距离比主导极点离虚轴的距离大 5 倍以上,而且附近也无闭环零点,则其他闭环极点对系统的瞬态响应可以忽略。

(3)如果系统具有一对主导复数极点,则系统的瞬态响应呈振荡性质,其超调量主要取决于主导极点的衰减率 $\zeta / \sqrt{1 - \zeta^2}$,并与其他零、极点接近坐标原点的程度有关,而调节时间主要取决于主导极点的实部 $\sigma = \zeta \omega_n$。

(4)如果除了一对主导复数极点之外,系统还具有若干实数零、极点,则实数零点的存在减小系统阻尼,使响应速度加快,超调量增加;实数极点的存在会增大系统的阻尼,使响应速度减慢,超调量减小。若要提高系统的快速性,则闭环极点均应远离虚轴,使得阶跃响应中的每个分量都衰减得更快。

(5)闭环零点可以削弱或抵消其附近闭环极点的作用。当某个零点与某个极点非常接近时,它们便称为一对偶极子。在一般情况下,偶极子对系统瞬态响应的影响可以忽略,但如果偶极子的位置接近坐标原点,其影响往往需要考虑,但这不会改变系统主导极点对系统的影响。

4.4.3 增加开环零点、开环极点对根轨迹的影响

控制系统的性能不仅与闭环极点的位置有关,而且与闭环零点的位置也紧密相关。当原系统的性能指标不能满足设计要求时,一般可通过增加位置适当的开环零点和开环极点来改变系统根轨迹的形状和走向,从而使系统性能也随之发生变化。因此,研究开环零、极点的变化对系统根轨迹产生的影响,具有十分重要的实际应用价值。

1. 增加开环零点对根轨迹的影响

一般情况下,增加系统的开环零点,相当于在根轨迹的相角条件中增加了一个正的相角,这将使系统的根轨迹向 s 平面左半部分移动,从而提高了系统的相对稳定性。

由绘制根轨迹的规则可知,增加一个开环零点,对系统的根轨迹有以下四点影响:

(1) 此开环零点改变了根轨迹在实轴上的分布;

(2) 此开环零点改变了根轨迹渐近线的条数、与实轴的角度及截距;

(3) 若增加的开环零点和某个极点重合或距离很近,则两者相互抵消。因此,可加入一个零点来抵消有损于系统性能的极点;

(4) 根轨迹曲线将向左偏移,有利于改善系统的动态性能,而且所加的零点越靠近虚轴则影响越大。

2. 增加开环极点对根轨迹的影响

若在开环传递函数中增加一个负实数的开环极点,则相当于在根轨迹的相角条件中增加了一个负的相角,从而导致系统的根轨迹形状向 s 平面的右半平面方向弯曲,这显然不利于系统的稳定性和动态性能的改善。

故增加一个开环极点,对系统根轨迹有以下四点影响:

(1) 同样此开环极点改变了根轨迹在实轴上的分布;

(2) 此开环极点改变了根轨迹渐近线的条数、与实轴的角度及截距;

(3) 改变了根轨迹的分支数;

(4) 根轨迹曲线将向右偏移,不利于改善系统的动态性能,而且所增加的极点越靠近虚轴,这种影响就越大。

【例 4.12】 已知某系统的开环传递函数为

$$G(s)H(s) = \frac{K_r}{s(s+1)}$$

若为该系统增加一个开环极点 -3,或增加一个开环零点 -3,试分别讨论对系统根轨迹的影响和对系统动态性能的影响。

【解】 根据根轨迹绘制的步骤,绘制出如图 4-4-2 的根轨迹图。

图 4-4-2(a)为原系统的根轨迹图,图 4-4-2(b)为增加开环极点后的开环传递函数的根轨迹图,其开环传递函数为

$$G(s)H(s) = \frac{K_r}{s(s+1)(s+3)}$$

图 4-4-2(c)为增加开环零点后的开环传递函数的根轨迹图,其开环传递函数为

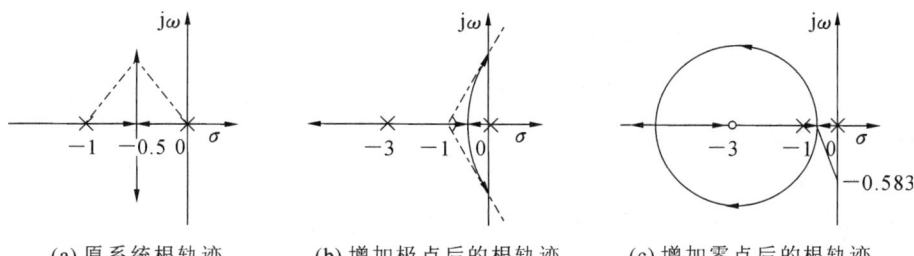

(a) 原系统根轨迹　　　(b) 增加极点后的根轨迹　　　(c) 增加零点后的根轨迹

图 4-4-2　增加零点或极点示意图

$$G(s)H(s) = \frac{K_r(s+3)}{s(s+1)}$$

比较图 4-4-2(a)、(b)、(c)三幅图,可见:

(1) 增加开环极点后,根轨迹及其分离点都向右偏移,而增加零点后使根轨迹及其分离点都向左偏移;

(2) 图 4-4-2(a)中,原来的二阶系统,当 K_r 从 0 增加至无穷大时,系统总是稳定的。而增加一个开环极点后的图 4-4-2(b)中,当 K_r 增加到一定程度时,有两条根轨迹跨越虚轴进入右半 s 平面,系统由原来的稳定系统变为不稳定系统;另外,当根轨迹在左半平面时,随着 K_r 的增大,阻尼角也随之增大,ζ 变小,振荡程度加剧,更何况特征根进一步靠近虚轴,衰减振荡过程变得很缓慢。总之,增加开环极点对系统的动态性能是不利的。

(3) 图 4-4-2(c)中,增加开环零点的结果恰恰相反,当 K_r 从 0 增加到无穷大时,根轨迹始终都在左半 s 平面,系统总是稳定的。随着 K_r 的增大,闭环极点由两个负实数变为共轭复数,然后再变为实数,相对稳定性比原来更好,阻尼比 ζ 更大。因此,系统的超调量变小,调节时间变短,动态性能有明显提高。所以,在工程中,常采用增加零点的方法对系统进行校正。

4.5　应用 MATLAB 进行根轨迹分析

通常,对于低阶、简单控制系统,利用根轨迹的基本绘制规则就可以绘制出准确度较高的系统根轨迹。但是,对于高阶、复杂控制系统,有时却只能描绘出系统根轨迹的大致走向,若要精确绘制,就需要花费大量的时间。利用 MATLAB 中的相关命令,不仅可以快速、精确地绘制系统的根轨迹图,而且更便于对系统进行控制性能的分析。

在 MATLAB 工具箱中,常用函数 rlocus()来绘制给定系统的根轨迹,其调用格式如下:

rlocus()或 rlocus(sys, K)

其中:sys 表示系统的数学模型,多采用传递函数模型或零、极点模型的表示形式;K 为用户自己选定的增益向量,即开环根轨迹增益的变化范围。当参变量 K 的变化范围给定时,MAT-LAB 将按给定的参数范围绘制根轨迹,否则自动按照 K 由 0 趋近于∞来绘制根轨迹。

4.5.1　绘制基本根轨迹图

在进行根轨迹绘制时,MATLAB 提供了函数 rlocus()来绘制系统的根轨迹图,其调用格式如下。

　　格式：rlocus(sys)

　　说明：sys 为闭环系统的开环传递函数 $G(s)$，此函数在当前窗口中绘制出闭环系统特征方程 $1+K_rG(s)=0$ 的根轨迹图。

　　格式：rlocus(sys,k)

　　说明：此命令可用指定的反馈增益向量 k 来绘制根轨迹图。

　　格式：$[r,k]$＝rlocus(sys)

　　说明：此命令只返回系统特征方程根位置的复数矩阵和相应的增益向量 k，而不绘制零极点图。

　　格式：rlocus(num,den)

　　说明：根据开环系统传递函数模型，直接在屏幕上绘制出系统的根轨迹图。开环增益的值从零趋近于无穷大。

　　格式：rlocus(num,den,k)

　　说明：通过指定开环增益 k 的变化范围来绘制系统的根轨迹图。

　　格式：$[r,k]$＝rlocus(num,den,k)

　　说明：不在屏幕上直接绘出系统的根轨迹图，而根据开环增益变化矢量 k，返回闭环系统特征方程 $1+k*num(s)/den(s)=0$ 的根 r，它有 length(k) 行，length(den)-1 列，每行对应某个 k 值时的所有闭环极点；或者同时返回 k 与 r。若给出传递函数描述系统的分子项 num 为负，则利用 rlocus 函数绘制的是系统的零度根轨迹（正反馈系统或非最小相位系统）。需要画出根轨迹图，用下列画图命令：plot(r,″)，画出了根轨迹。

　　要注意的一点是，因为增益是自动增加的，所以下面两个开环传递函数的根轨迹是相同的。

$$G(s)=\frac{K(s+2)}{(s+1)(s+4)(s+5)} \text{ 和 } G(s)=\frac{20K(s+2)}{(s+1)(s+4)(s+5)}$$

对于这两个系统，系统的 num 和 den 是完全相同的。

　　【例 4.13】　已知单位反馈控制系统的开环传递函数为

$$G(s)=\frac{K}{s(s+2)(s+4)}$$

试分别绘制出控制系统的根轨迹图，系统增加零点 $z=-6$ 后的根轨迹，增加极点 $p=-3$ 后的根轨迹，增加极点 $p=5$ 后的根轨迹。

　　【解】　输入如下指令，得到系统的根轨迹如图 4-5-1(a)所示。

```
>>z=[];
>>p=[0,-2,-4];
>>k=1;
>>sys=zpk(z,p,k);
>>rlocus(sys)
```

系统增加零点 $z=-6$ 后，输入如下指令，得到系统的根轨迹如图 4-5-1(b)所示。

```
>>z=[-6];
>>p=[0,-2,-4];
```

```
>>k=1;
>>sys=zpk(z,p,k);
>>rlocus(sys)
```

系统增加极点 $p=-3$ 后,输入如下指令,得到系统的根轨迹如图 4-5-1(c)所示。

```
>>z=[];
>>p=[0,-2,-3,-4];
>>k=1;
>>sys=zpk(z,p,k);
>>rlocus(sys)
```

系统增加极点 $p=5$ 后,输入如下指令,得到系统的根轨迹如图 4-5-1(d)所示。

```
>>z=[];
>>p=[0,-2,-4,5];
>>k=1;
>>sys=zpk(z,p,k);
>>rlocus(sys)
```

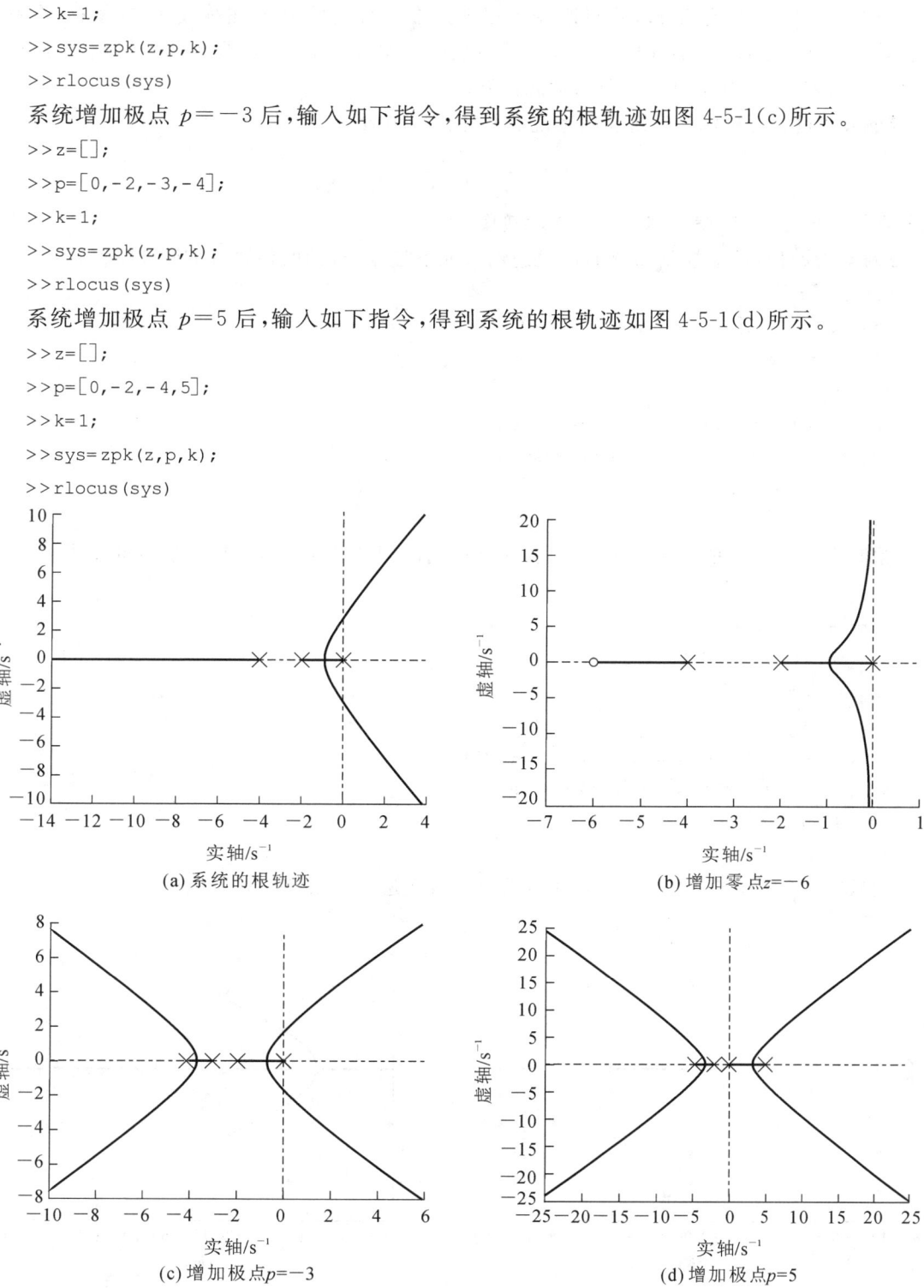

(a) 系统的根轨迹

(b) 增加零点 $z=-6$

(c) 增加极点 $p=-3$

(d) 增加极点 $p=5$

图 4-5-1　系统的根轨迹图

133

由图 4-5-1 可知:增加开环零点改变了根轨迹在实轴上的分布,根轨迹向左偏移,有利于改善系统的动态性能;增加开环极点改变了根轨迹在实轴上的分布,改变了根轨迹的分支数,根轨迹向右偏移,不利于改善系统的动态性能。

【例 4.14】 已知单位反馈控制系统的开环传递函数为

$$G(s) = \frac{K(s+2)}{(s+1)(s^2+4s+8)}$$

试分别绘制出正、负反馈控制系统的根轨迹图。

【解】 针对负反馈控制系统的根轨迹输入如下指令,得到的根轨迹如图 4-5-2 所示。

```
num=[12];
den=conv([11],[148]);
rlocus(num,den)
axis equal
set(findobj('marker','x'),'markersize',12);
set(findobj('marker','o'),'markersize',12);
v=[-40.5  -44];
axis(v);
```

绘制正反馈控制系统的根轨迹,只要在 num 前加上负号即可,得到的根轨迹如图 4-5-3 所示。

```
num=[- 1- 2];
den=conv([11],[148]);
rlocus(num,den)
axis equal
set(findobj('marker','x'),'markersize',12);
set(findobj('marker','o'),'markersize',12);
v=[-40.5  -44];
axis(v);
```

比较图 4-5-2 和图 4-5-3 就可以知道负反馈根轨迹和正反馈根轨迹的区别:

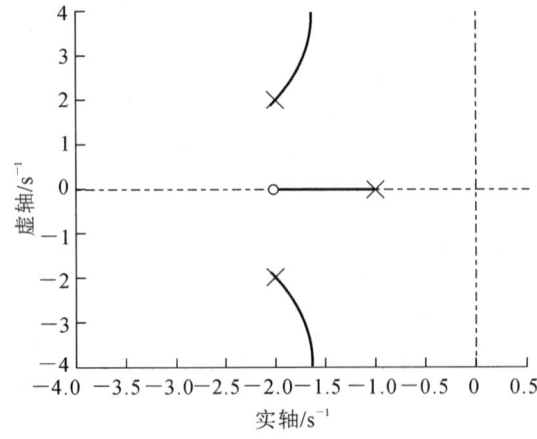

图 4-5-2　系统的负反馈根轨迹图

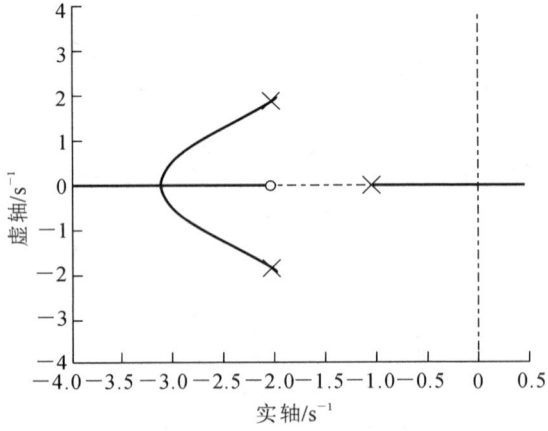

图 4-5-3　系统的正反馈根轨迹图

（1）实轴上负反馈控制系统的根轨迹没有经过的区段,恰好由相应的正反馈控制系统的根轨迹所填补。

（2）在任一开环复数极点（或零点）处,正、负反馈控制系统根轨迹的出射角（或入射角）恰好相差 $180°$。

【例 4.15】　已知单位负反馈控制系统的开环传递函数为

$$G(s) = \frac{K(s+1)}{s^2(s+a)}, a > 0, K > 0$$

当 $a = 10、9、8$ 和 1 时,试分别绘制出系统的根轨迹图。

【解】　输入如下指令:

```
fora=[10981];
Z=[-1];
P=[00-a];
K=1;
G(a)=zpk(z,p,k);
rlocus(G(a));
hold on
set(findobj('marker','x'),'markersize',8);
set(findobj('marker','x'),'linewidth',2);
set(findobj('marker','o'),'markersize',8);
set(findobj('marker','o'),'linewidth',2);
end;
sgrid;
```

得到系统的根轨迹如图 4-5-4 所示。

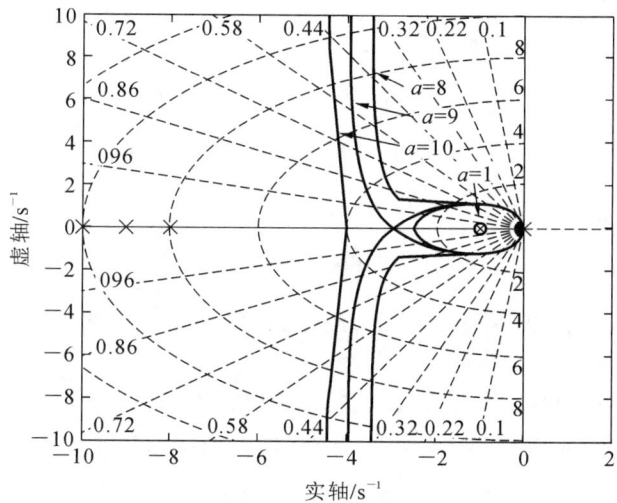

图 4-5-4　系统的根轨迹图

4.5.2　根轨迹分析系统性能

从第 3 章可知,系统的性能与阻尼比 ζ 和无阻尼自然振荡频率 ω_n 密切相关。一对共轭复数极点的阻尼比 ζ 可以用阻尼角来表示,即阻尼角 $\beta = \arccos\zeta$。阻尼比 ζ 是一些通过原点的径向直线,它可以确定极点的角位置,而极点与原点间的距离则由无阻尼自然振荡频率 ω_n 确定,定常 ω_n 轨迹是一些圆。MATLAB 提供了在根轨迹上画定常 ζ 和定常 ω_n 的命令。

格式:sgrid

sgrid(z, ω_n)

说明:sgrid 命令是在现存的屏幕根轨迹或零极点图上绘制出 $\zeta(z)$ 值和 ω_n 值所对应的格线。如果只需要一些特定的定常 ζ 线(如 $\zeta = 0.5$ 和 $\zeta = 0.707$)和特定的定常 ω_n 圆(如 $\omega_n = 0.5$、$\omega_n = 1$、$\omega_n = 3$),则可采用下列命令:

$$\text{sgrid}[0.5, 0.707], [0.5, 1, 3]$$

如果想略去全部的定常 ζ 线,或者全部的定常 ω_n 圆,则可以在命令 sgrid 的自变量中采用空括号[]。

例如,如果仅仅只要 $\zeta = 0.5$ 的定常阻尼比线,而不想把定常 ω_n 覆盖到该图上,则可以采用命令:

$$\text{sgrid}(0.5, [])$$

【例 4.16】　已知单位反馈控制系统的开环传递函数为

$$G(s) = \frac{K}{s^3 + 4s^2 + 10s}$$

试绘制出 ζ 分别为 0.5、0.707 和 ω_n 分别为 0.5、1、3 的根轨迹图。

【解】　输入如下指令:

```
num=1;
den=[14100];
rlocus(num,den);
V=[-63  -44];
axis(v);
axis equal
sgrid([0.50707],[0.513]);
set(findobj('marker','x'),'markersize',12);
set(findobj('marker','x'),'linewidth',2);
```

得到 ζ 分别为 0.5、0.707 和 ω_n 分别为 0.5、1、3 的根轨迹图,如图 4-5-5 所示。

另外,在闭环系统的 MATLAB 分析中,经常需要求根轨迹上任意点的增益 K 值,这可以通过采用如下命令实现:

$$[K, p] = \text{rlocfind}(\text{num}, \text{den})$$

说明:它要求屏幕上已经绘制好有关的根轨迹图,然后用此命令将产生一个光标,用来选择希望的闭环极点。命令执行结果:K 为对应选择点处的根轨迹开环增益;p 为此点处的系统闭环特征根。不带输出参数项 $[K, p]$ 时,同样可以执行,只是此时应将 K 的值返回到缺省变

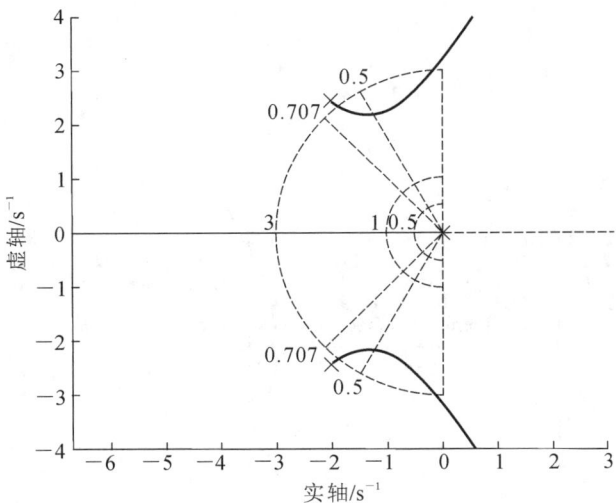

图 4-5-5　定常 ζ 和定常 ω_n 的根轨迹图

量 ans 中,如果选择的点不位于根轨迹上,则 rlocfind 命令也会给出这个选择点的坐标及这个选择点的增益值,以及相应于这个 K 值的闭环极点的位置。因为 s 平面上的每一个点都有一个增益值。

【例 4.17】　已知单位反馈系统的开环传递函数为

$$G(s) = \frac{K}{s(s+1)(0.5s+1)}$$

试用 MATLAB 语言绘制该系统的根轨迹,并求取阻尼比 $\zeta = 0.5$ 的共轭闭环主导极点和其他闭环极点,并估算此时系统的性能指标。

【解】　输入如下指令:

```
num=[1];
den=conv([10],conv([11],[0.51]));
rlocus(num,den);
set(findobj('marker','x'),'markersize',10);
set(findobj('marker','x'),'linewidth',1.5);
v=[-43  -33];axis(v);
axis equal
sgrid(0.5,[]);
[k₁,p₁]=rlocfind(num,den);
select a point in the graphics window
selected point=-0.3276+0.5714i
k₁=0.5136
p₁=-2.3311-0.3345+0.5734i
[k₂,p₂]=rlocfind(num,den); % 临界稳定时的增益与零极点
select a point in the graphics window
selected point=-0.0067+1.4068i
```

$k_2 = 2.9556$

$p_2 = -2.9919 - 0.0041 + 1.4056i$

得到如图 4-5-6 所示的系统根轨迹图。

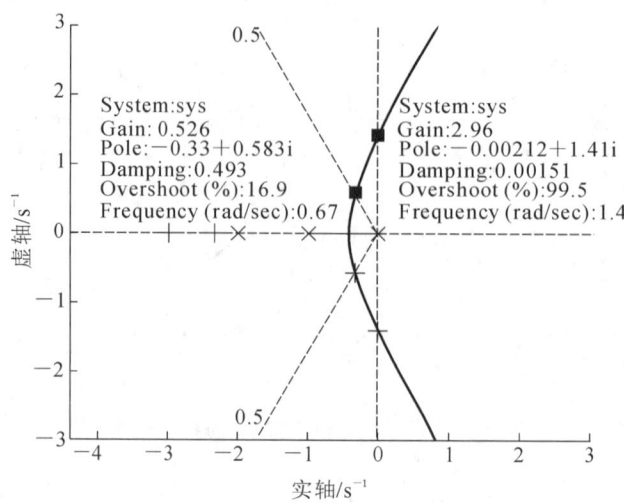

图 4-5-6　系统的根轨迹图

用该方法求得的结果与前面用解析法求得的结果很接近,但略有出入,因为我们不可能把鼠标精确地配置到根轨迹与直线 $\zeta = 0.5$ 的交点上。如果用鼠标右击根轨迹与直线 $\zeta = 0.5$ 的交点时,会出现此交点的动态性能指标。我们发现:

(1) 该点增益(Gain)为 0.526;

(2) 极点(Pole)位置为:$-0.33 + j0.583$;

(3) 阻尼比(Damping):0.493(因为鼠标难以精确对准,会出现偏差);

(4) 最大超调量(Overshoot(%)):16.9;

(5) 无阻尼自然振荡角频率(Frequency(rad/sec)):0.67。

两种方法并不矛盾,而是相互补充。因为直接用鼠标点击虽然快捷,也同时给出了系统的动态性能指标,但不能指出其余两个极点的值和位置。

系统临界稳定时的增益为 2.96,与虚轴相交于 j1.41 这点,所以系统稳定的增益范围为 $0 < K < 2.96$。若要想知道其余两个极点的位置,则输入 rlocfind 命令求得。

【例 4.18】　已知单位反馈系统的开环传递函数为

$$G(s) = \frac{K(0.25s + 1)}{s(0.5s + 1)}$$

试用 MATLAB 语言绘制该系统的根轨迹,并判断使闭环控制系统稳定的 K 的取值范围。

【解】　输入如下指令

```
num=[0.251];
den=conv([10],[0.51]);
sys=tf(num,den);
rlocus (sys)
```

得到如图 4-5-7 所示的系统根轨迹图。

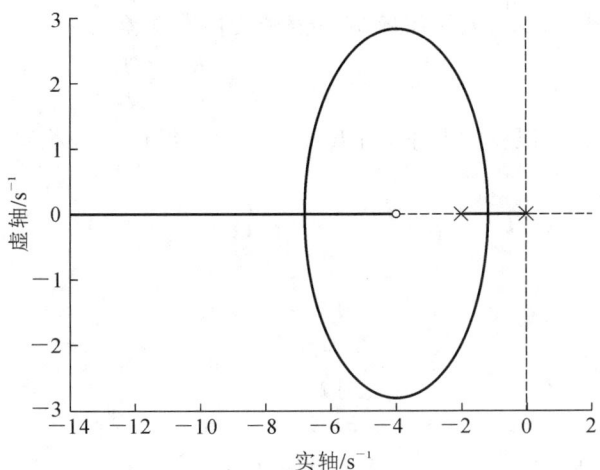

图 4-5-7　系统的根轨迹图

当参数 K 从 0 趋近于 ∞ 时,闭环系统根轨迹始终在 s 平面左侧,因此对应的闭环系统稳定。

4.6　应用案例

4.6.1　激光操纵控制系统

为了置入灵巧的人造关节,需要用激光在人体内钻孔。在应用激光进行外科手术时,激光操纵控制系统必须有高度精确的位置和速度响应。

【案例 4.1】　考虑如图 4-6-1 所示的系统,用直流电机来操纵激光,设电机参数选为励磁磁场时间常数 $T_1 = 0.1$ s,电机和载荷组合的时间常数 $T_2 = 0.2$ s。本案例的目的是利用根轨迹法分析增益 K 对激光操纵控制系统稳态性能的影响,并选择合适的增益 K,使系统响应斜坡输入 $r(t) = Rt$,其中,R 为斜坡输入的幅值,$R = 1$ mm/s 的稳态误差小于或等于 0.1 mm。

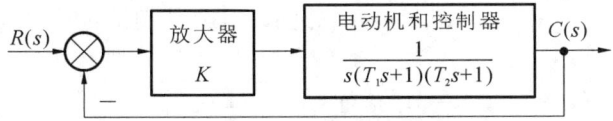

图 4-6-1　激光操纵控制系统结构图

【解】　系统的开环传递函数为

$$G(s) = \frac{K}{s(T_1 s + 1)(T_2 s + 1)} = \frac{K}{s(0.1s + 1)(0.2s + 1)}$$

当 K 变化时,激光操纵控制系统的根轨迹如图 4-6-2 所示。

系统的闭环传递函数为

$$\Phi(s) = \frac{K}{s(T_1 s + 1)(T_2 s + 1) + K} = \frac{5K}{s^3 + 15s^2 + 50s + 50K}$$

设输入斜坡信号 $r(t)=Rt$，则系统响应该信号的稳态误差为

$$e_{ss} = \lim_{s \to 0} s\Phi(s)R(s) = \frac{R}{K_v} = \frac{R}{K}$$

根据 $R=1\ mm/s$ 以及稳态误差的要求，则 $K \geqslant 10$。为了保证系统稳定，由系统的特征方程列写劳斯表，则

$$D(s) = s^3 + 15s^2 + 50s + 50K = 0$$

$$
\begin{array}{c|cc}
s^3 & 1 & 50 \\
s^2 & 15 & 50K \\
s^1 & \dfrac{750 - 50K}{15} & 0 \\
s^0 & 50K &
\end{array}
$$

因此，系统稳定的条件是 $0 \leqslant K \leqslant 15$。综上所述选取 $K=10$。

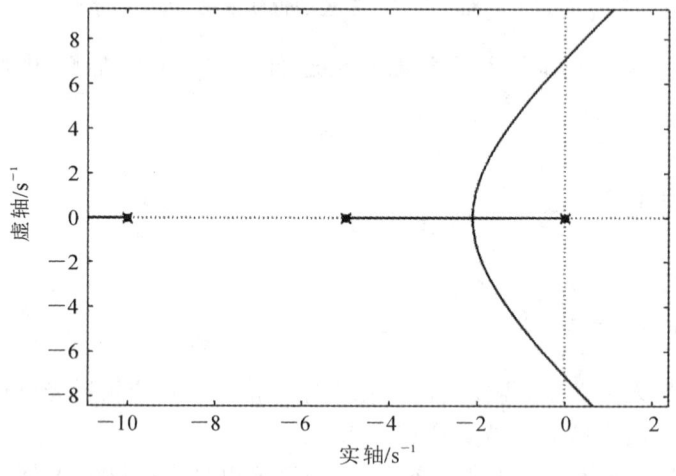

图 4-6-2　激光操纵控制系统的根轨迹图

由图 4-6-2 可见，系统有 3 条根轨迹，分离点为 -2.11。当 $K=10$ 时，对应的闭环特征根为

$$s_{1,2} = -0.509 \pm j5.96, \quad s_3 = -13.98$$

阻尼比

$$\zeta = 0.0851, \quad \zeta \omega_n = 0.509$$

由此可见，$s_{1,2}$ 可以认为是闭环主导极点。因此，系统可以近似认为是欠阻尼二阶系统，计算系统在单位阶跃输入下的超调量和调节时间分别为

$$\sigma\% = e^{-\frac{\zeta\pi}{\sqrt{1-\zeta^2}}} \times 100\% = 76.5\%, \quad t_s = \frac{3.5}{\zeta\omega_n} = 6.88s \quad (\Delta = 0.05)$$

4.6.2　自动焊接头控制系统

【案例 4.2】　工业上，自动焊接头需要进行精确的定位控制，图 4-6-3 为自动焊接头控制系统结构图。图 4-6-3 中，K_1 为放大器增益，K_2 为测速反馈增益。

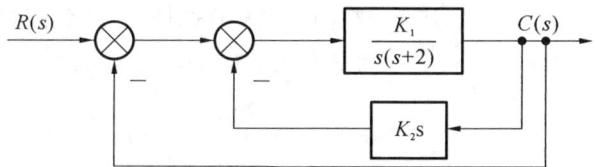

$$R(s) \quad \frac{K_1}{s(s+2)} \quad C(s)$$

$$K_2 s$$

图 4-6-3 自动焊接头控制系统结构图

本案例的目的是用根轨迹法分析参数 K_1 与 K_2 的变化对系统性能的影响,并选择合适的参数 K_1 与 K_2,使系统满足如下性能指标。

(1) 系统对斜坡输入响应的稳态误差 $\leqslant$ 斜坡幅值的 35%。

(2) 系统主导极点的阻尼比 $\zeta \geqslant 0.707$。

(3) 系统阶跃响应的调节时间 $t_s \leqslant 3s(\Delta = 2\%)$。

【解】 由图 4-6-3 知,系统开环传递函数为

$$G(s) = \frac{K_1}{s(s + 2 + K_1 K_2)}$$

显然,该系统为 I 型系统,在斜坡输入作用下,存在稳态误差。系统的误差信号为

$$E(s) = \frac{R(s)}{1 + G(s)} = \frac{s(s + 2 + K_1 K_2)}{s^2 + (2 + K_1 K_2)s + K_1} R(s)$$

令

$$R(s) = R/s^2$$

则稳态误差为

$$e_{ss} = \lim_{t \to \infty} e(t) = \lim_{s \to 0} sE(s) = \frac{2 + K_1 K_2}{K_1} R$$

根据系统对稳态误差的性能指标要求,K_1 与 K_2 的选取应满足如下要求:

$$\frac{e_{ss}}{R} = \frac{2 + K_1 K_2}{K_1} \leqslant 0.35$$

此式表明,为了获得较小的稳态误差,应该选择小的 K_2 值。根据系统对主导极点的阻尼比要求,系统的闭环极点应位于 s 平面上 $\zeta = 0.707$ 的 $+45°$ 和 $-45°$ 斜线之间;再由对系统调节时间的指标要求可知,主导极点实部的绝对值应满足:

$$t_s = \frac{4.4}{\zeta \omega_n} \leqslant 3s$$

因此有

$$\zeta \omega_n \geqslant 1.47$$

于是,满足设计指标要求的闭环极点应全部位于图 4-6-4 所示的扇形区域内。

设待定参数 $\alpha = K_1, \beta = K_1 K_2$,则闭环特征方程为

$$D(s) = s^2 + (2 + K_1 K_2)s + K_1 = s^2 + 2s + \beta s + \alpha = 0$$

首先考虑参数 $\alpha = K_1$ 的选择。令 $\beta = 0$,则 α 变化时的根轨迹方程为

$$1 + \frac{\alpha}{s(s+2)} = 0$$

令 α 从 0 趋近于 ∞,其根轨迹如图 4-6-5(a) 所示。利用根值条件,在图 4-6-5(a) 中试取 $K_1 = \alpha = 20$,其对应的闭环极点为 $-1 \pm j4.36$,于是参数 $\beta = 20K_2$。

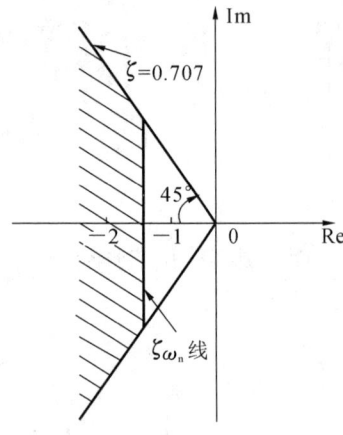

图 4-6-4 闭环极点的可行区域

其次，考虑参数 β 的选择。在闭环特征方程 $D(s)=0$ 中，代入 $\alpha=20$，则 β 变化时的根轨迹方程为

$$1 + \frac{\beta s}{s^2 + 2s + 20} = 0$$

即

$$1 + \beta \frac{s}{(s+1+j4.36)(s+1-j4.36)} = 0$$

令 β 从 0 趋近于 ∞，其根轨迹如图 4-6-5(b) 所示。

由图 4-6-5(b) 可见，分离点坐标为 $(-4.47,0)$。当取根值条件 $\beta=4.33=20K_2$，即 $K_2=0.2165$ 时，得到满足阻尼比 $\zeta=0.707$ 的闭环主导极点 $s_{1,2}=-3.15\pm j3.15$，则其决定的调节时间为

$$t_s = \frac{4.4}{\zeta\omega_n} = 1.47 < 3 \quad (\Delta = 2\%)$$

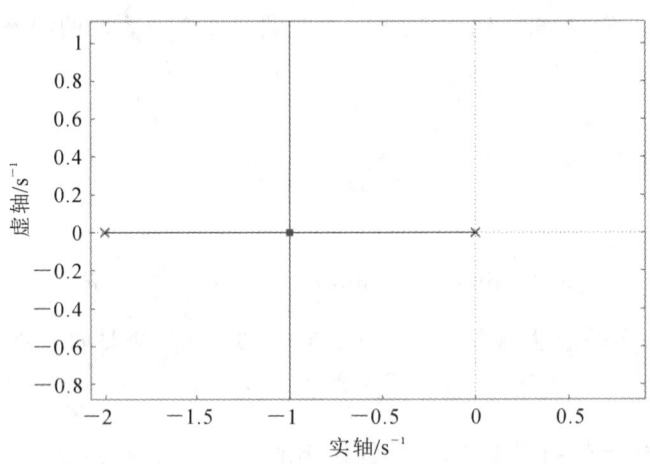

(a) $\alpha(\alpha=K_1)$ 从 0 趋近于 ∞ 时的根轨迹

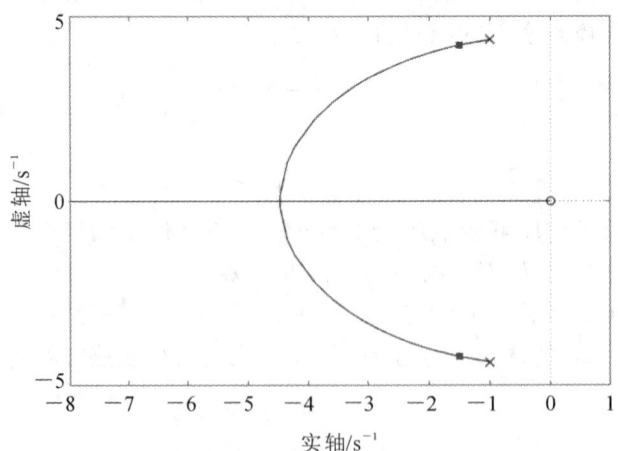

(b) $\beta(\beta=20K_2)$ 从 0 趋近于 ∞ 时的根轨迹

图 4-6-5 自动焊接头控制系统的根轨迹

相应的稳态误差值为

$$\frac{e_{ss}}{R} = \frac{2 + K_1 K_2}{K_1} = \frac{2 + \beta}{\alpha} = 0.3156 < 0.35$$

综上所述,选择 $K_1 = 20, K_2 = 0.2165$,则系统的单位阶跃响应和单位斜坡响应分别如图 4-6-6(a) 和图 4-6-6(b) 所示。

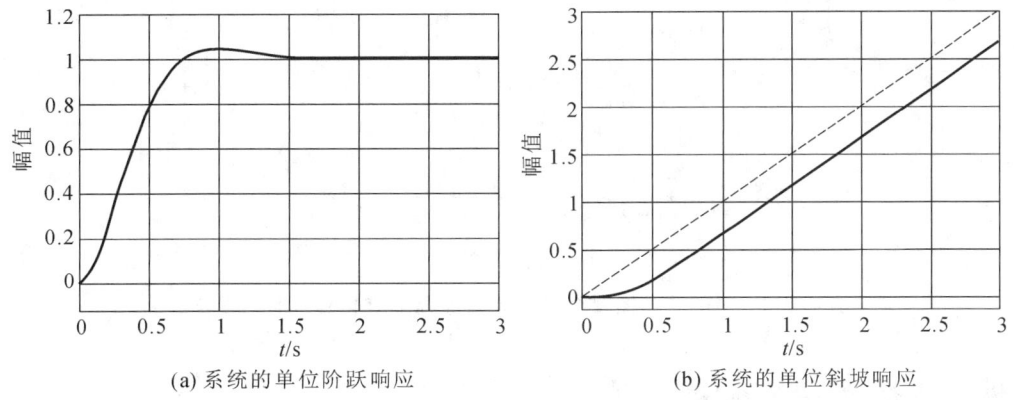

(a) 系统的单位阶跃响应　　　　　　　(b) 系统的单位斜坡响应

图 4-6-6　自动焊接头控制系统的时间响应

4.6.3　船舶航向控制系统

【案例 4.3】　船舶航向控制系统结构图如图 4-6-7 所示。图 4-6-7 中,$C(s)$ 为实际的航向,$R(s)$ 为给定的航向,$N(s)$ 为影响航向的扰动因素。设控制器 $G_c(s) = K$。本案例的目的是用根轨迹法分析参数 K 变化时船舶航向控制系统的根轨迹,并求出系统主导极点在阻尼比 $\zeta = 0.4$ 时的闭环极点,以及使系统稳定的参数 K 的范围。

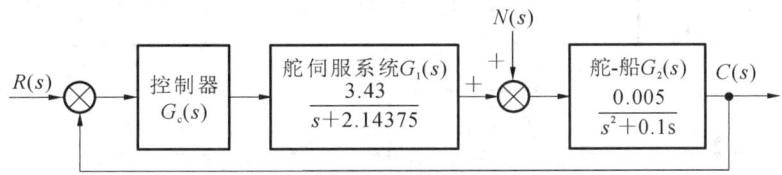

图 4-6-7　船舶航向控制系统结构图

【解】　闭环特征方程为

$$D(s) = 1 + \frac{0.01715K}{s(s + 0.1)(s + 2.14375)} = 0$$

则根轨迹方程为

$$G(s) = \frac{0.01715K}{s(s + 0.1)(s + 2.14375)}$$

令 $k = 0.01715K$,则 K 从 0 趋近于 ∞ 时的系统根轨迹如图 4-6-8 所示。

由图 4-6-8 可见,该系统的闭环主导极点在阻尼比 $\zeta = 0.4$ 时的闭环极点为 $-0.0464 \pm$ j0.106。当 $k = 0.01715K$,$k = 0.448$ 时,系统稳定,此时 $K = 26.12$。

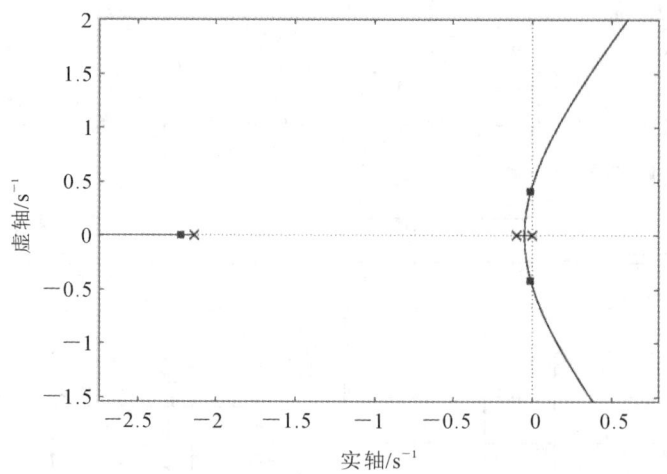

图 4-6-8 船舶航向控制系统当参数 K 从 0 变化到 ∞ 时的根轨迹

4.6.4 船舶横摇减摇鳍控制系统

【案例 4.4】 船舶横摇减摇鳍控制系统结构图如图 4-6-9 所示。图 4-6-9 中：$R(s)$ 为预期的横摇角，通常设 $R(s)=0$；$C(s)$ 为实际的横摇角；$N(s)$ 为影响横摇角的扰动因素。为分析简便，本案例中采用比例控制器。本案例的目的是分析参数 K_p 从 0 变化到 ∞ 时的系统根轨迹。

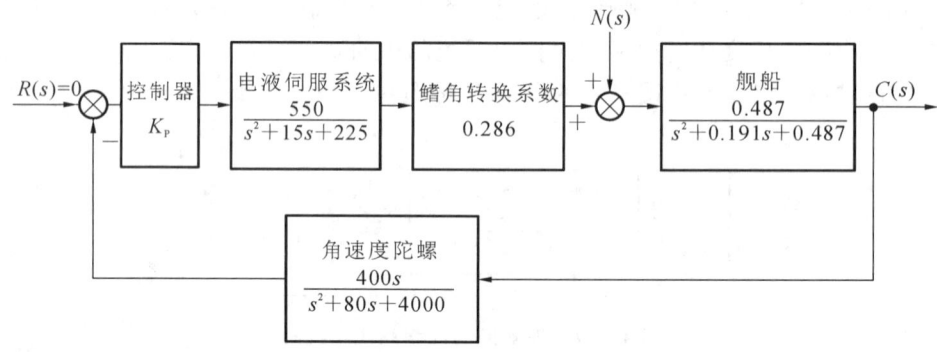

图 4-6-9 船舶横摇减摇鳍控制系统结构图

【解】 由图 4-6-9 可知，系统的开环传递函数为

$$G(s) = \frac{30642.04 K_p s}{(s^2 + 15s + 225)(s^2 + 0.191s + 0.487)(s^2 + 80s + 4000)}$$

则开环系统的零点、极点分布图如图 4-6-10 所示。

令 $K=30642.04 K_p$，则当 K_p 从 0 趋近于 ∞ 时，可绘出 K 从 0 变化到 ∞ 时系统的根轨迹图如图 4-6-11 和图 4-6-12 所示。

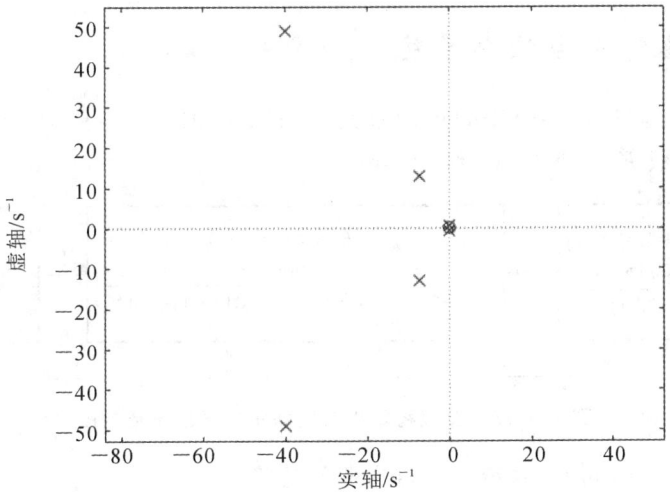

图 4-6-10　船舶横摇减摇鳍开环系统的零点、极点分布图

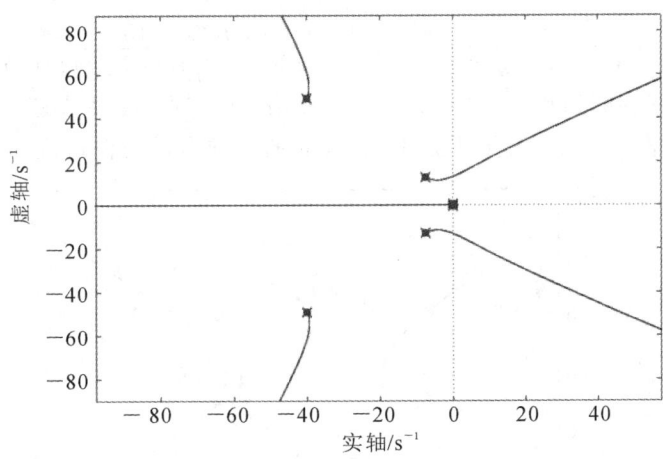

图 4-6-11　船舶横摇减摇鳍控制系统的根轨迹图

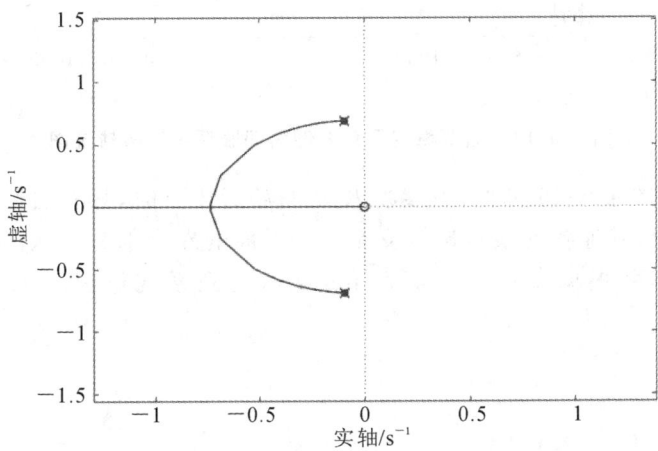

图 4-6-12　船舶横摇减摇鳍控制系统根轨迹图中虚轴附近的根轨迹图

145

4.6.5　船载稳定平台控制系统

【**案例 4.5**】　船载稳定平台俯仰角伺服系统结构图如图 4-6-13 所示。本案例的目的是用根轨迹法分析参数 K 的变化对系统的影响。

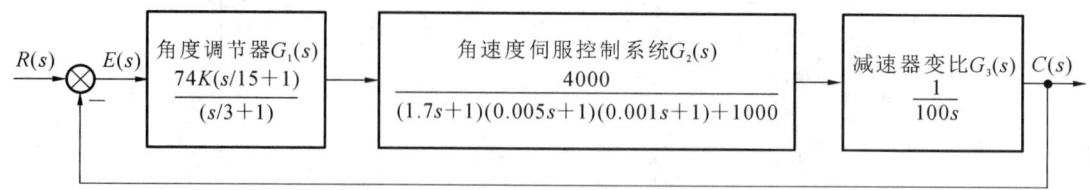

图 4-6-13　船载稳定平台俯仰角伺服系统结构图

【**解**】　由图 4-6-13 可知，系统开环传递函数为

$$G(s) = \frac{2960K(s/15+1)}{s(s/3+1)\left[(1.7s+1)(0.005s+1)(0.001s+1)+100\right]}$$

$$= \frac{69643487.46911K(s+15)}{s(s+3)\left[(s+0.588)(s+200)(s+1000)+11764705.88\right]}$$

令 $k = 69643487.46911K$。当参数 k 从 0 变化到 ∞ 时，其根轨迹图如图 4-6-14 和图 4-6-15 所示。其中，图 4-6-15 为图 4-6-14 放大后的虚轴附近的根轨迹图。

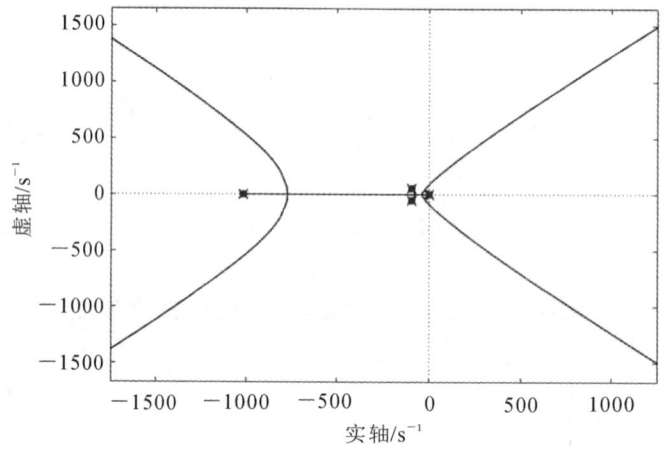

图 4-6-14　船载稳定平台俯仰角伺服系统的根轨迹图

由图 4-6-14 和图 4-6-15 可见，当参数 K 从 0 趋近于 ∞ 时，只有右侧的两支根轨迹延伸至 s 平面的右半部分，其他各支根轨迹分支都在 s 平面的左半部分。从图中读出根轨迹与虚轴交点处的参数值，并根据 $k = 69643487.46911K$，得到系统稳定的 K 值范围是 $0 < K < 21.39$。

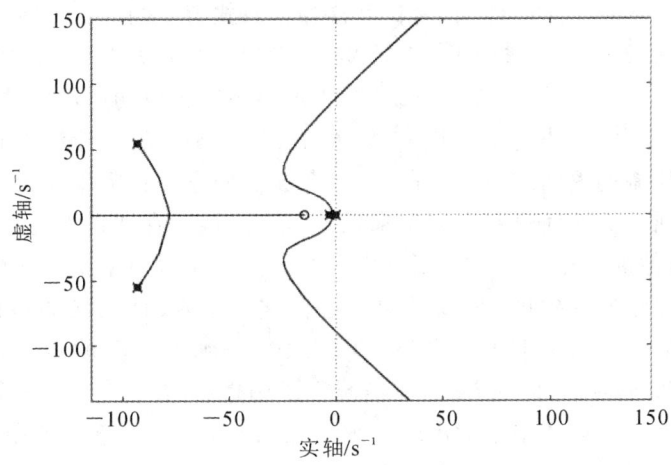

图 4-6-15   船载稳定平台俯仰角伺服系统根轨迹图中虚轴附近的根轨迹图

4.7   思政融合——"卓越人物"

关键词：报国之志，科学家精神

杨嘉墀，著名自动化和空间技术专家，中国科学院院士、国际宇航科学院院士，我国自动化与控制技术的主要开拓者之一。曾任中国空间技术研究院副院长，航天工业部总工程师，航空航天部科技委顾问等职务。先后荣获国家科技进步奖特等奖，何梁何利基金科学与技术进步奖。2003 年国际小行星中心将编号为"11637"号的小行星永久命名为"杨嘉墀星"。

杨嘉墀考入上海交通大学后不足一月，上海沦陷，学校被迫搬入法租界。他的大学四年是在外国租界度过的，也正是这段经历，才造就了他满怀报国之志的赤子之心。毕业后多年的实践工作让杨嘉墀深刻体会到中国与发达国家工业水平之间的巨大差距，认识到只有依靠科技和实业的进步才能改变国家积贫积弱的现状，他下定决心前往美国学习先进的技术和知识。1947 年，杨嘉墀来到了美国，他仅用两年时间就获得哈佛大学硕士和博士学位。读书期间，杨嘉墀积极参加"留美科协"的各种活动，他们经常聚在一起讨论国内局势的新进展。当中华人民共和国成立的消息传到美国时，杨嘉墀和大多数的爱国留学生一样，感到中国有了新的希望，迫不及待地想要回到祖国的怀抱，为国效力。

1950 年，麦卡锡主义的泛滥和朝鲜战争的爆发，促使美国政府以维护国家安全为借口禁止中国留学生回国。归国之路被阻断了，但杨嘉墀那颗炽热的爱国心始终坚定，他拒绝了成为"美国公民"的诱惑，暗中通过各种渠道收集祖国的消息，无时无刻不在关心祖国发生的变化。当时有很多国际友人给他介绍前往其他国家工作的机会，对此，杨嘉墀总是坚定地回复："我要回中国工作，那里是我的家。"

早在 20 世纪 60 年代初，杨嘉墀就开始注意跟踪国外空间技术的发展动向，他结合美苏返回式卫星、载人飞船的相关信息，开展了有预见性的卫星控制理论研究。他坚持卫星上天前必须充分进行地面仿真模拟实验，并亲自带队进行了三次大型模拟实验，对姿态控制系统的参数优化和可靠性的验证起到了关键作用,为日后首颗返回式卫星的成功回收奠定了基础。

我国第一颗返回式卫星于 1975 年 11 月 26 日发射后,也曾遇到过意想不到的惊险场面。杨嘉墀主持研制的"三轴稳定姿态控制系统"是决定卫星能否成功返回的关键所在。卫星入轨后突然出现氮气压力下降过快的紧急状况,如果气压下降是因氮气泄漏引起的话,靠喷气产生反作用力实现姿态控制的返回式卫星,有可能永远无法回家。在紧急商讨中,多数科学家认为应当让卫星提前返回,"提前回家总比回不来强"。这时,钱学森把目光转向了正在一旁埋头计算的杨嘉墀,想听听他的意见。杨嘉墀用沉稳的语调分析说:"根据我的计算判断,气压降低是地面和外太空的悬殊温差导致的,过段时间就会稳定下来,我认为实验可以按原计划继续进行。"一向决策有度的钱学森经过再三思考,果断决定采纳杨嘉墀的意见,让卫星再"飞一会儿"。11 月 29 日,"太空游子"成功着陆,完美履行了杨嘉墀"在轨三天"的设计,标志着我国成为世界上第三个掌握卫星返回技术的国家。那一天,钱学森对身旁的杨嘉墀说了四个字:"控制有功。"

中国科学院院士杨嘉墀

本 章 小 结

根轨迹是通过开环传递函数用图示的方法直观地表示出系统闭环极点的分布情况,从而能够更容易地分析控制系统的稳态性能与动态性能,还能直观地看出系统性能与传递函数的极点、零点在 s 平面上的分布位置有密切关系。本章主要介绍了根轨迹的概念、根轨迹的基本绘图规则、根轨迹的分析性能及 MATLAB 环境下根轨迹的画法。

(1) 根轨迹是指当系统中的某个变量从 0 趋近于 ∞ 时闭环特征根在 s 平面上移动的轨迹。而根轨迹法就是求解闭环系统特征根的一种图解求根法。

(2) 当系统开环传递函数零、极点已知时,根据由闭环特征方程得到的相角条件和幅值条件,依据绘制常规根轨迹的规则,即可比较简便地绘制出根轨迹的大致形状。

(3) 利用绘制出的根轨迹可以确定系统闭环极点以及对系统动态性能的影响,还可以分析增加开环零点、开环极点和开环偶极子对控制系统的影响。

(4) 绘制广义根轨迹时,需要把特征方程化为与常规根轨迹特征方程类似的形式,使可变参数处于与常规根轨迹方程的开环根轨迹增益的位置上,就可用常规根轨迹的规则绘制出广义根轨迹。

（5）当系统中存在局部正反馈回路时,特征方程和相角条件发生变化,这时绘制根轨迹需要修改与相角条件有关的规则。

（6）在 MATLAB 环境下,使用 MATLAB 语句绘制根轨迹减少了大量的计算,可以方便地绘制出系统开环零极点位置、系统的根轨迹、定常 ζ 轨迹和定常 ω_n 轨迹、确定根轨迹上任意点的开环根轨迹增益 K_r 值。

习　题

4-1　思考与回答下述问题:

（1）什么是根轨迹? 根轨迹分析有何意义与作用?

（2）在绘制根轨迹时,如何运用幅值条件与相角条件?

（3）总结增加开环零、极点对系统根轨迹的影响,归纳系统需要增加开环零、极点的情况。

4-2　已知负反馈系统的开环传递函数为

（1）$G(s)H(s)=\dfrac{K_r}{s(s+2)(s+4)}$

（2）$G(s)H(s)=\dfrac{K_r}{(s+2)^2(s+4)}$

（3）$G(s)H(s)=\dfrac{K_r(s+3)}{s(s+2)(s+4)}$

（4）$G(s)H(s)=\dfrac{K_r(s+2)}{s(s^2+2s+2)}$

试绘制各系统的根轨迹图。

4-3　已知负反馈系统的开环传递函数为

$$G(s)H(s)=\frac{K_r(s+T)}{s^2(s+2)}$$

试求 $K=1$ 时,以 T 为参变量的根轨迹图。

4-4　已知单位负反馈系统的开环传递函数为

$$G(s)H(s)=\frac{K}{s(Ts+1)(s^2+2s+2)}$$

试求 $K=4$ 时,以 T 为参变量的根轨迹图。

4-5　已知负反馈控制系统的开环传递函数为

$$G(s)H(s)=\frac{10}{s(s+a)(s+1)}$$

试绘制以 a 为参变量的根轨迹,并计算系统稳定时 a 的取值范围。

4-6　已知单位负反馈控制系统的开环传递函数为

$$G(s)=\frac{K_r(s+2)}{s(s+1)(s+3)}$$

（1）绘制出系统的根轨迹图;

（2）确定 $\zeta=0.707$ 时的闭环极点和该点的增益。

4-7 已知系统结构图如题图 4-7 所示：

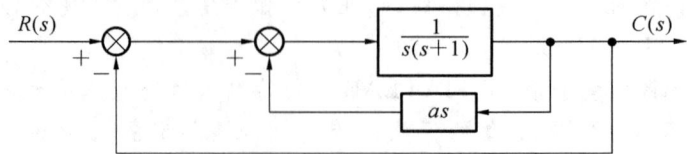

题图 4-7 系统结构图

(1) 绘制以 a 为参量的根轨迹图；

(2) 求局部反馈时系统单位斜坡响应的稳态误差、阻尼比及调节时间；

(3) 确定临界阻尼时的 a 值。

4-8 已知控制系统的开环传递函数为

$$G(s)H(s) = \frac{K_r(s+1)}{s^2(s+2)(s+4)}$$

试画出系统分别为正反馈和负反馈时的根轨迹，并分析它们的稳定性。

4-9 已知单位负反馈系统的开环传递函数为

$$G(s)H(s) = \frac{K_r(s+a)}{s(s+1)(s+2)}$$

试讨论零点 $-z = -a$ 对系统根轨迹的影响，a 分别取 0.5、1.5、3。

4-10 已知单位负反馈系统的开环传递函数为

$$G(s) = \frac{K(s^2 - 2s + 5)}{(2s+1)(s-0.5)}$$

试绘制系统的根轨迹，并确定使系统稳定的 K 值范围。

4-11 已知负反馈控制系统结构图如题图 4-11 所示，试在根轨迹图上确定合适的 K 值使系统达到如下的性能指标：超调量 $\sigma\% \leqslant 25\%$，调节时间 $t_s \leqslant 3.8s$，并且位置稳态误差应尽可能小。

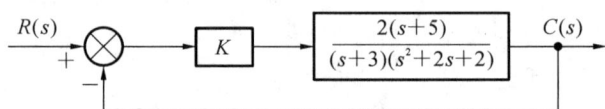

题图 4-11 负反馈控制系统结构图

第5章 控制系统的频率特性法

在经典控制理论中,我们有三种系统分析方法:时域分析法、复数域分析法(根轨迹法)、频域分析法。

时域分析法以系统微分方程模型为基础,利用微分方程求解系统瞬态过程。输出量随时间变化,系统响应和性能指标准确、直观。但是求解微分方程式比较麻烦,系统越复杂,微分方程的阶次越高,求解微分方程的计算工作量越大。时域分析以脉冲、阶跃等信号为典型激励信号,输入信号为非周期信号,系统的瞬态响应难以实验观测。

复数域分析法(根轨迹法)是一种图解法,根轨迹反映了特征方程的根与系统某一参数的全部数值关系,通过分析闭环极点,特别是主导极点,可以得到系统稳定性、快速性、平稳性等主要性能。由于开环传递函数常常可分解为多个典型环节的串联,容易得到开环系统的零、极点,工程师们常常利用开环零、极点与闭环极点的关系,可以快速确定闭环系统的极点情况,避免了求解微分方程。在综合设计系统时,通过增加零、极点来配置闭环极点的位置,从而获得满足性能指标的系统。

频域分析法是利用系统频率特性或频率响应研究与分析控制系统的一种图解方法。频域分析法是以谐波信号(正弦或余弦)作为输入信号,通过改变输入信号的频率,研究系统稳态响应。频域分析法作为时域分析和根轨迹法的互为补充的方法,优势主要体现在以下五个方面。一是频率特性不仅仅反映系统的稳态性能,还可以用来研究系统的稳定性和瞬态性能,而不必解特征方程的根。二是频率特性可用实验方法测出,物理意义明显。有些部件及系统难以列写微分方程,利用频率分析法可以采用实验的方法得到部件或系统的传递函数。三是工程中的信号都可以通过傅里叶变换分解为不同频率正弦信号的叠加。频率特性反映了时域信号的特征,频域上众多频率的稳态信息隐藏着系统的瞬态特征。因此,在信号系统、机械振动领域应用广泛。四是适用于含有延迟环节的系统和部分非线性系统的分析。五是频率分析可分解为不同频段进行分析,能将系统特性分段处理,可兼顾动态响应和噪声抑制两方面的要求。

本章将从稳定的线性定常系统的正弦响应入手,定义系统的频率特性,而后证实系统稳定性等瞬态特性都可以在稳态的幅频特性中体现,并基于此构建控制系统分析与设计的频域方法。

5.1 频率特性的基本概念

5.1.1 频率响应

线性控制系统在输入正弦信号时,其稳态输出随频率($\omega \to \infty$)变化的规律,称为该系统的频率响应。图 5-1-1 所示为系统的正弦频率响应。

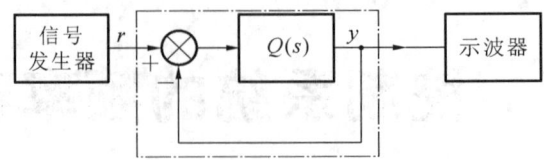

图 5-1-1 正弦频率响应

令开环传递函数为

$$Q(s) = k_{\varphi p} \frac{(S - \overline{Z_1}) \cdots (S - \overline{Z_m})}{(S - \overline{P_1}) \cdots (S - \overline{P_n})} \tag{5.1}$$

则闭环传递函数为

$$G(s) = \frac{Q(s)}{1 + Q(s)} = k_{pq} \frac{(S - Z_1) \cdots (S - Z_m)}{(S - P_1) \cdots (S - P_n)} \tag{5.2}$$

令闭环极点都是单极点,取正弦输入 $r(t) = X\sin\omega t$,其拉氏变换为

$$R(s) = \frac{X\omega}{s^2 + \omega^2}$$

则系统输出的拉普拉斯变换为

$$C(s) = G(s) \frac{X\omega}{s^2 + \omega^2} = k_{pq} \frac{(S - Z_1) \cdots (S - Z_m)}{(S - P_1) \cdots (S - P_n)} \frac{X\omega}{(S + j\omega)(S - j\omega)} \tag{5.3}$$

进而有

$$C(s) = \sum_{i=1}^{n} \frac{C_i}{(s - p_i)} + \frac{C_a}{(s - j\omega)} + \frac{C_{-a}}{(s + j\omega)} \tag{5.4}$$

式中:$C_1, C_2, \cdots, C_n, C_a, C_{-a}$ 为待定系数。对式(5.4)求拉普拉斯逆变换,可得输出为

$$c(t) = C_1 e^{-p_1 t} + C_2 e^{-p_2 t} + \cdots + C_n e^{-p_n t} + C_a e^{-j\omega t} + C_{-a} e^{j\omega t} \tag{5.5}$$

如果系统稳定,当 $t \to \infty$,式(5.5)右端除最后两项外,其余各项衰减至 0。所以,系统响应 $c(t)$ 的稳态分量为

$$c_s(t) = \lim_{t \to \infty} c(t) = C_a e^{-j\omega t} + C_{-a} e^{j\omega t} \tag{5.6}$$

其中,待定系数 C_a、C_{-a} 可由留数法(或待定系数法)求得,即

$$C_a = G(s) \frac{X\omega}{(s + j\omega)(s - j\omega)} (s + j\omega) \Big|_{s = -j\omega} = -\frac{XG(-j\omega)}{2j\omega}$$

$$C_{-a} = G(s) \frac{X\omega}{(s + j\omega)(s - j\omega)} (s - j\omega) \Big|_{s = j\omega} = \frac{XG(j\omega)}{2j\omega} \tag{5.7}$$

$G(j\omega)$ 为复变函数,可写为

$$G(j\omega) = |G(j\omega)| e^{j\angle G(j\omega)} \tag{5.8}$$

则有

$$c_s(t) = X \frac{|G(j\omega)|}{2j} \left[e^{j\omega t} e^{j\angle G(j\omega)} - e^{-j\omega t} e^{-j\angle G(j\omega)} \right] \tag{5.9}$$

$$= X |G(j\omega)| \sin[\omega t + \angle G(j\omega)]$$

式中:$|G(j\omega)|$ 是 $G(j\omega)$ 的模,$\angle G(j\omega)$ 是 $G(j\omega)$ 的相角。

式(5.9)表明,若系统稳定,线性系统(或元件)在输入正弦信号 $r(t) = X\sin\omega t$ 时,其稳态输出 $c_s(t)$ 是与输入 $r(t)$ 同频率的正弦信号。输出正弦信号与输入正弦信号的幅值比为 $G(j\omega)$

的幅值,输出正弦信号与输入正弦信号的相角之差为 $G(j\omega)$ 的相角,均为频率 ω 的函数。

5.1.2 频率特性

1.频率特性的定义

线性定常系统的频率特性定义为系统的稳态正弦响应与输入正弦信号的复数比。用 $G(j\omega)$ 表示,即

$$
\begin{aligned}
G(j\omega) &= \frac{X\,|\,G(j\omega)\,|\,e^{j\angle G(j\omega)}}{X e^{j0}} \\
&= |\,G(j\omega)\,|\,e^{j\angle G(j\omega)} \\
&= A(\omega)\angle\varphi(\omega)
\end{aligned}
\tag{5.10}
$$

式中:$A(\omega)$ 称为系统的幅频特性,表示不同频率输入信号与输出信号的幅值比,即表示频率特性的幅值与频率的关系,$A(\omega)=|G(j\omega)|$;$\varphi(\omega)$ 称为系统的相频特性,表示不同频率输入信号与输出信号的相角差,即表示频率特性的相角与频率的关系,$\varphi(\omega)=\angle\varphi(\omega)$。

频率特性描述了在不同频率下系统(或元件)传递正弦信号的能力。由式(5.10)可以看出,系统的频率特性 $G(j\omega)$ 与其传递函数 $G(s)$ 在结构上很相似,频率特性与传递函数之间有着确切的简单关系,即

$$
G(s)\,\big|_{s=j\omega} = G(j\omega) = |\,G(j\omega)\,|\,e^{j\varphi(\omega)}
$$

若已知系统的传递函数 $G(s)$,只要将复变量 s 用 $j\omega$ 代替,就求得相应的频率特性 $G(j\omega)$。尽管频率特性是一种稳态响应,但系统动态过程的规律全部寓于其中。因此,和微分方程、传递函数一样,频率特性也能表征系统的运动规律,它也是描述线性控制系统的数学模型之一。

系统的频率特性除上述指数形式、幅角形式外,频率特性还可用实部和虚部形式来描述,即

$$
G(j\omega) = U(\omega) + jV(\omega)
\tag{5.11}
$$

式中:$U(\omega)$ 和 $V(\omega)$ 分别称为系统(或元件)的实频特性和虚频特性。

幅频特性、相频特性与实频特性和虚频特性的关系为

$$
U(\omega) = A(\omega)\cos\varphi(\omega)
\tag{5.12}
$$

$$
V(\omega) = A(\omega)\sin\varphi(\omega)
\tag{5.13}
$$

上述频率特性的定义既可以用于稳定的系统,也可以用于不稳定系统。稳定系统的频率特性可以用实验方法确定,即在系统的输入端施加不同频率的正弦信号,然后测量系统的稳态输出 $c_s(t)$,再根据幅值比和相位差作出系统的频率特性曲线。

对于不稳定系统,因为稳态输出中含有由系统传递函数的不稳定极点产生的呈发散或振荡的分量,所以不稳定系统的频率特性不能通过实验方法确定。

频率特性、微分方程和传递函数是系统数学模型的不同表达形式,三种形式都表征了系统的运动规律,因此可以相互转换。系统的三种模型描述方法的关系可用图 5-1-2 说明。

【例 5.1】 某系统的传递函数为

$$
G(s) = \frac{7}{3s+2}
$$

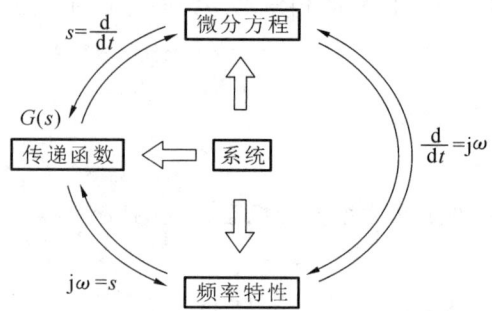

图 5-1-2　频率特性、传递函数和微分方程三种系统描述之间的关系

当输入为 $\dfrac{1}{7}\sin(\dfrac{2}{3}t+45°)$ 时,试求其稳态输出。

【解】　当给一个线性系统输入正弦信号时,其系统输出为与输入同频率的正弦信号,其输出的幅值与相角取决于系统的幅频特性和相频特性。

已知

$$G(s)=\frac{7}{3s+2}$$

则系统的频率特性为

$$G(j\omega)=\frac{7}{3j\omega+2}$$

系统的幅频特性为

$$A(\omega)=\frac{7}{\sqrt{9\omega^2+4}}$$

系统的相频特性为

$$\varphi(\omega)=-\arctan\left(\frac{3\omega}{2}\right)$$

又 $x_i(t)=\dfrac{1}{7}\sin\left(\dfrac{2}{3}t+45°\right)$,则

$$A(\omega)=A\left(\frac{2}{3}\right)=\frac{7}{\sqrt{9\left(\frac{2}{3}\right)^2+4}}=\frac{7\sqrt{2}}{4}$$

$$\varphi(\omega)=\varphi\left(\frac{2}{3}\right)=-\arctan\left(\frac{3}{2}\times\frac{2}{3}\right)=-45°$$

所以

$$x_o(t)=\frac{1}{7}A(\omega)\sin(\frac{2}{3}t+45°+\varphi(\omega))=\frac{1}{7}\times\frac{7\sqrt{2}}{4}\sin(\frac{2}{3}t+45°-45°)=\frac{\sqrt{2}}{4}\sin(\frac{2}{3}t)$$

2. 频率特性的求法

(1) 由频率响应求频率特性。

如果系统的传递函数为

$$G(s) = \frac{K}{Ts + 1}$$

输入信号 $x_i(t) = X\sin\omega t$，则

$$x_i(s) = \frac{X\omega}{s^2 + \omega^2}$$

稳态输出（频率响应）

$$x_o(t) = L^{-1}\left[G(s) \frac{X_i\omega}{s^2 + \omega^2} \right]$$

或

$$x_o(t) = \frac{XK}{\sqrt{T^2\omega^2 + 1}} \sin(\omega t - \arctan T\omega) \tag{5.14}$$

则系统的频率特性为

$$\begin{cases} A(\omega) = \dfrac{X_o(\omega)}{X} = \dfrac{K}{\sqrt{1 + T^2\omega^2}} \text{ 或 } \dfrac{K}{\sqrt{1 + T^2\omega^2}} \mathrm{e}^{-\mathrm{jarctan}T\omega} \\ \varphi(\omega) = -\arctan T\omega \end{cases} \tag{5.15}$$

（2）由系统传递函数求频率特性。

$$G(\mathrm{j}\omega) = G(s)\big|_{s = \mathrm{j}\omega}$$

如果已知系统的传递函数 $G(s)$，只要将复变量 s 用 $\mathrm{j}\omega$ 替代，就可求得频率特性 $G(\mathrm{j}\omega)$。控制工程主要研究的是系统分析问题，即已知系统和输入，根据响应分析系统性能。因此，根据传递函数求频率特性是本书采用最多的方式。

（3）用实验法求频率特性。

在一些工程实例中，很难获得系统（或元件）的传递函数或微分方程等数学模型，就不能用上述方法求得系统的频率特性。在这种情况下，可以采用实验法求得频率特性，如图 5-1-3 所示，通过专用的信号显示记录仪分别获取输入/输出信号的波形，根据输出信号与输入信号的幅值之比及相位之差得出频率特性，再以此获得系统（或元件）的传递函数。

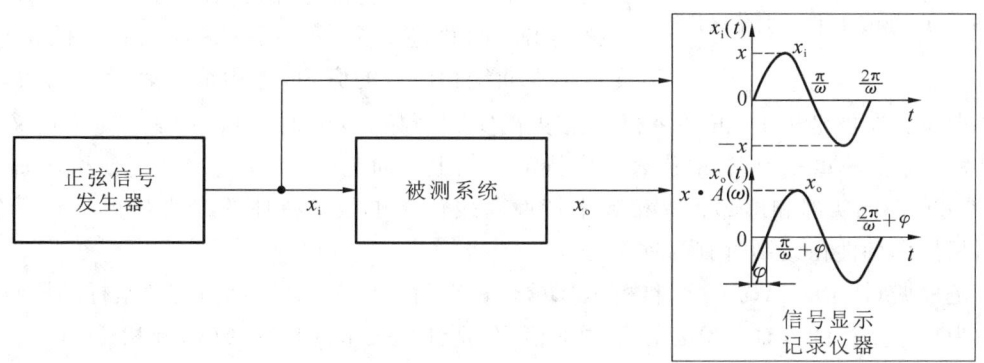

图 5-1-3　实验法求取频率特性示意图

3. 频率特性的性质

（1）频率特性由系统结构和参数确定，而与系统的外界激励及各初始条件无关。

（2）$G(\mathrm{j}\omega)$、$A(\omega)$ 和 $\varphi(\omega)$ 都是频率 ω 的函数，它们都随着输入频率的变化而变化，而与输

入幅值无关。

（3）系统的频率特性就是单位脉冲响应函数 $\omega(t)$ 的傅里叶变换，即 $\omega(t)$ 的频谱，这是求取频率特性的一种方法。

（4）频率特性反映了系统性能。不同的性能指标，对系统的频率特性提出了不同的要求。反之，根据系统的频率特性，就能确定系统的性能指标。

（5）大多数自动控制系统具有低通滤波器的特性，即当 $\omega \to \infty$，$A(\infty)$ 多趋于零。若系统在某些频带中有严重的噪声干扰，采用频率特性分析法可设计出合适的通频带，以抑制噪声的影响。

（6）频率特性仅适用于线性元件或系统。

5.2 频率特性曲线的绘制

5.2.1 频率特性的图形表示方法

工程实践中，工程师更愿意用直观的图形来表示系统的频率特性，在用频率法分析、设计控制系统时，常常是将频率特性绘制成曲线，借助于这些曲线对系统进行图解分析。因此，必须熟悉频率特性的各种图形表示方法和图解运算过程。对应不同的坐标系，有四种不同的图形表示方法。其中，奈奎斯特图和伯德图应用最为广泛。

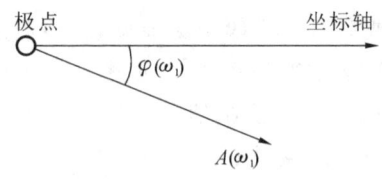

图 5-2-1 频率特性的向量表示

幅相频率特性曲线又称奈奎斯特曲线（简称幅相特性或奈氏曲线），在复平面上以极坐标的形式表示。对于某个特定频率 ω 下的频率特性 $G(j\omega)$，用复平面上 $G(j\omega)$ 的向量表示，如图 5-2-1 所示，向量的长度为 $A(\omega)$，相角为 $\varphi(\omega)$。当 ω 由 $0 \to \infty$ 变化时，向量 $G(j\omega)$ 的端点在复平面 G 上描绘出来的轨迹就是幅相频率特性曲线。把 ω 作为参变量标在曲线相应点的旁边，并用箭头表示 ω 增大时特性曲线的走向。在极坐标上，正（负）相角是从正实轴开始，以逆时针（顺时针）旋转定义的。$G(j\omega)$ 的极坐标上的每一个点，都代表一个特定 ω 值上的向量端点。$G(j\omega)$ 在实轴和虚轴上的投影，就是 $G(j\omega)$ 的实部和虚部。幅相频率特性曲线包含了频率特性的幅值及相位与频率的关系。幅相频率特性在绘制时有两种方法。

一是根据 $G(j\omega) = A(\omega)e^{j\varphi(\omega)}$ 将极坐标重合在直角坐标中，取极点为直角坐标的原点，取极坐标轴为直角坐标的实轴。给 ω 以不同的值，分别计算矢量的长度 $A(\omega)$ 和相位 $\varphi(\omega)$，并绘于复平面上，再按 ω 增加的方向，顺序连接成连续的矢端曲线，即得幅相频率特性曲线，如图 5-2-2所示。

二是把频率特性表示为 $G(j\omega) = U(\omega) + jV(\omega)$。$U(\omega)$ 为实频特性，$V(\omega)$ 为虚频特性。与第一种方法一样，给 ω 以不同的值，分别计算频率特性的实部 $U(\omega)$ 和虚部 $V(\omega)$，并绘 $G(j\omega)$ 于复平面上，再按 ω 增加的方向，顺序连接成连续的曲线，如图 5-2-3 所示。需要注意的是，频率 ω 在奈奎斯特图中是隐含的，每一点的频率 ω 是不同的。一般情况下只绘制正频率部分，负频率部分关于实轴对称。

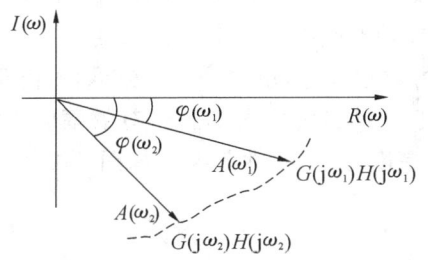

图 5-2-2　幅相频率特性曲线绘制方法 1

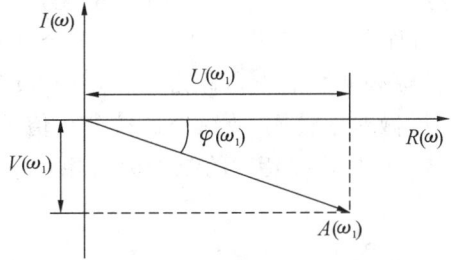

图 5-2-3　幅相频率特性曲线绘制方法 2

绘制概略幅相频率特性曲线的步骤如下：

（1）根据系统传递函数 $G(s)$ 得到系统频率特性 $G(j\omega)$，分别求出幅频特性 $A(\omega)$、相频特性 $\varphi(\omega)$、实频特性 $U(\omega)$、虚频特性 $V(\omega)$。

（2）求出奈氏曲线起点 $\omega=0$ 处的 $A(0)$、$\varphi(0)$、$U(0)$、$V(0)$。

（3）求出奈氏曲线终点 $\omega=\infty$ 处的 $A(\infty)$、$\varphi(\infty)$、$U(\infty)$、$V(\infty)$。

（4）求出奈氏曲线与坐标轴的交点或证明奈氏曲线与坐标轴没有交点。当与坐标轴存在交点时，由 $U(\omega)=0$ 计算出曲线与虚轴的交点处的频率 ω，进而求得虚轴的交点坐标 $V(\omega)$；同理，由 $V(\omega)=0$ 计算出曲线与虚轴的交点处的频率 ω，进而求得虚轴的交点坐标 $U(\omega)$。

（5）在极坐标上标出特征点，若仍然无法判断出曲线的走势，可选择一些合适的 ω，补充一些必要的点。根据 $A(\omega)$、$\varphi(\omega)$、$U(\omega)$、$V(\omega)$ 的变化趋势以及 $G(j\omega)$ 所处的象限，绘制出奈氏曲线的大致图形。

（6）在确定起点、终点位于哪个象限时，$U(\omega)$、$V(\omega)$ 更为直观。而起点或终点存在 ∞ 时，$A(\omega)$、$\varphi(\omega)$ 更为有效。

5.2.2　对数频率特性曲线

幅相特性曲线（极坐标图）具有一定的局限性，比如，在一个已有的系统中增加极点或零点，此时若要绘制幅相特性曲线，将需要重新计算频率响应。而且，这种形式的频率响应的计算相当麻烦，且不能指出加入的各个极点或零点的影响。为此，在工程实际中，又常常将频率特性画成对数坐标的形式。

对数频率特性曲线又叫做伯德图。它由对数幅频特性曲线和相频特性曲线两条特性曲线组成，是频率特性分析法中应用最广泛的一种表示方法。伯德图是在半对数坐标上绘制出来的。横坐标采用对数刻度，即横坐标不以 ω 分度，而是以对数 $\lg\omega$ 分度；纵坐标采用线性的均匀刻度。

在伯德图中，对数幅频特性是 $G(j\omega)$ 的对数值 $20\lg|G(j\omega)|$ 与频率 ω 的关系曲线。幅值的单位为分贝。对数相频特性则是 $G(j\omega)$ 的相角 $\varphi(\omega)$ 与频率 ω 的关系曲线。在绘制伯德图时，为了作图和读图方便，常常将两条曲线画在一起，采用同一横坐标作为频率轴，横坐标采用对数分度，但以 ω 的实际值标定，单位为 rad/s（弧度/秒）。

画对数频率特性曲线时，必须注意对数刻度的特点。在频率 ω 轴上标明的数值是实际的

ω 值,但坐标轴上的距离是按 ω 的常用对数 $\lg\omega$ 来标示刻度的。坐标轴上任意两点 ω_1 和 ω_2 的(设 $\omega_2 > \omega_1$)距离为 $\lg\omega_2 - \lg\omega_1$。横坐标上若两对数频率间的距离相同,则比值相等。频率 ω 的 10 倍称为十倍频程,记作 dec。每个 dec 沿横坐标轴的间隔为一个单位长度。

对数幅频特性的纵坐标为 $L(\omega) = 20\lg A(\omega)$,称为对数幅值,单位是 dB(分贝)。由于纵坐标 $L(\omega)$ 已做对数转换,故纵坐标按分贝值是线性刻度。$A(\omega)$ 每增大 10 倍,对数幅值 $L(\omega)$ 增加 20 dB。对数相频特性的纵坐标为相角 $\varphi(\omega)$,单位是度,采用线性刻度。如图 5-2-4 所示。

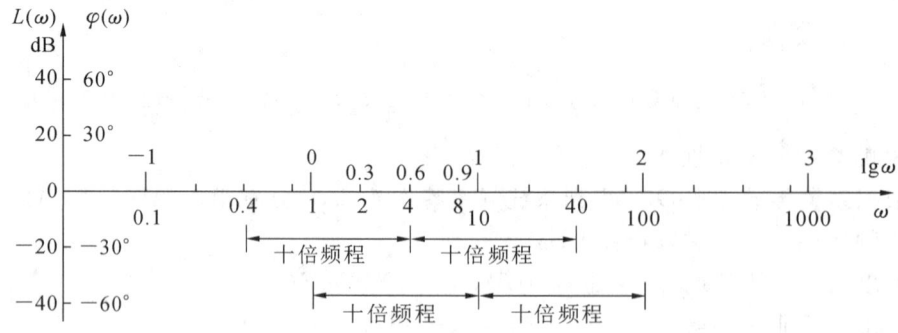

图 5-2-4 半对数坐标系

对数坐标图的优点主要有以下几个方面:

(1)横坐标采用对数刻度,相对展宽了低频段(低频段频率特性的形状对于控制系统的性能的研究具有重要的意义)、相对压缩了高频段。可以在较宽的频率范围研究系统的频率特性。

(2)对数可将乘除运算变成加减运算。当绘制有多个环节串联而成的系统的对数幅频特性曲线时,只要将各环节的对数幅频特性叠加起来即可,简化了作图过程。

(3)在对数坐标图上,典型环节的对数幅频特性乃至系统的幅频特性均可以用分段直线近似表示。这种近似具有较高的精确度,如对分段直线进行修正,即可得到精确的特性曲线。

(4)若将实验所得的频率特性数据整理并用分段直线画出对数频率特性,很容易写出实验对象的频率特性表达式或传递函数。

5.3 典型环节的幅相频率特性曲线

一个自动控制系统可由若干个典型环节组成,要用频率特性的极坐标分析控制系统的性能,首先要掌握典型环节频率特性的极坐标图。在频率响应法中,开环传递函数通常写成典型因子形式,即

$$G(s) = \frac{K \prod (\tau_i s + 1) \prod (\frac{s^2}{\omega_{nj}^2} + \frac{2\zeta_j s}{\omega_{nj}} + 1)}{s^v \prod (T_k s + 1) \prod (\frac{s^2}{\omega_{nl}^2} + \frac{2\zeta_l s}{\omega_{nl}} + 1)}$$

一般情况下,上式所示的传递函数具有以下一些基本因子:

(1)因子 K,即常数,对应于增益环节;

(2) 因子 $\dfrac{1}{s}$，即位于原点的极点，对应于积分环节；

(3) 因子 s，即位于原点的零点，对应于微分环节；

(4) 因子 $\dfrac{1}{Ts+1}$，即负实轴上的极点，对应于惯性环节；

(5) 因子 $\tau s+1$，即负实轴上的零点，对应于一阶微分环节；

(6) 因子 $1/(\dfrac{s^2}{\omega_n^2}+\dfrac{2\zeta s}{\omega_n}+1)$，即一对负实部共轭复极点，对应于振荡环节；

(7) 因子 $\dfrac{s^2}{\omega_n^2}+\dfrac{2\zeta s}{\omega_n}+1$，即一对负实部共轭复数零点，对应于二阶微分环节；

(8) 因子 $e^{-\tau s}$，对应于纯延时(纯滞后)环节。

开环系统的幅相特性曲线是系统频率分析的依据，掌握典型环节的幅相特性是绘制开环系统幅相特性曲线的基础。在典型环节或开环系统的传递函数中，令 $s=j\omega$，即得到系统的频率特性。令 ω 由小到大取值，计算相应的幅值 $A(\omega)$ 和相角 $\varphi(\omega)$，在 G 平面描点画图，就可以得到典型环节或开环系统的幅相特性曲线。

5.3.1　典型环节的幅相特性曲线

1. 比例环节

比例环节的传递函数为

$$G(s) = K$$

其频率特性为

$$G(j\omega) = K = Ke^{j0} \tag{5.16}$$

其幅频特性和相频特性为

$$\begin{cases} A(\omega) = |G(j\omega)| = K \\ \varphi(\omega) = \angle G(j\omega) = 0° \end{cases} \tag{5.17}$$

比例环节的幅相特性曲线是 G 平面在实轴上的一个点。显然，其极坐标图不随频率 ω 而变，只是一个定点 $(K,j0)$，如图 5-3-1 所示。

2. 积分环节

积分环节的传递函数为

$$G(s) = \dfrac{1}{s}$$

其频率特性为

$$G(j\omega) = \dfrac{1}{j\omega} = \dfrac{1}{\omega}e^{-j90°} \tag{5.18}$$

其幅频特性和相频特性为

$$\begin{cases} A(\omega) = \dfrac{1}{\omega} \\ \varphi(\omega) = -90° \end{cases} \tag{5.19}$$

当 $\omega \to 0$ 时，$A(0) = \infty$。

当 $\omega \to \infty$ 时，$A(\infty) = 0$，其极坐标图如图 5-3-2 所示。

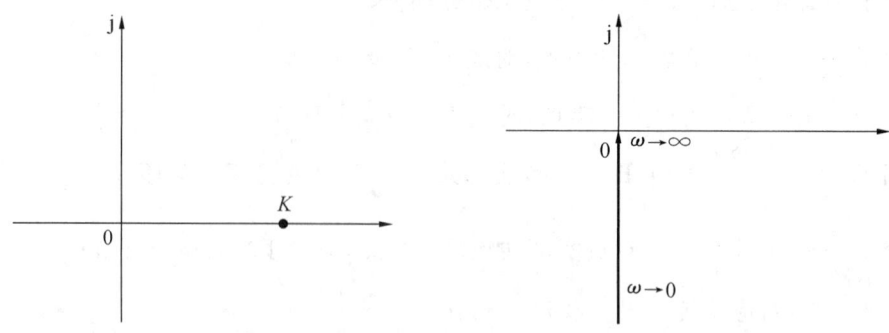

图 5-3-1　比例环节幅相曲线　　　　图 5-3-2　积分环节幅相曲线

3. 微分环节

微分环节的传递函数为

$$G(s) = s$$

其频率特性为

$$G(j\omega) = j\omega = \omega e^{j90^\circ} \tag{5.20}$$

其幅频特性和相频特性为

$$\begin{cases} A(\omega) = \omega \\ \varphi(\omega) = 90^\circ \end{cases} \tag{5.21}$$

当 $\omega = 0$ 时，$A(0) = 0$。

当 $\omega \to \infty$ 时，$A(\infty) = \infty$，其极坐标图如图 5-3-3 所示。

4. 惯性环节

惯性环节的传递函数为

$$G(s) = \frac{1}{1 + Ts}$$

其频率特性为

$$G(j\omega) = \frac{1}{Tj\omega + 1} \tag{5.22}$$

其幅频特性和相频特性为

$$\begin{cases} A(\omega) = \dfrac{1}{\sqrt{1 + T^2\omega^2}} \\ \varphi(\omega) = -\arctan T\omega \end{cases} \tag{5.23}$$

当 $\omega = 0$ 时，$A(0) = 1$，$\varphi(0) = 0^\circ$；随着 ω 增加，$A(\omega)$ 减小，$\varphi(\omega)$ 也减小。

当 $\omega \to \infty$ 时，$A(\infty) = 0$，$\varphi(\infty) = -90^\circ$，其极坐标图为半圆，如图 5-3-4 所示。

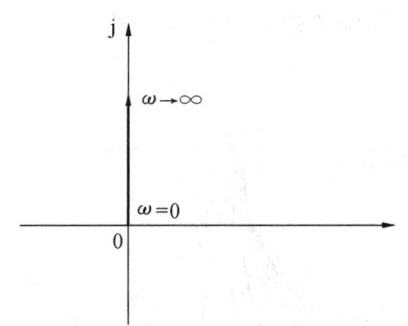
图 5-3-3　微分环节幅相曲线

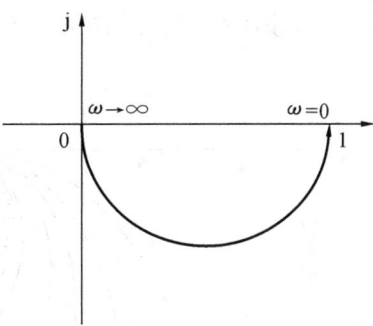
图 5-3-4　惯性环节幅相曲线

5. 一阶复合微分环节

一阶复合微分环节传递函数为

$$G(s) = Ts + 1$$

其频率特性为

$$G(\mathrm{j}\omega) = T\mathrm{j}\omega + 1 \qquad (5.24)$$

其幅频特性和相频特性为

$$\begin{cases} A(\omega) = \sqrt{1 + T^2\omega^2} \\ \varphi(\omega) = \arctan T\omega \end{cases} \qquad (5.25)$$

它与微分环节相比仅相差 1，只要把图 5-3-3 的曲线右移 1 就能得到一阶微分环节的幅相曲线，如图 5-3-5 所示。

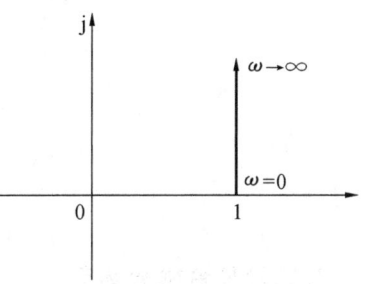
图 5-3-5　一阶复合微分环节
幅相曲线

6. 振荡环节

振荡环节传递函数为

$$G(s) = \frac{\omega_\mathrm{n}^2}{s^2 + 2\zeta\omega_\mathrm{n}s + \omega_\mathrm{n}^2}(0 < \zeta < 1)$$

其频率特性为

$$G(\mathrm{j}\omega) = \frac{\omega_\mathrm{n}^2}{(\mathrm{j}\omega)^2 + \omega_\mathrm{n}^2 + 2\zeta\omega_\mathrm{n}\omega\mathrm{j}} \qquad (5.26)$$

其幅频特性和相频特性为

$$\begin{cases} A(\omega) = \dfrac{1}{\sqrt{\left(1 - \dfrac{\omega^2}{\omega_\mathrm{n}^2}\right)^2 + 4\zeta^2\left(\dfrac{\omega}{\omega_\mathrm{n}}\right)^2}} \\[6mm] \varphi(\omega) = -\arctan\dfrac{2\zeta\dfrac{\omega}{\omega_\mathrm{n}}}{1 - \dfrac{\omega^2}{\omega_\mathrm{n}^2}} \end{cases} \qquad (5.27)$$

当 $\omega = 0$ 时，$A(0) = 1$，$\varphi(0) = 0°$。

当 $\omega \to \infty$ 时，$A(\infty) = 0$，$\varphi(\infty) = -180°$。

161

当 $\omega = \omega_n$ 时，$G(j\omega) = -j\dfrac{1}{2\zeta}$。图 5-3-6 表示 ζ 不同值的一组极坐标图。

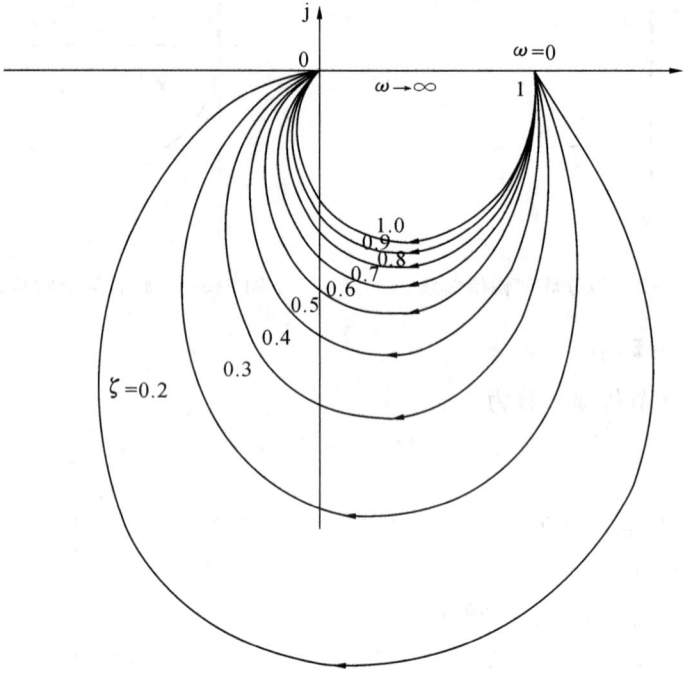

图 5-3-6　振荡环节幅相曲线

7. 二阶复合微分环节

二阶复合微分环节传递函数为

$$G(s) = T^2 s^2 + 2\zeta T s + 1 = \frac{s^2}{\omega_n^2} + 2\zeta \frac{s}{\omega_n} + 1$$

其频率特性为

$$G(j\omega) = \left(1 - \frac{\omega^2}{\omega_n^2}\right) + 2j\zeta \frac{\omega}{\omega_n} \tag{5.28}$$

其幅频特性和相频特性为

$$
\begin{cases}
A(\omega) = \sqrt{\left(1 - \dfrac{\omega^2}{\omega_n^2}\right)^2 + 4\zeta^2 \dfrac{\omega^2}{\omega_n^2}} \\[3mm]
\varphi(\omega) = \arctan \dfrac{2\zeta \dfrac{\omega}{\omega_n}}{1 - \dfrac{\omega^2}{\omega_n^2}}
\end{cases}
\tag{5.29}
$$

当 $\omega = 0$ 时，$A(0) = 1$，$\varphi(0) = 0°$。

当 $\omega \to \infty$ 时，$A(\infty) = \infty$，$\varphi(\infty) = -180°$；

当 $\omega = \omega_n$ 时，$G(j\omega) = j2\zeta$。图 5-3-7 所示为二阶微分环节的极坐标图。

8. 延迟环节

延迟环节传递函数为

$$G(s) = e^{-\tau s}$$

其频率特性为

$$G(j\omega) = e^{-j\tau\omega} \tag{5.30}$$

其幅频特性和相频特性为

$$\begin{cases} A(\omega) = 1 \\ \varphi(\omega) = -\tau\omega \end{cases} \tag{5.31}$$

可见,当 $\omega \to \infty$ 时,$\varphi(\infty) = -\infty°$,而幅值恒为 1,其极坐标图为单位圆,如图 5-3-8 所示。

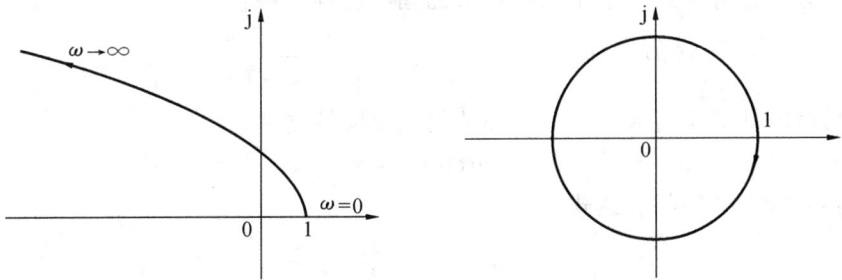

图 5-3-7 二阶复合微分环节幅相曲线   图 5-3-8 延迟环节幅相曲线

5.3.2 系统开环幅相特性曲线的绘制

开环系统的幅相频率特性曲线简称为开环幅相曲线。准确的开环幅相曲线可以根据系统的开环幅频特性和相频特性的表达式,用解析计算法绘制,但这种方法比较麻烦。在一般情况下,只需要绘制概略开环幅相曲线即可满足要求。概略开环幅相曲线的绘制方法就比较简单,不过概略开环幅相曲线应保持曲线的重要特征,并且要研究的点附近的曲线应有足够的准确性。

设开环传递函数 $G(s)$ 由 l 个典型环节串联组成,系统的频率特性为

$$\begin{aligned} G(j\omega) &= G_1(j\omega)G_2(j\omega)G_3(j\omega)\cdots G_l(j\omega) \\ &= A_1(\omega)e^{j\varphi_1(\omega)} \cdot A_2(\omega)e^{j\varphi_2(\omega)}\cdots A_l(\omega)e^{j\varphi_l(\omega)} \\ &= A(\omega)e^{j\varphi(\omega)} \end{aligned} \tag{5.32}$$

式中:

$$\begin{cases} A(\omega) = A_1(\omega) \cdot A_2(\omega)\cdots A_l(\omega) \\ \varphi(\omega) = \varphi_1(\omega) + \varphi_2(\omega) + \cdots + \varphi_l(\omega) \end{cases} \tag{5.33}$$

其中,$A_i(\omega)$、$\varphi_i(\omega)(i=1,2,3,\cdots,l)$ 分别为各典型环节的幅频特性和相频特性。

式(5.32)、式(5.33)表明,系统的开环频率特性可通过将组成开环传递函数的各典型环节的频率特性叠加起来获得。

下面通过一些例子加以介绍,最后总结出绘制概略开环幅相曲线的规律。

【例 5.2】 已知某系统开环传递函数为

$$G(s)H(s) = \frac{K}{s(Ts+1)}$$

试绘制系统的概略幅相曲线。

【解】

① 开环系统为 I 型系统，由比例环节 K、积分环节 $\frac{1}{s}$、惯性环节 $\frac{1}{Ts+1}$ 这三个典型环节串联组成，频率特性为

$$G(j\omega)H(j\omega) = K \cdot \frac{1}{j\omega} \cdot \frac{1}{Tj\omega+1} = \frac{-KT}{T^2\omega^2+1} - j\frac{K}{\omega(T^2\omega^2+1)}$$

② 求出幅频特性、相频特性、实频特性、虚频特性的表达式。

系统的幅频特性等于组成各个典型环节的幅频特性之积：

$$A(\omega) = K \cdot \frac{1}{\omega} \cdot \frac{1}{\sqrt{T^2\omega^2+1}} = \frac{K}{\omega\sqrt{T^2\omega^2+1}}$$

系统的相频特性等于组成各个典型环节的相频特性之和：

$$\varphi(\omega) = 0° - 90° - \arctan T\omega = -90° - \arctan T\omega$$

系统的实频特性即实部表达式：

$$U(\omega) = \frac{-KT}{T^2\omega^2+1}$$

系统的虚频特性即虚部表达式：

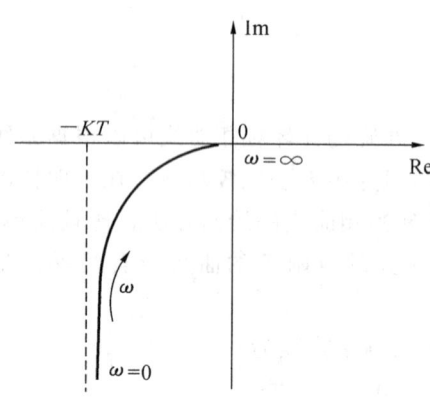

$$V(\omega) = -\frac{K}{\omega(T^2\omega^2+1)}$$

③ 求出曲线的特征点。

起点 $\omega=0$ 时，$A(0)=\infty$，$\varphi(0)=-90°$，$U(0)=-KT$，$V(0)=-\infty$。

终点 $\omega=\infty$ 时，$A(\infty)=0$，$\varphi(\infty)=-180°$，$U(\infty)=0$，$V(\infty)=0$。

因为 $U(\omega<\infty)\neq0$、$V(\omega<\infty)\neq0$，所以幅相曲线与坐标轴无交点。

④ 绘制幅相特性曲线。

图 5-3-9 系统概略幅相曲线

$K>0$、$\omega>0$ 时，$U(\omega)$、$V(\omega)$ 小于零，且与坐标轴无交点，频率特性曲线在第三象限，如图 5-3-9 所示。

【例 5.3】 系统的开环传递函数为

$$G(s)H(s) = \frac{K}{(T_1s+1)(T_2s+1)} \qquad (K,T_1,T_2>0) \qquad (5.34)$$

试绘制系统的概略幅相曲线。

【解】 系统的开环频率特性为

$$G(j\omega)H(j\omega) = \frac{K}{(1+j\omega T_1)(1+j\omega T_2)}$$

系统的开环幅频特性和相频特性为

$$\begin{cases} A(\omega) = \dfrac{K}{\sqrt{1+(T_1\omega)^2}\ \sqrt{1+(T_2\omega)^2}} \\ \varphi(\omega) = -\arctan T_1\omega - \arctan T_2\omega \end{cases}$$

当 $\omega=0$ 时,$A(0)=K$,$\varphi(0)=0°$;当 $\omega\to\infty$ 时,$A(\infty)=0$,$\varphi(\infty)=-180°$。

将 $G(\mathrm{j}\omega)H(\mathrm{j}\omega)$ 分母实数化处理,得

$$\begin{aligned} G(\mathrm{j}\omega)H(\mathrm{j}\omega) &= \frac{K(1-\mathrm{j}\omega T_1)(1-\mathrm{j}\omega T_2)}{(1+\mathrm{j}\omega T_1)(1+\mathrm{j}\omega T_2)(1-\mathrm{j}\omega T_1)(1-\mathrm{j}\omega T_2)} \\ &= \frac{K[(1-T_1T_2\omega^2)-\mathrm{j}\omega(T_1+T_2)]}{(1+\omega^2T_1{}^2)(1+\omega^2T_2{}^2)} \\ &= \frac{K(1-T_1T_2\omega^2)}{(1+\omega^2T_1{}^2)(1+\omega^2T_2{}^2)} - \mathrm{j}\frac{K(T_1+T_2)\omega}{(1+\omega^2T_1{}^2)(1+\omega^2T_2{}^2)} \end{aligned}$$

于是,系统的实频特性为

$$U(\omega) = \frac{K(1-T_1T_2\omega^2)}{(1+\omega^2T_1{}^2)(1+\omega^2T_2{}^2)} \tag{5.35}$$

虚频特性为

$$V(\omega) = -\frac{K(T_1+T_2)\omega}{(1+\omega^2T_1{}^2)(1+\omega^2T_2{}^2)} \tag{5.36}$$

下面确定曲线与虚轴的交点:

令 $U(\omega)=0$,可求出开环幅相曲线与虚轴交点处的频率为

$$\omega = \frac{1}{\sqrt{T_1T_2}} \tag{5.37}$$

将式(5.37)代入式(5.35),可得出开环幅相曲线与虚轴交点的坐标为

$$\frac{-K\sqrt{T_1T_2}}{(T_1+T_2)}$$

令 $V(\omega)=0$,得 $\omega=0$ 或 $\omega=\infty$,即系统开环幅相曲线。除在起点和终点处,该曲线与实轴无交点。

由于 $V(\omega)\leqslant0$,$U(\omega)$ 可正可负,故系统开环幅相曲线在第Ⅲ和第Ⅳ象限内变化,系统概略开环幅相曲线如图 5-3-10 所示。

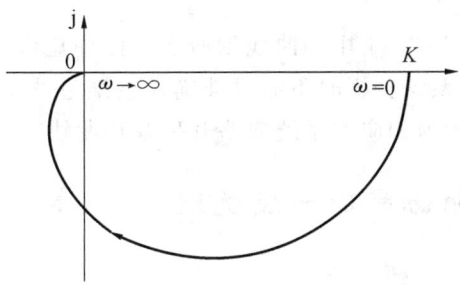

图 5-3-10　系统概略开环幅相曲线

【例 5.4】　系统的开环传递函数为

$$G(s)H(s) = \frac{K}{s(T_1 s+1)(T_2 s+1)} \qquad (K, T_1, T_2 > 0) \qquad (5.38)$$

试绘制系统的概略开环幅相曲线。

【解】 系统的开环频率特性为

$$G(j\omega)H(j\omega) = \frac{K}{j\omega(1+j\omega T_1)(1+j\omega T_2)}$$

系统的开环幅频特性和相频特性为

$$\begin{cases} A(\omega) = \dfrac{K}{\omega\sqrt{1+(T_1\omega)^2}\sqrt{1+(T_2\omega)^2}} \\ \varphi(\omega) = -90° - \arctan T_1\omega - \arctan T_2\omega \end{cases}$$

当 $\omega \to 0$ 时, $A(0)=\infty$, $\varphi(0)=0°$; 当 $\omega \to \infty$ 时, $A(\infty)=0$, $\varphi(\infty)=-270°$。

根据系统的开环频率特性确定曲线与实轴的交点：

将 $G(j\omega)H(j\omega)$ 分母实数化处理, 得

$$G(j\omega)H(j\omega) = \frac{jK(1-j\omega T_1)(1-j\omega T_2)}{j\omega(1+j\omega T_1)(1+j\omega T_2)(+j)(1-j\omega T_1)(1-j\omega T_2)}$$

$$= \frac{K[-(T_1+T_2)\omega + j(-1+T_1 T_2\omega^2)]}{\omega(1+\omega^2 T_1^2)(1+\omega^2 T_2^2)}$$

于是, 系统的实频特性为

$$U(\omega) = \frac{-K(T_1+T_2)}{\omega(1+\omega^2 T_1^2)(1+\omega^2 T_2^2)} \qquad (5.39)$$

虚频特性为

$$V(\omega) = \frac{K(-1+T_1 T_2\omega^2)}{\omega(1+\omega^2 T_1^2)(1+\omega^2 T_2^2)} \qquad (5.40)$$

令 $V(\omega)=0$, 可求出开环幅相曲线与实轴交点处的频率为

$$\omega = \frac{1}{\sqrt{T_1 T_2}} \qquad (5.41)$$

将式(5.41)代入式(5.39), 可得出开环幅相曲线与实轴交点的坐标为

$$\frac{-KT_1 T}{T_1+T_2}$$

系统开环幅相曲线如图 5-3-11 中的曲线①所示。图中虚线为开环幅相曲线的低频渐近线。由于开环幅相曲线用于系统分析时不需要准确知道渐近线的位置, 故一般系统的低频渐近线取纵坐标轴, 图中曲线②为相应的系统概略开环幅相曲线。

5.3.3 绘制开环幅相曲线的一般规则

设系统开环传递函数的一般形式为

$$G(s)H(s) = \frac{K\prod_{i=1}^{m}(\tau_i s+1)}{s^v\prod_{j=v+1}^{n}(T_j s+1)} \qquad (5.42)$$

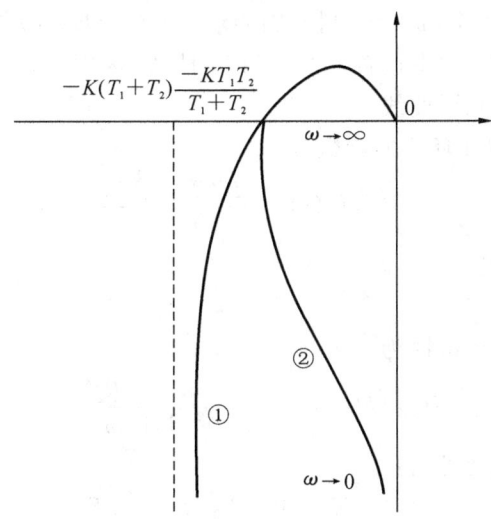

图 5-3-11　系统概略幅相曲线

当式(5.42)存在复极点、复零点时,系统的频率特性为

$$G(\mathrm{j}\omega)H(\mathrm{j}\omega) = \frac{K\prod\limits_{i=1}^{d}(1+\mathrm{j}\omega\tau_i)\prod\limits_{k=1}^{g}\left[1+\left(\dfrac{\mathrm{j}\omega}{\omega_{nk}}\right)^2+\mathrm{j}2\zeta_k\dfrac{\omega}{\omega_{nk}}\right]}{s^v\prod\limits_{j=1}^{e}(1+\mathrm{j}\omega T_j)\prod\limits_{l=1}^{f}\left[1+\left(\dfrac{\mathrm{j}\omega}{\omega_{nl}}\right)^2+\mathrm{j}2\zeta_l\dfrac{\omega}{\omega_{nl}}\right]} \tag{5.43}$$

总结上面各 $G(\mathrm{j}\omega)H(\mathrm{j}\omega)$ 的开环幅相曲线的形状、变化规律,则可得到以下绘制规则。

假如一个系统的时间常数都为正,则可根据以下步骤画出它的开环幅相曲线:

(1)幅相曲线的起始点($\omega=0$ 或 $\omega\to0$)与系统的类型及放大系数 K 有关。$\varphi(0^+)=-90°$ $\times v$,不同类型系统幅相曲线的起点如图 5-3-12 所示。

(2)幅相曲线的终点($\omega\to\infty$),对于 $n>m$ 的系统以 $-(n-m)\cdot90°$的角度趋向于原点。

当 $n=m$ 时,则式(5.42)的幅相曲线以 $0°$趋于 $K\dfrac{\prod\tau_i}{\prod T_j}$ 点。对不同 $n-m$ 的系统,$\omega\to\infty$ 时幅相曲线如图 5-3-13 所示。

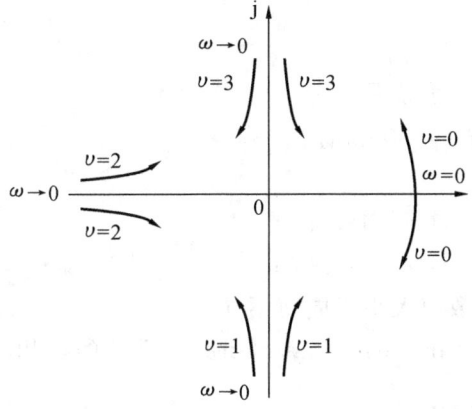

图 5-3-12　不同类型系统幅相曲线的起点

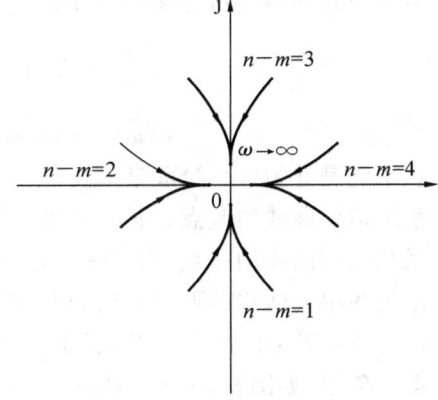

图 5-3-13　$\omega\to\infty$ 幅相曲线的终点趋向

（3）通过令 $U(\omega)=0$ 和 $V(\omega)=0$，则分别能求得 $G(j\omega)H(j\omega)$ 与实轴和虚轴的交点。

（4）当 $n>m$，且 $G(s)H(s)$ 不包含有微分环节时，$G(j\omega)H(j\omega)$ 的幅相曲线是一个幅值单调衰减，相位也单调减小的光滑曲线。

【例 5.5】 已知系统的开环传递函数为

$$G(s)H(s) = \frac{K(T_2s+1)}{s^2(T_1s+1)}$$

试绘制系统的概略幅相曲线。

【解】

方法一：系统的开环频率特性为

$$G(j\omega)H(j\omega) = \frac{K(1+j\omega T_2)}{(j\omega)^2(1+j\omega T_1)} \tag{5.44}$$

将 $G(j\omega)H(j\omega)$ 有理化处理，得

$$\begin{aligned}
G(j\omega)H(j\omega) &= \frac{K(1+j\omega T_2)(1-j\omega T_1)}{-\omega^2(1+j\omega T_1)(1-j\omega T_1)}\\
&= \frac{K(1+\omega^2 T_1 T_2)+jK\omega(T_2-T_1)}{-\omega^2(1+\omega^2 T_1^2)} \\
&= \frac{K(1+\omega^2 T_1 T_2)}{-\omega^2(1+\omega^2 T_1^2)} - j\frac{K(T_2-T_1)}{\omega(1+\omega^2 T_1^2)}
\end{aligned} \tag{5.45}$$

从式（5.45）中可看出，系统的幅相曲线与实轴、虚轴无交点，且 $U(\omega)<0$，$V(\omega)$ 的正负取决于时间常数 T_1 和 T_2 的数值大小。

（1）$T_2<T_1$：由于 $T_2<T_1$，$V(\omega)>0$，因此当 $0<\omega<\infty$ 时，系统的幅相曲线位于第二象限，如图 5-3-14（a）所示。

（2）$T_2>T_1$：由于 $T_2>T_1$，$V(\omega)<0$，因此当 $0<\omega<\infty$ 时，系统的幅相曲线位于第三象限，如图 5-3-14（b）所示。

（3）$T_2=T_1$：系统的幅相曲线沿负实轴变化，如图 5-3-14（c）所示。

方法二：系统的开环频率特性为

$$G(j\omega)H(j\omega) = \frac{K(1+j\omega T_2)}{(j\omega)^2(1+j\omega T_1)}$$

系统的开环幅频特性和相频特性为

$$A(\omega) = \frac{K}{\omega^2}\frac{\sqrt{1+(T_2\omega)^2}}{\sqrt{1+(T_1\omega)^2}}$$

$$\varphi(\omega) = -180° + \arctan\omega T_2 - \arctan\omega T_1$$

该系统是 Ⅱ 型（$\nu=2$）系统。

系统幅相曲线的起点：当 $\omega\to 0$ 时，$A(0)=\infty$，$\varphi(0)=-180°$；

系统幅相曲线的终点：当 $\omega\to\infty$ 时，$A(\infty)=\infty$，$\varphi(\infty)=-180°$；

系统的幅相曲线的形状视时间常数 T_1 和 T_2 的数值大小不同而不同。

（1）$T_2<T_1$：由于 $T_2<T_1$，因此当 $0<\omega<\infty$ 时，$\arctan\omega T_2<\arctan\omega T_1$，系统的幅相曲线位于第二象限，如图 5-3-14（a）所示。

（2）$T_2>T_1$：由于 $T_2>T_1$，因此当 $0<\omega<\infty$ 时，$\arctan\omega T_2>\arctan\omega T_1$，系统的幅相曲线

位于第三象限,如图 5-3-14(b)所示。

(3) $T_2 = T_1$:此时 $\varphi(\omega) = -180°$,当 $0 < \omega < \infty$ 时,系统的幅相曲线沿负实轴变化,如图 5-3-14(c)所示。

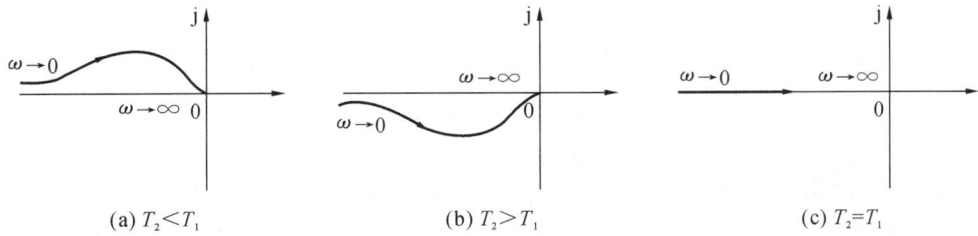

图 5-3-14 系统幅相曲线

5.4 对数频率特性曲线(伯德图)

由于在伯德(Bode)图中 $G(j\omega)$ 的幅值是用对数表示的,$G(j\omega)$ 中各因子的乘法运算变成了加法,相位关系也是以普通的方法相加或相减。因此,这些因子的曲线可以通过作图的方法加在一起得到整个传递函数的频率响应曲线。而且,这些曲线采用后面所介绍的渐近线近似表示时还可以进一步简化伯德图的绘制过程。因此,熟练掌握典型环节的伯德图的画法是快速绘制系统伯德图的基础。

5.4.1 典型环节的伯德图

1.比例环节

比例环节 $G(j\omega) = K$ 的频率特性与频率无关,其对数幅频特性和对数相频特性分别为

$$\begin{cases} L(\omega) = 20\lg K \\ \varphi(\omega) = 0° \end{cases} \tag{5.46}$$

比例环节的对数频率特性如图 5-4-1 所示。对数幅频特性是一平行于 ω 轴,高度为 $20\lg K$(dB)的直线,对数相频特性是一条与 $0°$ 线重合的直线。

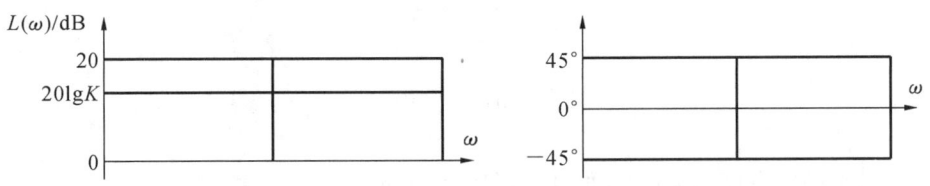

图 5-4-1 比例环节的伯德图

2.积分环节

积分环节的传递函数为

$$G(s) = \frac{1}{s}$$

其频率特性为

$$G(j\omega) = \frac{1}{j\omega}$$

其对数幅频特性和对数相频特性分别为

$$\begin{cases} L(\omega) = -20\lg\omega \\ \varphi(\omega) = -90° \end{cases} \tag{5.47}$$

由式(5.47)可知其对数幅频特性曲线是一条斜率为-20 dB/dec 的直线,并与 ω 轴相交于 $\omega=1$ 处。即横坐标 $\lg\omega$ 每增加单位长度(ω 每增加十倍时),纵坐标 $L(\omega)$ 减少 20 dB,故斜率是-20 dB/dec,dec 表示十倍频程。对数相频特性是一条平行于横坐标的直线。

对于在原点有多重极点的情况,有类似的对数频率特性。

$$\begin{cases} L(\omega) = \dfrac{1}{|(j\omega)^v|} = -20v\lg\omega \\ \varphi(\omega) = -v90° \end{cases} \tag{5.48}$$

由于是多重极点,对数幅频特性曲线的斜率为$-20v$ dB/dec。积分环节 s^{-1} 和 s^{-2} 的对数幅频特性曲线图和对数相频特性曲线图见图 5-4-2。

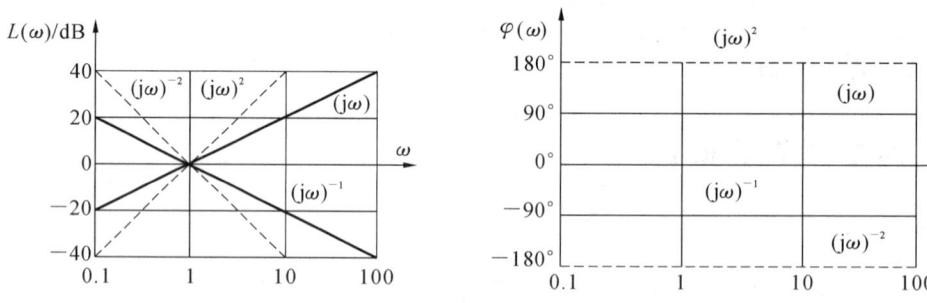

图 5-4-2　积分(微分)环节的伯德图

3. 微分环节

微分环节的传递函数为

$$G(s) = s$$

其对数频率特性为

$$\begin{cases} L(\omega) = 20\lg\omega \\ \varphi(\omega) = 90° \end{cases} \tag{5.49}$$

同理也可得到原点处有多重微分时的对数频率特性为

$$\begin{cases} L(\omega) = 20v\lg\omega \\ \varphi(\omega) = v90° \end{cases} \tag{5.50}$$

微分环节 s^1 和 s^2 对数幅频特性曲线图和对数相频特性曲线图见图 5-4-2。

可见,当微分环节与积分环节的 v 相同时,其对数幅频特性曲线和对数相频特性曲线关于频率轴对称。

4. 惯性环节

惯性环节的传递函数为

$$G(s) = \frac{1}{Ts+1}$$

其对数幅频特性为

$$L(\omega) = 20\lg \frac{1}{\sqrt{1+\omega^2 T^2}} = -20\sqrt{1+\omega^2 T^2} \tag{5.51}$$

当 $\omega \ll \dfrac{1}{T}$ 时,其渐近线为

$$L(\omega) = -20\lg 1 = 0$$

当 $\omega \gg \dfrac{1}{T}$ 时,其渐近线为

$$L(\omega) = -20\lg T\omega = -20\lg T - 20\lg \omega$$

这是一条斜率为 -20 dB/dec 的直线,并与 0 dB 线相交于 $\omega = \dfrac{1}{T}$ 处。两条渐近线在角频率 $\omega = \dfrac{1}{T}$ 处相会,该角频率称为转折频率(又称交接频率)。惯性环节的对数幅频特性曲线的渐近线由低频段和高频段两条直线组成,在 ω_T 处形成转角,ω_T 称为转角频率。惯性环节的对数频率特性图见图 5-4-3。为了进行比较,表 5-4-1 给出了该环节频率特性的精确值和近似值。我们可以看到,精确值与近似值之间最大的差异为 3 dB。因此 $\omega > \dfrac{1}{T}$ 时用高频渐近线替代精确特性,以及 $\omega < \dfrac{1}{T}$ 时用低频渐近线替代精确特性都是一种合理的假设。

惯性环节的对数相频特性为

$$\varphi(\omega) = -\arctan T\omega \quad (\text{相位变化为 } 0° \sim -90°) \tag{5.52}$$

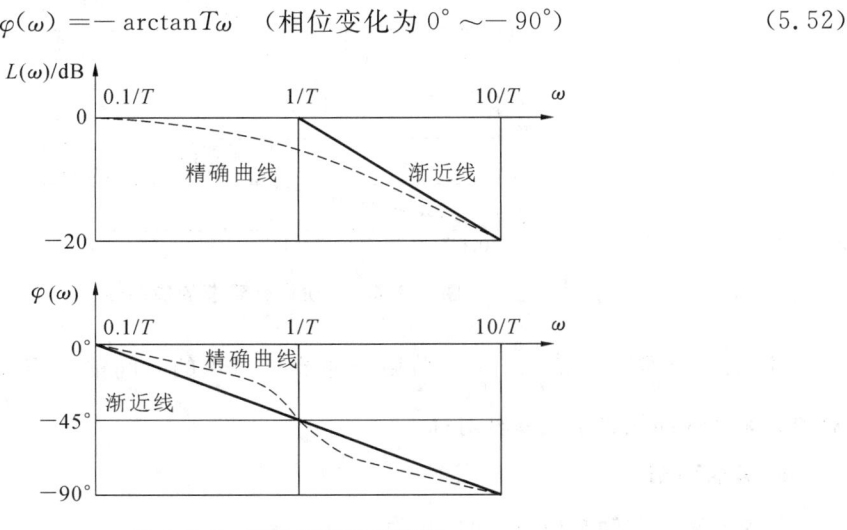

图 5-4-3 惯性环节的伯德图

表 5-4-1　惯性环节对数频率特性的精确值和近似值

$T\omega$	0.1	0.5	0.76	1	1.31	2	5	10
$L(\omega)$ 的精确值/dB	−0.04	−1.0	−2.0	−3.0	−4.3	−7.0	−14.2	−20.04
$L(\omega)$ 的近似值/dB	0	0	0	0	−2.3	−6.0	−14	−20.2
$\varphi(\omega)$ 的精确值/(°)	−5.7	−26.6	−37.4	−45	−52.7	−63.4	−78.7	−84.3
$\varphi(\omega)$ 的近似值/(°)	0	−31.5	−39.5	−45	−50.3	−58.3	−76.5	−90.0

5. 一阶微分环节

一阶微分环节的传递函数为

$$G(s) = Ts + 1$$

其对数幅频特性为

$$L(\omega) = 20\lg A(\omega) = 20\lg\sqrt{1 + T^2\omega^2} \tag{5.53}$$

低频段（$\omega \ll \dfrac{1}{T}$，$L(\omega) = 20\lg A(\omega) \approx 20\lg\sqrt{1} = 0$，为零分贝线。

高频段（$\omega \gg \dfrac{1}{T}$，$L(\omega) = 20\lg A(\omega) \approx 20\lg\sqrt{T^2\omega^2} = 20\lg T\omega$，为起于点（$\dfrac{1}{T}$,0）、斜率为 +20 dB/dec 的直线。

一阶微分环节的对数相频特性为

$$\varphi(\omega) = \arctan T\omega \quad （相位变化为 0° \sim 90°） \tag{5.54}$$

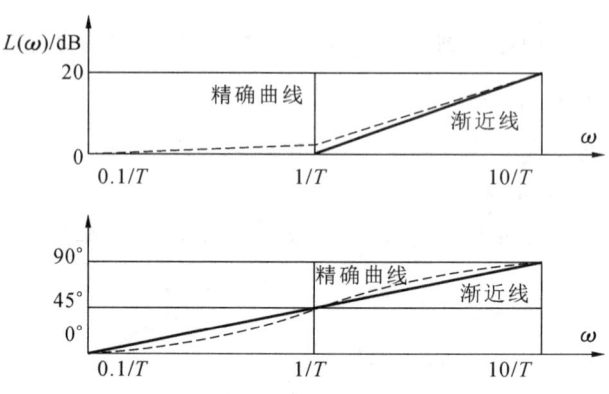

图 5-4-4　一阶微分环节的伯德图

注意：如果惯性环节 $\dfrac{1}{Ts+1}$，一阶微分环节 $Ts+1$ 的时间常数相等，对数幅频特性曲线和对数相频特性曲线关于频率轴对称。

6. 振荡环节

传递函数有共轭复极点，即形式为

$$G(s) = \frac{\omega_n^2}{s^2 + 2\zeta\omega_n s + \omega_n^2}$$

的因子称为振荡环节。

振荡环节的频率特性可写成

$$G(j\omega) = \frac{\omega_n^2}{(j\omega)^2 + \omega_n^2 + 2\zeta\omega_n\omega j} \tag{5.55}$$

其对数幅频特性和对数相频特性为

$$\begin{cases} L(\omega) = -20\lg\sqrt{\left(1 - \frac{\omega^2}{\omega_n^2}\right)^2 + 4\zeta^2\frac{\omega^2}{\omega_n^2}} \\ \\ \varphi(\omega) = -\arctan\dfrac{2\zeta\dfrac{\omega}{\omega_n}}{1 - \dfrac{\omega^2}{\omega_n^2}} \end{cases} \tag{5.56}$$

当 $\omega \ll \omega_n$ 时,渐近特性曲线为

$$L(\omega) = 0$$

这表明渐进特性曲线与 0 dB 线重合。

当 $\omega \gg \omega_n$ 时,渐近特性曲线为

$$L(\omega) = -20\lg\frac{\omega^2}{\omega_n^2} = -40\lg\omega + 40\lg\omega_n \tag{5.57}$$

振荡环节的对数频率特性曲线如图 5-4-5 所示,是一条斜率为 -40 dB/dec,与 0 dB 线相交于转折频率 $\omega = \omega_n$ 处的直线。振荡环节的转折频率就是振荡环节的自然频率。

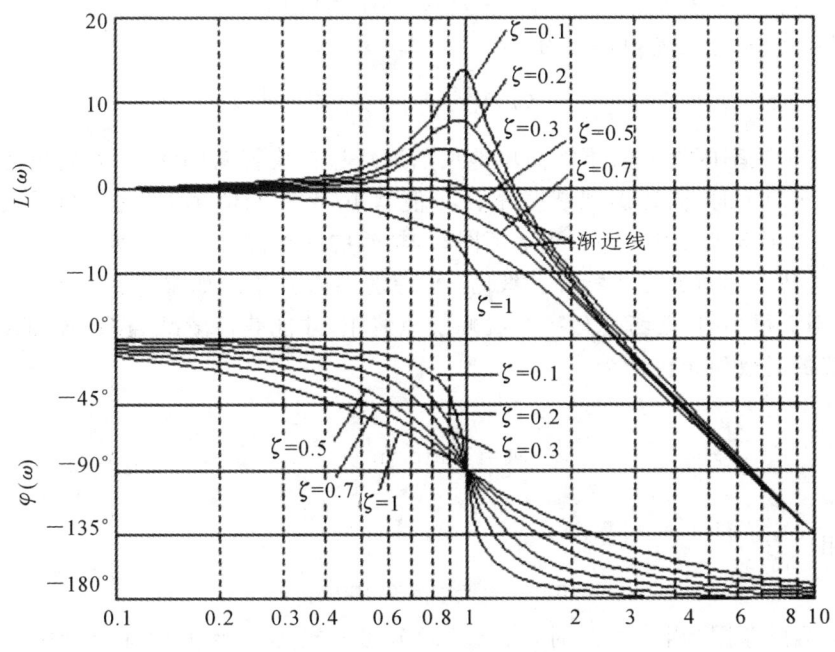

图 5-4-5　振荡环节的伯德图

在 $\omega = \omega_n$ 处,实际的幅频特性为

$$|G(j\omega_n)| = \frac{1}{2\zeta} \tag{5.58}$$

或者

$$L(\omega_n) = 20\lg\frac{1}{2\zeta} \tag{5.59}$$

因此，在转折频率附近实际的特性曲线将有别于渐近特性曲线，其差别则是阻尼比 ζ 的函数。对幅频特性 $L(\omega)$ 关于 ω 求导并置其为零，结果显示，若幅频特性存在峰值，则其峰值频率 ω_m 为

$$\omega_m = \omega_n\sqrt{1-2\zeta^2}$$

则

$$L(\omega_m) = 20\lg\frac{1}{2\zeta\sqrt{1-2\zeta^2}} \tag{5.60}$$

式(5.59)是以分贝表示的幅频特性的极值。该环节的伯德图见图 5-4-5。注意，实际的幅频特性曲线可以在渐近线之下或之上。

这表明只有当 $\zeta < \frac{\sqrt{2}}{2}$ 时才可能发生极值。如果这一条件满足，则得到的极值为

$$M_m = \frac{1}{2\zeta\sqrt{1-2\zeta^2}}, \qquad \zeta < \frac{\sqrt{2}}{2}$$

在 $\omega = \omega_n$ 附近，用渐近线得到的对数幅频特性存在较大的误差。$\omega = \omega_n$ 时，用渐近线得到的对数幅频特性为

$$L(\omega_n) = 20\lg 1 \text{ dB} = 0 \text{ dB}$$

而用精确特性得到的对数幅频特性为

$$L(\omega_n) = 20\lg\left(\frac{1}{2\zeta}\right)\text{dB}$$

因此，在转折频率附近一般不能简单地用渐近线近似代替精确曲线，否则可能会引起较大的误差，当 $\zeta < 0.707$ 时，曲线出现谐振峰值，ζ 值越小，谐振峰值越大，它与渐近线之间的误差越大。在 $\zeta = 0.707$ 时，二者相等。当 ζ 不同时，精确曲线如图 5-4-5 所示。所以，对于振荡环节，以渐近线代替实际对数幅频特性曲线时，要特别加以注意。如果 ζ 在 $0.47 \sim 0.7$ 范围内，误差不大，而当 ζ 很小时，要考虑用一个尖峰加以修正，才能获得较准确的特性曲线。

振荡环节的对数相频特性为

$$\varphi(\omega) = -\arctan\frac{2\zeta\dfrac{\omega}{\omega_n}}{1-\dfrac{\omega^2}{\omega_n^2}}$$

低频部分的相位为

$$\lim_{\omega \to 0}\varphi(\omega) = -\arctan 0 = 0°$$

考虑到适当的象限（当 $\omega > \omega_n$ 时，式(5.55)分母的实部小于 0，因此分母位于第二象限），高频部分的相位为

$$\lim_{\omega \to \infty}\varphi(\omega) = -180°$$

如图 5-4-5 所示，相位从 $0°$ 转变为 $-180°$ 的速率取决于阻尼比 ζ。同时还应注意，在 $\omega = \omega_n$ 处的对数相频特性曲线取值为 $-90°$。对数相频特性曲线有时也采用直线渐近线。直线渐

近线规定为从低于 ω_n 十倍频程开始到高于 ω_n 十倍频程结束,从 $0°$ 变化到 $-180°$ 的一条直线。

7. 二阶微分环节

二阶微分环节的对数幅频特性和对数相频特性为

$$\begin{cases} A(\omega) = \sqrt{\left(1 - \dfrac{\omega^2}{\omega_n^2}\right)^2 + 4\zeta^2 \dfrac{\omega^2}{\omega_n^2}} \\[4mm] \varphi(\omega) = \arctan \dfrac{2\zeta \dfrac{\omega}{\omega_n}}{1 - \dfrac{\omega^2}{\omega_n^2}} \end{cases}$$

显然,二阶微分环节和振荡环节的对数频率特性以频率轴互为镜像对称,只要改变振荡环节的对数频率特性的符号,就可以得到二阶微分环节的对数频率特性,如图 5-4-6 所示。

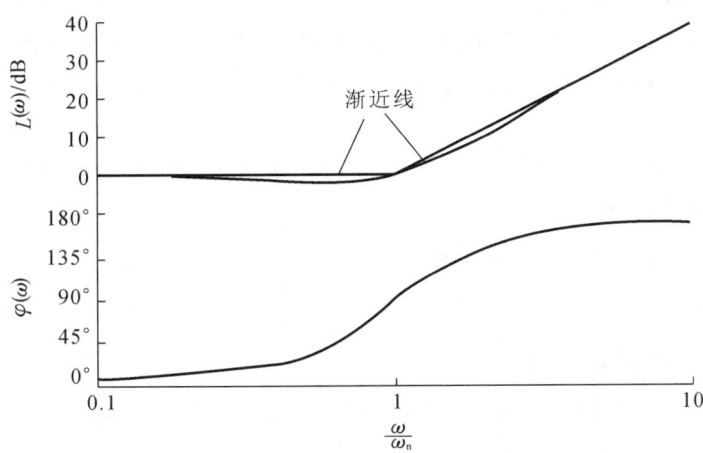

图 5-4-6　二阶微分环节的伯德图

5.5　开环对数频率特性的绘制

系统的开环传递函数是由典型环节串联而成的,即

$$G(s) = G_1(s)G_2(s)G_3(s) \cdots G_l(s) = \sum_{i=1}^{l} G_i(s) \tag{5.61}$$

式中:l 为环节的个数。

系统的频率特性为

$$G(\mathrm{j}\omega) = \prod_{i=1}^{l} G_i(\mathrm{j}\omega) = \prod_{i=1}^{l} A_i(\omega) \mathrm{e}^{\mathrm{j}\varphi_i(\omega)} \tag{5.62}$$

系统的对数幅频特性

$$L(\omega) = 20\lg \prod_{i=1}^{l} A_i(\omega) = \sum_{i=1}^{l} 20\lg A_i(\omega) = \sum_{i=1}^{l} L_i(\omega) \tag{5.63}$$

式中:L_i 为第 i 个环节的对数幅频特性。

系统的对数相频特性为

$$\varphi(\omega) = \sum_{i=1}^{l} \varphi_i(\omega) \tag{5.64}$$

式中：φ_i 为第 i 个环节的对数相频特性。

根据以上分析，对数幅频特性把组成系统的各个环节幅频特性的相乘关系变为了相加关系，便于明确具体环节对系统的影响。对数相频特性仍然是将组成系统的各个环节的相频特性相加。

绘制系统开环对数频率特性曲线一般采用环节曲线叠加法和顺序频率法两种方法。

1. 环节曲线叠加法

（1）将开环传递函数 $G_k(s)$ 化为尾一标准形，并写成典型环节乘积的形式。

（2）画出各典型环节的伯德图。

（3）在统一横坐标下，将各环节的对数幅频特性曲线相加。将除比例环节（系统的总增益）之外的其他各环节的对数幅频特性叠加，再将叠加后的曲线垂直移动 $20\lg K$，即得到系统的对数幅频特性。

（4）在同一横坐标下，将各环节的对数相频特性曲线相加。有延时环节时，对数幅频特性曲线不变，对数相频特性加上 $-\tau\omega$。

【例 5.6】 已知某系统开环传递函数为

$$G_k(s) = \frac{24(0.25s + 0.5)}{(5s + 2)(0.05s + 2)}$$

试采用环节曲线叠加法绘制其伯德图。

【解】 将开环传递函数化为标准形式，写成典型环节乘积的形式。

$$G_k(s) = \frac{3(0.5s + 1)}{(2.5s + 1)(0.025s + 1)} = 3 \times (0.5s + 1) \times \frac{1}{(2.5s + 1)} \times \frac{1}{(0.025s + 1)}$$

$$G_k(j\omega) = \frac{3(0.5j\omega + 1)}{(2.5j\omega + 1)(0.025j\omega + 1)}$$

$$L(\omega) = 20\lg3 + 20\lg\sqrt{0.25\omega^2 + 1} + 20\lg\frac{1}{\sqrt{(2.5\omega)^2 + 1}} + 20\lg\frac{1}{\sqrt{(0.025\omega)^2 + 1}}$$

$$\varphi(\omega) = \arctan0.5\omega - \arctan2.5\omega - \arctan0.025\omega$$

在同一坐标中，分别画出各典型环节的伯德图，将其叠加，如图 5-5-1 所示。

2. 顺序频率法

（1）将开环传递函数 $G_k(s)$ 化为标准形式（尾一标准型），将 $s = j\omega$ 代入，得出开环对数频率特性 $G_k(j\omega)$。

（2）确定各典型环节的转角频率，并由小到大将其顺序标在横坐标上。

（3）过点 $(1, 20\lg K)$ 做斜率为 -20ν dB/dec 的直线，ν 为串联积分环节个数。

（4）延长该直线，并且每遇到一个转角频率便改变一次斜率，其原则是：遇到惯性环节，转角频率斜率增加 -20 dB/dec；遇到一阶微分环节，转角频率斜率增加 $+20$ dB/dec；遇到振荡环节，转角频率斜率增加 -40 dB/dec；遇到二阶微分环节，转角频率斜率增加 $+40$ dB/dec。

（5）如果需要，可根据误差修正曲线对渐近线进行修正，其办法是在同一频率处将各个环

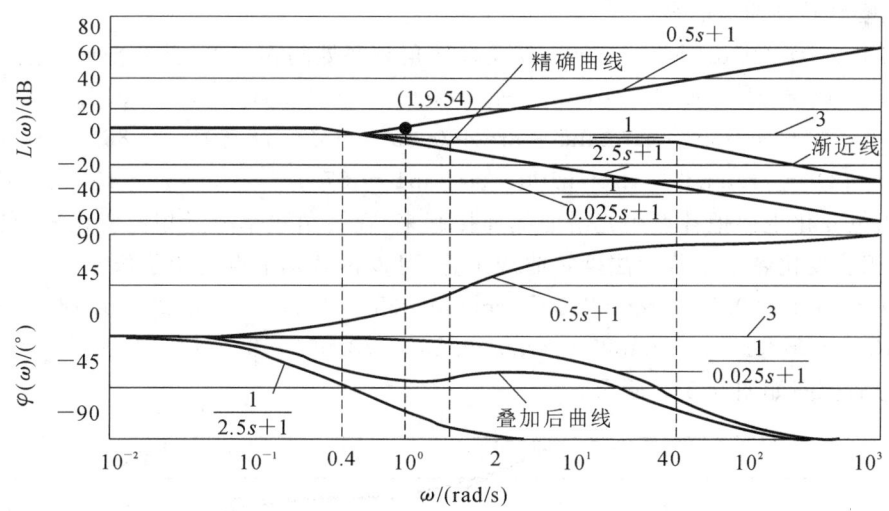

图 5-5-1　例 5.6 伯德图

节的误差值叠加,即可得到精确的对数幅频特性曲线。

(6) 绘制对数相频特性曲线。根据起点相位值 $\varphi(0) = -90°\nu$,终点相位 $\varphi(\infty) = -90° \times (n-m)$,将各个转角频率代入 $\varphi(\omega)$ 分别求出其相位值,并在坐标上标出。依据相位变化规律把各点用光滑曲线连接起来,在转角频率附近相位变化大,在接近起点、终点处相位变化越小。

【例 5.7】　已知某系统开环传递函数为

$$G_k(s) = \frac{24(0.25s + 0.5)}{(5s + 2)(0.05s + 2)}$$

试采用顺序频率法绘制其伯德图。

【解】

(1) 将开环传递函数化为标准形式,得到开环对数频率特性表达式为

$$G_k(s) = \frac{3(0.5s + 1)}{(2.5s + 1)(0.025s + 1)}$$

$$G_k(j\omega) = \frac{3(0.5j\omega + 1)}{(2.5j\omega + 1)(0.025j\omega + 1)}$$

$$L(\omega) = 20\lg 3 + 20\lg \sqrt{0.25\omega^2 + 1} + 20\lg \frac{1}{\sqrt{(2.5\omega)^2 + 1}} + 20\lg \frac{1}{\sqrt{(0.025\omega)^2 + 1}}$$

$$\varphi(\omega) = \arctan 0.5\omega - \arctan 2.5\omega - \arctan 0.025\omega$$

(2) 确定各典型环节的转角频率。

惯性环节 $\omega_{T_1} = \dfrac{1}{2.5} = 0.4$,一阶微分环节 $\omega_{T_2} = \dfrac{1}{0.5} = 2$,惯性环节 $\omega_{T_3} = \dfrac{1}{0.025} = 40$。由小到大将其顺序标在坐标轴上。

(3) 因为 $\nu = 0$,$20\lg 3 = 9.54$。所以,过点 $(1, 9.54)$ 绘制斜率为 0 dB/dec 的直线,若 $\omega_{T\min} < 1$,则延长线过点 $(1, 9.54)$。

(4) 延长直线,当该直线遇到第一个转角频率 $\omega_{T_1} = 0.4$,斜率增加 -20 dB/dec;遇到第二个转角频率 $\omega_{T_2} = 2$,斜率增加 $+20$ dB/dec;遇到第三个转角频率 $\omega_{T_3} = 40$,斜率增加 -20 dB/dec。

即得出对数幅频特性曲线的渐近线。

（5）求出 $\varphi(0) = 0°$，$\varphi(\infty) = -90°$，以及各转角频率处的相位值，并在坐标轴上标出。

$$\varphi(\omega_{T_1} = 0.4) = \arctan 0.2 - \arctan 1 - \arctan 0.01 = 11.31° - 45° - 0.57° = -34.26°$$

$$\varphi(\omega_{T_2} = 2) = \arctan 1 - \arctan 5 - \arctan 0.05 = 45° - 78.69° - 2.86° = -36.55°$$

$$\varphi(\omega_{T_3} = 40) = \arctan 20 - \arctan 100 - \arctan 1 = 87.14° - 89.43° - 45° = -47.29°$$

依据相位变化规律把各点用光滑曲线连接起来，在转角频率附近相位变化大，在越接近起点、终点处相位变化越小。若无法确定曲线走势，可以再算几个点的相位值：

$$\varphi(\omega = 1) = \arctan 20.5 - \arctan 2.5 - \arctan 0.025 = 26.57° - 68.2° - 1.43° = -43.06°$$

$$\varphi(\omega = 10) = \arctan 5 - \arctan 25 - \arctan 0.25 = 78.69° - 87.71° - 14.04° = -23.06°$$

绘制的伯德图如图 5-5-2 所示。

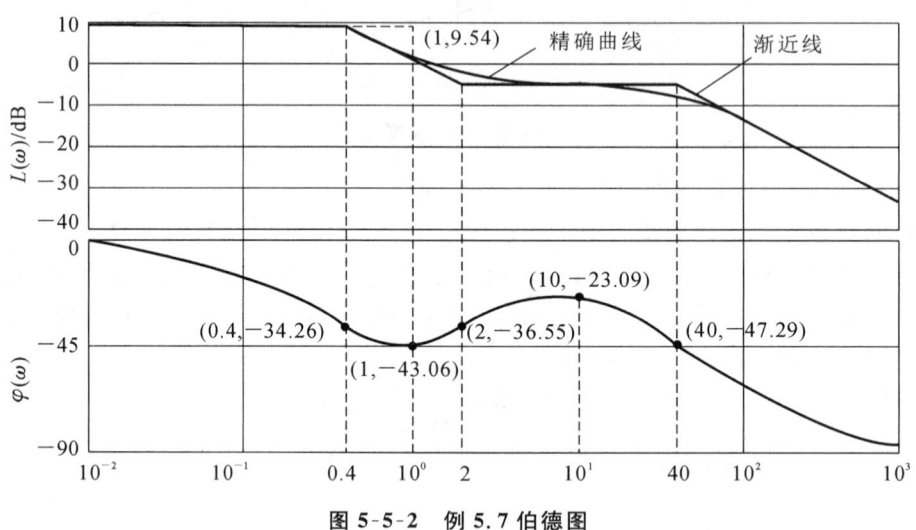

图 5-5-2　例 5.7 伯德图

5.6　最小相位系统

5.6.1　最小相位系统的概念

在 s 右半平面上既没有极点又没有零点的传递函数称为最小相位传递函数，对应的系统称为最小相位系统。反之，在 s 右半平面上有极点或零点的传递函数称为非最小相位传递函数，对应的系统称为非最小相位系统。

5.6.2　最小相位系统的特性

最小相位系统具有如下一些特性：

（1）对于开环极点都在 s 左半平面上，且 $n > m$ 的系统，所有具有相同开环对数幅频特性的系统，最小相位系统的相位变化范围是最小的。

（2）最小相位系统在 ω 趋向于无穷大时，相位为 $-90(n-m)$，对数幅频特性曲线的斜率为 $-20(n-m)$ dB/dec。

（3）最小相位系统其对数幅频特性与对数相频特性是唯一对应的，即若确定了它的对数幅频特性，其对数相频特性也就唯一确定了。因此，对于最小相位系统，只要根据其对数幅频特性曲线就能写出系统的传递函数。

【例 5.8】　有如下两系统：

$$G_1(j\omega)H_1(j\omega) = \frac{1 + j\omega T_1}{1 + j\omega T_2}$$

$$G_2(j\omega)H_2(j\omega) = \frac{1 - j\omega T_1}{1 + j\omega T_2}$$

其中，$T_2 > T_1 > 1$。试作出系统的幅频特性及相频特性曲线。

【解】　$G_1(j\omega)H_1(j\omega)$ 为最小相位系统，$G_2(j\omega)H_2(j\omega)$ 为非最小相位系统。显然，这两个系统的对数幅频特性完全相同，而对数相频特性却完全不同。最小相位系统的相位 $\varphi_1(\omega)$ 变化范围很小，而非最小相位系统的相位 $\varphi_2(\omega)$ 随着 ω 的增加从 $0°$ 变化到趋于 $-180°$，如图 5-6-1 所示。

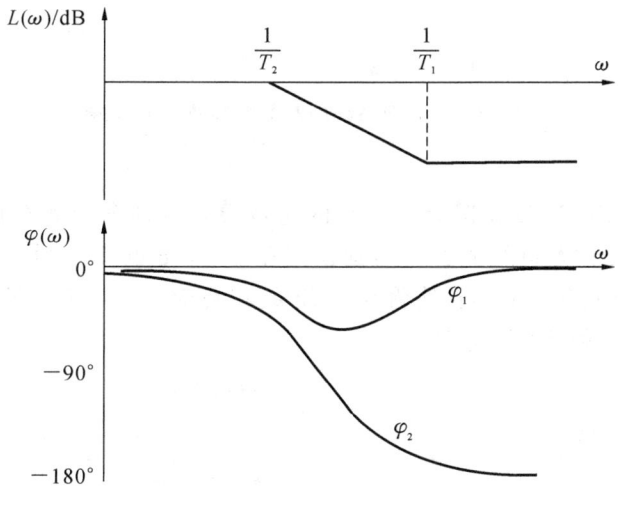

图 5-6-1　例 5.8 伯德图

5.6.3　用伯德图求开环传递函数

正弦信号可以用于测量控制系统的开环频率响应。通过实验的方法可以获得在许多频率上输出的幅值和相位。这些数据可用于获取精确的对数幅频和对数相频特性曲线。利用幅频特性渐近线的斜率必定为 ± 20 dB/dec 的整数倍这一实际情况，在精确的幅频特性图上画出渐近线。对于最小相位传递函数，由幅频特性渐近线就可以确认斜率改变处的频率即为相应环节的转折频率，由此可以确定传递函数的各个环节。按照这样的方法，根据这些渐近线就可以确定系统的型别和各个环节大约的时间常数，然后得出开环传递函数。

考虑写成典型环节形式的开环传递函数

$$G(s)H(s) = \frac{K \prod (\tau_i s + 1)}{s^v \prod (T_j s + 1) \prod (\frac{s^2}{\omega_{nk}^2} + \frac{2\zeta_k s}{\omega_{nk}} + 1)} \tag{5.65}$$

显然,在低于最小转折频率的低频部分,对数幅频特性渐近线的斜率－20 dB/dec 是由开环传递函数中的积分环节数 ν,即系统的型别决定的。同时,这一部分的高度取决于常数增益,即开环增益 K 的大小。

1)0 型系统

0 型系统的开环积分环节数为 $\nu = 0$。它的对数幅频特性渐进线如图 5-6-2 所示,在低频部分是一条高度为 $20\lg K$ 的水平线。

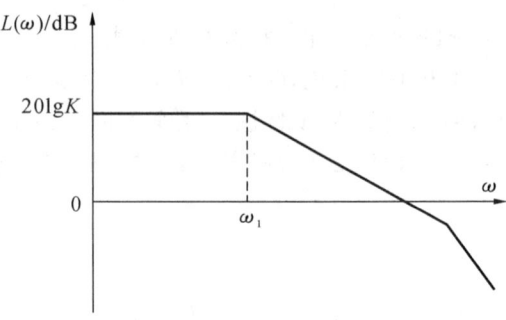

图 5-6-2 0 型系统的对数幅频特性渐近线

2)Ⅰ型系统

Ⅰ型系统的开环积分环节数为 $\nu = 1$。它的对数幅频特性渐近线在低频部分的斜率为－20 dB/dec,而低频部分的渐近线或者它的延长线在 $\omega = 1$ 处的高度则为 $20\lg K$。而且可以证明,低频部分的渐近线或者它的延长线将与 0 dB 线相交于 $\omega = K$ 处。图 5-6-3 所示为一些典型的Ⅰ型系统的对数幅频特性渐近线。

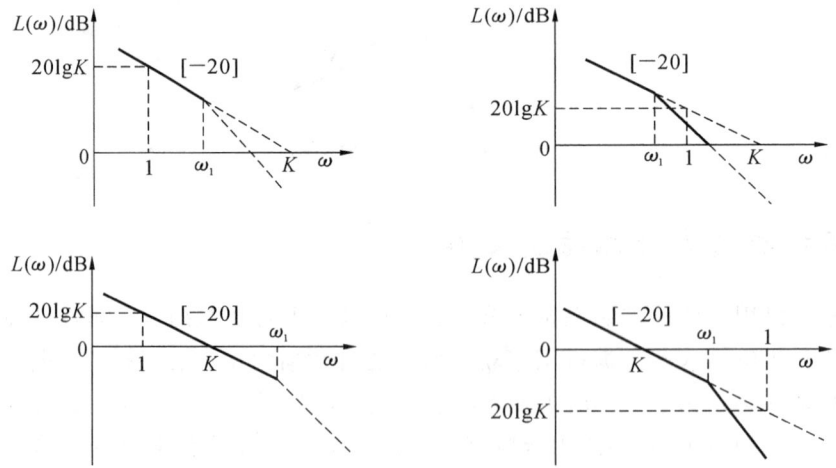

图 5-6-3 Ⅰ型系统的对数幅频特性渐近线

3）Ⅱ型系统

Ⅱ型系统的开环积分环节数为 $\nu=2$。它的对数幅频特性渐近线在低频部分的斜率为 $-40\ \mathrm{dB/dec}$,而低频部分的渐近线或者它的延长线在 $\omega=1$ 处的高度则为 $20\lg K$。而且可以证明,低频部分的渐近线或者它的延长线将与 $0\ \mathrm{dB}$ 线相交于 $\omega=\sqrt{K}$ 处。图 5-6-4 是一些典型的Ⅱ型系统的对数幅频特性渐近线。

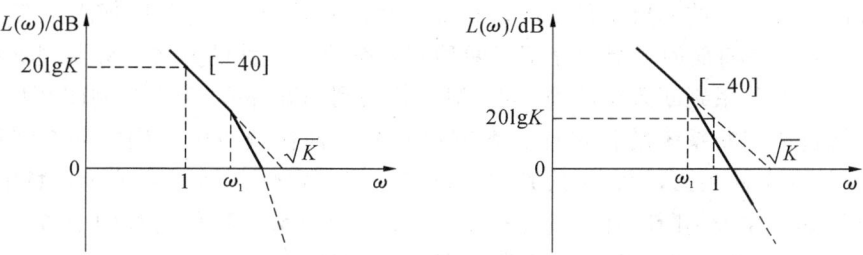

图 5-6-4   Ⅱ型系统的对数幅频特性渐近线

【例 5.9】   某控制环节的幅频特性曲线如图 5-6-5 所示,图中实线是渐近线,而虚线则是精确曲线。如果该环节是最小相位的,试确定它相应的传递函数。

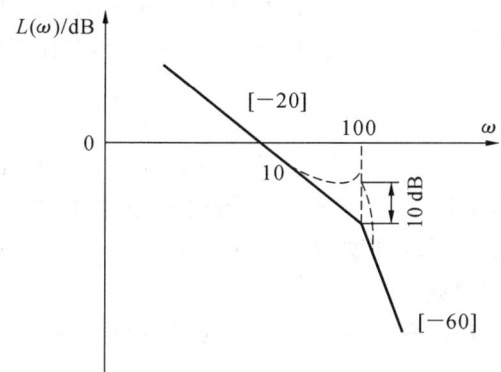

图 5-6-5   例 5.9 对数幅频特性曲线

【解】   由给定的幅频特性曲线,该传递函数有三个串联环节,并可写成如下形式

$$G(s)=\frac{K\omega_n^{\ 2}}{s(s^2+2\zeta\omega_n s+\omega_n^{\ 2})}$$

渐近线与 ω 轴在 $\omega=10$ 处相交。由于该传递函数只有一个积分环节,所以增益环节为 $K=10$ 很容易看到,振荡环节的转折频率为 $\omega_n=100$,而且,振荡环节在 $\omega_n=100$ 处的幅值为 $1/(2\zeta)$,于是有

$$20\lg\frac{1}{2\zeta}=10$$

求解此式得到

$$2\zeta=0.158$$

因此,该环节的传递函数为

$$G(s) = \frac{10 \times 100^2}{s(s^2 + 2 \times 0.158 \times 100s + 100^2)} = \frac{10^5}{s(s^2 + 31.6s + 10^4)}$$

5.7 频域稳定判据

闭环控制系统稳定的充要条件是闭环特征方程的根均具有负实部,或者全部闭环极点都位于 s 左半平面。在前面的章节中介绍了两种判别系统稳定性的方法。劳斯判据可以根据特征方程根和系数的关系判断系统的稳定性;根轨迹法利用开环零、极点绘制闭环特征根随系统参数变化的轨迹来判断系统的稳定性。本节将介绍一种在频域中判别闭环系统稳定性的方法,即奈奎斯特稳定性判据,简称奈氏判据。奈奎斯特稳定性判据无须求闭环特征根,可根据系统的开环频率特性来判断闭环系统是否稳定,并能指出系统不稳定根的个数。利用奈奎斯特稳定性判据,不但可以判断系统是否稳定(绝对稳定性),也可以确定系统的稳定程度(相对稳定性),还可以用于分析系统的动态性能以及指出改善系统性能指标的途径。因此,奈奎斯特稳定判据是一种重要而实用的稳定性判据,工程上应用十分广泛。

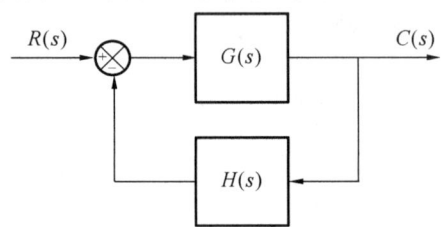

图 5-7-1 控制系统结构图

奈奎斯特稳定性判据可以根据开环频率特性和开环极点确定闭环系统的稳定性。如图 5-7-1 所示的闭环系统,其闭环传递函数为

$$\frac{C(s)}{R(s)} = \frac{G(s)}{1 + G(s)H(s)}$$

为了保证闭环系统稳定,特征方程 $1 + G(s)H(s) = 0$ 的全部根都必须位于 s 左半平面。

奈奎斯特稳定性判据是将开环频率特性 $G(j\omega)H(j\omega)$ 与 $1 + G(s)H(s)$ 在 s 右半平面内的零点数和极点数联系起来的判据。

奈奎斯特稳定判据建立在由复变量理论导出的定理的基础上。

5.7.1 映射定理

设 s 为一复数变量,$F(s)$ 是 s 的有理分式函数,设其形式为

$$F(s) = \frac{\prod_{i=1}^{m}(s + z_i)}{\prod_{j=1}^{n}(s + p_j)} \tag{5.66}$$

式中:$-z_i$ 和 $-p_j$ 分别为 $F(s)$ 的零点和极点。

假设复变函数 $F(s)$ 是 s 的单值解析函数,那么对于 s 平面上的任一点,在 $F(s)$ 平面上必定有一个对应的映射点。如果在 s 平面画一条封闭曲线,并使其不通过 $F(s)$ 的任一奇点,则在 $F(s)$ 平面上必有一条对应的映射曲线,如图 5-7-2 所示。

复变函数 $F(s)$ 的幅角可表示为

$$\angle F(s) = \sum_{i=1}^{m} \angle(s + z_i) - \sum_{j=1}^{n} \angle(s + p_j) \tag{5.67}$$

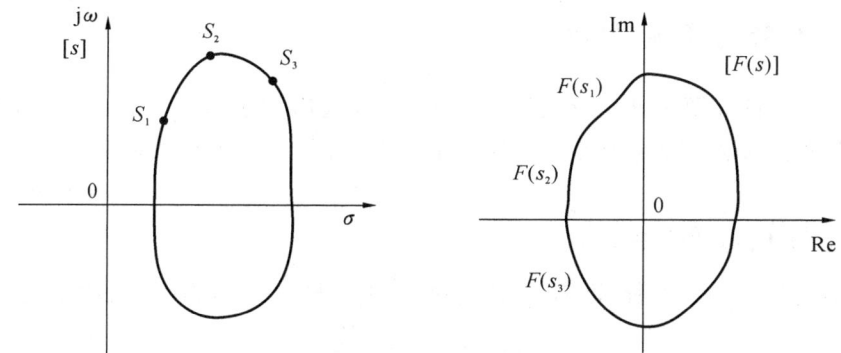

图 5-7-2 s 平面与 $F(s)$ 平面的映射关系

假定在 s 平面上的封闭曲线包围了 $F(s)$ 的一个零点 $-z_1$，而其他零点、极点都位于封闭曲线之外，则当变量 s 沿着 s 平面上的封闭曲线顺时针方向移动一周时，向量 $(s+z_1)$ 的幅角的增量 $\Delta\angle(s+z_1)=-2\pi$ 弧度（幅角以逆时针为正方向），而其他各向量的幅角增量为零。这时，函数 $F(s)$ 幅角的增量为

$$\Delta\angle F(s) = \sum_{i=1}^{m}\angle(s+z_i) - \sum_{j=1}^{n}\angle(s+p_j) = -2\pi \tag{5.68}$$

这意味着在 $F(s)$ 平面上的映射曲线沿顺时针方向围绕坐标原点变化一周，即 $F(s)$ 的幅角变化了 -2π 弧度，如图 5-7-3 所示。

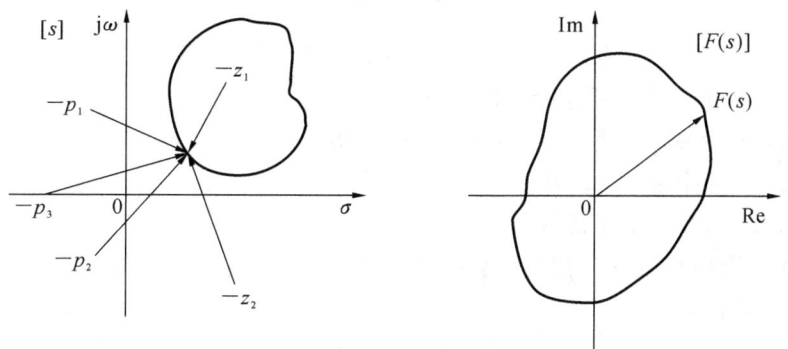

图 5-7-3 封闭曲线包围 $-Z_1$ 时的映射情况

同理，若 s 平面上的封闭曲线包围了 $F(s)$ 的 Z 个零点，则在 $F(s)$ 平面上的映射曲线将按顺时针方向围绕坐标原点变化 Z 周。同理可推论，若 s 平面上的封闭曲线包围了 $F(s)$ 的 P 个极点，则当 s 沿着 s 平面上的封闭曲线顺时针移动一周时，在 $F(s)$ 平面上的映射曲线将逆时针方向围绕坐标原点变化 P 周。综上所述，如果 s 平面上的封闭曲线以顺时针方向包围函数 $F(s)$ 的 Z 个零点和 P 个极点，则 $F(s)$ 平面上的映射曲线相应地包围坐标原点 N 次，且 $N=Z-P$，若 $Z>P$，N 为正值，包围方向为顺时针；若 $Z<P$，N 为负值，包围方向为逆时针。

5.7.2 奈奎斯特稳定判据

闭环系统稳定的充要条件是特征根都有负实部,或均不在 s 右半平面。奈奎斯特通过映射定理把 s 平面上的这一稳定条件转换到频率特性平面,形成了在频率域内判定系统稳定性的准则。

1. 复变函数 $F(s)$ 的选择

设系统结构如图 5-7-1 所示。开环传递函数 $G(s)H(s)$ 一般为两个多项式之比,即

$$G(s)H(s) = \frac{M(s)}{N(s)} \tag{5.69}$$

闭环传递函数为

$$W(s) = \frac{C(s)}{R(s)} = \frac{G(s)}{1 + G(s)H(s)} \tag{5.70}$$

闭环特征式为

$$F(s) = 1 + G(s)H(s) = \frac{N(s) + M(s)}{N(s)} \tag{5.71}$$

物理系统中,开环传递函数分子多项式的最高次幂 m 小于分母的最高次幂 n,故复变函数 $F(s)$ 的分子和分母两个多项式的阶次是相同的。因此,式(5.71)可改写为

$$F(s) = \frac{\prod_{i=1}^{n}(s + z_i)}{\prod_{i=1}^{n}(s + p_i)} \tag{5.72}$$

由以上分析可知,特征函数具有如下特点:
① $F(s)$ 的零点和极点分别是闭环极点和开环极点;
② $F(s)$ 的零点和极点数量相同;
③ $F(s)$ 和 $G(s)H(s)$ 相差常数 1;

因此,闭环系统稳定条件为使特征函数 $F(s)$ 的零点都具有负实部,即 $F(s)$ 的全部零点都不在 s 平面的右半平面。

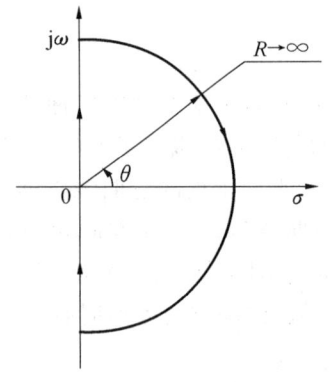

图 5-7-4 s 平面上的奈奎斯特轨迹

2. 封闭曲线的选择及奈氏判据

为了将幅角定理应用于频率域判定闭环系统的稳定性,选取 s 平面上的封闭曲线使之包围整个 s 右半平面。封闭曲线由整个虚轴(从 $s = -\text{j}\infty$ 到 $s = +\text{j}\infty$)和右半平面上半径为无穷大的半圆轨迹构成,这一封闭曲线称为奈奎斯特轨迹,方向为顺时针。如图 5-7-4 所示。因此,在 s 右半平面内是否包围 $F(s)$ 的零点、极点的问题,归结为在奈奎斯特轨迹内是否包围 $F(s)$ 的零点、极点的问题。

s 点在奈奎斯特轨迹上是连续变化的,其在 $F(s)$ 平面上的映射也是一条封闭曲线,称为奈奎斯特曲线。因为封闭曲线不能通过 $F(s)$ 的奇点,所以分两种情况讨论。

1）$F(s)$ 在虚轴上无极点

函数 $F(s)$ 在虚轴上无极点，即开环传递函数 $G(s)H(s)$ 在虚轴上无极点。封闭曲线可按照图 5-7-4 选取。

下面分别讨论奈奎斯特轨迹的两个组成部分，沿无穷大半径的半圆路径和沿虚轴路径所对应的映射曲线图形。

（1）沿无穷大半径的半圆路径。

在实际控制系统中，开环传递函数 $G(s)H(s)$ 的一般形式为

$$G(s)H(s) = \frac{b_0 s^m + b_1 s^{m-1} + \cdots + b_{m-1}s + b_m}{a_0 s^n + a_1 s^{n-1} + \cdots + a_{n-1}s + a_n} \tag{5.73}$$

由于系统总是满足 $n \geqslant m$，故当 s 趋于无穷时，必有

$$\lim_{s \to \infty} G(s)H(s) = \begin{cases} 0, & n > m \\ \dfrac{b_0}{a_0}, & n = m \end{cases} \tag{5.74}$$

或

$$\lim_{s \to \infty} F(s) = \lim_{s \to \infty}[1 + G(s)H(s)] = \begin{cases} 1, & n > m \\ 1 + \dfrac{b_0}{a_0}, & n = m \end{cases} \tag{5.75}$$

可见，当 $s \to \infty$ 时，$F(s)$ 是一个常量，奈奎斯特轨迹的这一部分映射到 $F(s)$ 平面上只是一个点。该点在 $F(s)$ 平面上的坐标可按式（5.75）确定。

（2）沿虚轴路径。

当动点 s 取虚轴上的数值时，即取 $s = j\omega(-\infty < \omega < +\infty)$，映射曲线 $F(j\omega)$ 刚好是频率特性形式。就是说，在 s 平面上奈奎斯特轨迹的虚轴部分映射到 $F(s)$ 平面上的曲线刚好是频率特性函数 $F(j\omega)$。

又由 $G(j\omega)H(j\omega) = F(j\omega) - 1$，只要将 $F(j\omega)$ 曲线向负实轴方向平行移动单位向量长度的距离，就得到 $G(j\omega)H(j\omega)$ 曲线。因此，$F(j\omega)$ 曲线对坐标原点的包围情况与 $G(j\omega)H(j\omega)$ 包围 $(-1, j0)$ 点的情况相同。于是可直接从开环频率特性 $G(j\omega)H(j\omega)$ 对 $(-1, j0)$ 点的包围情况来分析闭环系统的稳定性。

因此，奈奎斯特轨迹在 $G(j\omega)H(j\omega)$ 平面上的映射关系可描述为：当奈奎斯特轨迹顺时针包围特征函数 $F(s)$ 中的 Z 个零点和 P 个极点时，开环频率特性曲线 $G(j\omega)H(j\omega)$ 必须包围 $(-1, j0)$ 点 N 次，且 $N = Z - P$。

因为闭环系统稳定的充要条件是 $F(s)$ 在 s 右半平面无零点，即 $Z = 0$。所以，利用开环频率特性曲线 $G(j\omega)H(j\omega)$ 对 $(-1, j0)$ 点的包围情况来分析闭环系统的稳定性，可以概括出奈奎斯特稳定判据：闭环控制系统稳定的充分必要条件是开环频率特性曲线 $G(j\omega)H(j\omega)$ 不通过 $(-1, j0)$ 点，且逆时针包围 $(-1, j0)$ 点的周数 N 等于开环传递函数正实部极点的个数 P，即 $N = P$。

关于奈奎斯特稳定判据的说明：

① 对于开环稳定系统，当且仅当开环频率特性曲线不通过也不包围 $(-1, j0)$ 点，闭环系统稳定。

② 对于开环不稳定系统，当且仅当开环频率特性曲线逆时针绕 $(-1, j0)$ 点的周数 N 等于

开环传递函数在 s 右半平面的极点个数 P,闭环系统稳定。

③ 当开环频率特性曲线通过 $(-1,\mathrm{j}0)$ 点,闭环系统临界稳定。

【例 5.10】 单位反馈系统的开环传递函数

$$G(s) = \frac{K}{Ts-1}$$

试判断闭环系统的稳定性(设 $K > 1$)。

【解】 系统的开环频率特性为

$$G(\mathrm{j}\omega) = \frac{K}{\mathrm{j}\omega T-1} = \frac{K}{\sqrt{\omega^2 T^2+1}} \angle(-180^\circ + \arctan\omega T)$$

当 $\omega = 0 \to +\infty$ 变化时,$G(\mathrm{j}\omega)$ 曲线如图 5-7-5 实线所示。利用对称特性补画 $\omega = -\infty \to 0$ 负频段频率特性图,如图 5-7-5 中虚线所示。

系统有一个位于 s 右半平面的极点,故 $P=1$,开环系统不稳定;奈奎斯特曲线逆时针包围 $(-1,\mathrm{j}0)$ 点一周,故 $N=-1$,所以 $Z=N+P=0$,闭环系统稳定。

当 $K < 1$ 时,奈奎斯特曲线不包围 $(-1,\mathrm{j}0)$ 点,故 $N=0$,所以 $Z=N+P=1$,闭环系统不稳定,系统有一个特征根在 s 右半平面。

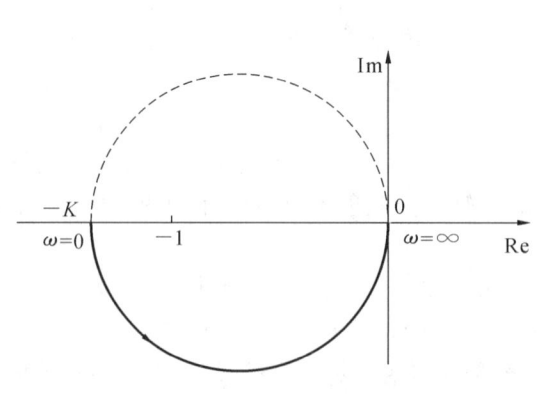

图 5-7-5 频率特性图

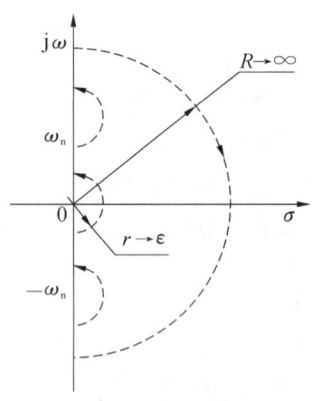

图 5-7-6 虚轴上有极点

2) $F(s)$ 在虚轴上有极点

上述分析中,假定奈奎斯特轨迹不穿过 $F(s)$ 的任何奇点,即不穿过 $F(s)$ 或 $G(\mathrm{j}\omega)H(\mathrm{j}\omega)$ 的任何极点。而实际控制系统在虚轴上(原点或纯虚数)存在极点,特别是在原点处存在极点的情况是常见的,如开环传递函数中存在积分环节的控制系统。此时,如果仍然用奈奎斯特轨迹,则在原点处 $F(s)$ 趋于无穷大而使映射关系不定,映射定理不能直接应用。需要对奈奎斯特轨迹进行修正,使其绕过虚轴上的开环极点,并将极点排除在奈奎斯特轨迹包围区域之外,但仍包围 $F(s)$ 在 s 右半平面内的所有零点和极点。

修正的奈奎斯特轨迹由以下几个部分组成:s 从 $-\mathrm{j}\infty$ 沿负虚轴运动到 $\mathrm{j}0_-$,从 $\mathrm{j}0_-$ 到 $\mathrm{j}0_+$,点 s 沿半径为 $\varepsilon(\varepsilon \to 0)$ 的无限小的半圆运动,然后从 $\mathrm{j}0_+$ 沿虚轴正半轴运动到 $\mathrm{j}\infty$,然后从 $\mathrm{j}\infty$ 沿半径为无穷大的半圆,返回到起始点 $-\mathrm{j}\infty$。由于 $\varepsilon \to 0$,因此,位于 s 右半平面的全部零点和极点仍被包围在修正后的封闭曲线内,如图 5-7-6 所示。

在半径为 ε 的无限小半圆轨迹上, s 表示为

$$s = \varepsilon e^{j\theta}$$

式中: θ 从 $-90° \rightarrow +90°$。令 $\varepsilon \rightarrow 0$, 于是有

$$G(j\omega)H(j\omega) = \frac{K}{\varepsilon^{v}} e^{-j v\theta} = \infty e^{-j v\theta}$$

此式表明, s 平面上原点附近的无限小半圆映射到 $G(j\omega)H(j\omega)$ 平面上, 是半径为无限大的圆弧。该圆弧旋转的角度从 $\omega = 0^-$ 开始, 顺时针转过 $v\pi$ 弧度后终止于 $\omega = 0^+$。这段半径为无穷大的圆弧称作奈奎斯特曲线的补线。

【例 5.11】　系统的开环传递函数为

$$G(s) = \frac{K}{s^2(Ts+1)}$$

试判断闭环系统的稳定性。

【解】　系统的开环频率特性为

$$G(j\omega) = \frac{K}{\omega^2 \sqrt{(\omega T)^2 + 1}} \angle (-180° - \arctan \omega T)$$

画出 $\omega = 0^+ \rightarrow +\infty$ 变化时 $G(j\omega)$ 的曲线, 根据对称性得到 $\omega = -\infty \rightarrow 0^-$ 变化时 $G(j\omega)$ 的曲线, 如图 5-7-7 实线所示。从 $\omega = 0^-$ 开始, 以无穷大半径顺时针转过 2π 后, 终止于 $\omega = 0^+$。如图 5-7-7 中虚线所示。

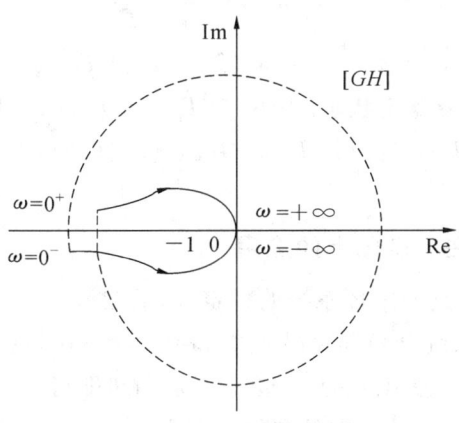

图 5-7-7　极坐标图

系统的开环传递函数在 s 右半平面没有极点, 故 $P = 0$; 从图可以看到, 奈奎斯特曲线顺时针包围 $(1, j0)$ 点 2 周, 故 $N = 2$。因此, $Z = N + P = 2$, 有两个特征根在右半 s 平面, 系统闭环不稳定。

【例 5.12】　设控制系统的开环传递函数为

$$G(s) = \frac{K}{s(T_1 s + 1)(T_2 s + 1)}$$

试分析不同 K 值时闭环系统的稳定性。

【解】　系统的开环频率特性为

$$G(j\omega) = \frac{K}{j\omega(j\omega T_1 + 1)(j\omega T_2 + 1)}$$

画出 $\omega=0^+\rightarrow+\infty$ 及 $\omega=-\infty\rightarrow0^-$ 变化时 $G(j\omega)$ 的曲线,如图 5-7-8 中实线所示。从 $\omega=0^-$ 开始,以无穷大为半径顺时针转过角度 π 后终止于 $\omega=0^+$,如图 5-7-8 中虚线所示。

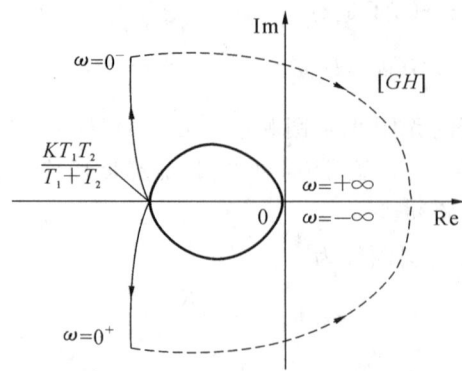

图 5-7-8　开环频率特性曲线

$G(j\omega)$ 曲线与负实轴交点处的频率为

$$\omega=\frac{1}{\sqrt{T_1T_2}}$$

代入幅值表达式中,得

$$|G(j\omega)|=\frac{KT_1T_2}{T_1+T_2}$$

由此可见,当 $KT_1T_2/(T_1+T_2)=1$,即 $K=(T_1+T_2)/T_1T_2$ 时,$G(j\omega)$ 曲线正好穿过 $(-1,j0)$ 点,此时系统处于临界稳定状态;当 $K<(T_1+T_2)/T_1T_2$ 时,$G(j\omega)$ 曲线不包围 $(-1,j0)$ 点,闭环系统稳定;当 $K>(T_1+T_2)/T_1T_2$ 时,$G(j\omega)$ 包围 $(-1,j0)$ 点两周,系统有两个不稳定特征根,闭环系统不稳定。

3. 奈奎斯特稳定判据在伯德图上的应用

应用奈奎斯特稳定判据判断闭环系统的稳定性,需要画出全频段的 $G(j\omega)H(j\omega)$ 曲线,以便得到封闭的围线。因为系统开环频率特性在 $\omega=-\infty\rightarrow0$ 与 $\omega=0\rightarrow+\infty$ 段的曲线是镜像的,所以只需画出 $\omega=0\rightarrow+\infty$ 变化时的 $G(j\omega)H(j\omega)$ 曲线即可。

实际上,系统的频域分析设计通常是在伯德图上进行的。将奈奎斯特稳定判据引申到伯德图上,以伯德图的形式表现出来,就成为对数稳定判据。在伯德图上运用奈奎斯特稳定判据的关键在于如何确定 $G(j\omega)H(j\omega)$ 包围点 $(-1,j0)$ 的圈数 N。

系统的开环频率特性奈氏图与伯德图存在以下对应关系:

(1) 奈氏图上 $|G(j\omega)|=1$ 的单位圆与伯德图上的 0 dB 线相对应。单位圆外部对应于 $L(\omega)>0$,单位圆内部对应于 $L(\omega)<0$。

(2) 奈氏图上的负实轴对应于伯德图上的 $-180°$ 线。

为说明这种应用方法,首先介绍极坐标图上频率特性曲线穿越的概念(见图 5-7-9)。

随着 ω 增加,系统的开环频率特性曲线逆时针(自下往上)穿过 $(-1,j0)$ 点左侧负实轴,称为正穿越,记为 $N_+=1$。随着 ω 增加,系统开环频率特性曲线顺时针(自上往下)穿过 $(-1,j0)$ 点左侧负实轴,称为负穿越,记为 $N_- = 1$。如果开环频率特性曲线起始或终止于 $(-1,j0)$ 点左侧负实轴,称为半穿越,记为 $N_+ = 1/2$ 或 $N_- = 1/2$。

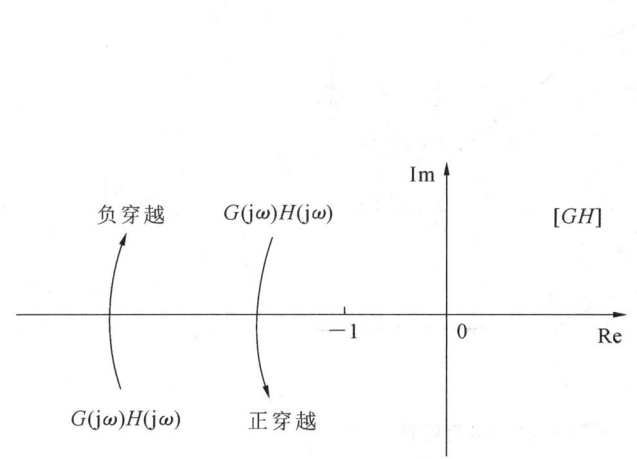

图 5-7-9 极坐标图上的穿越示意图

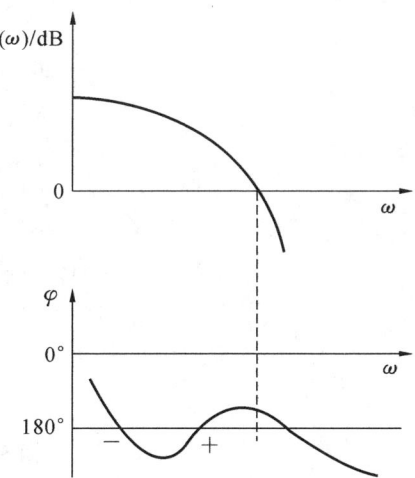

图 5-7-10 在伯德图上的穿越示意图

如图 5-7-10 所示,在伯德图上,在 $L(\omega) > 0$ 的频段范围内沿 ω 增加的方向,对数频率特性曲线按相角增加的方向(自下而上)穿过 $-180°$ 线称为正穿越;反之,对数频率特性曲线按相角减小方向(自上而下)穿过 $-180°$ 线称为负穿越。同理,在 $L(\omega) > 0$ 的频段范围内沿 ω 增加方向自 $-180°$ 线开始向上(下)离开,或从下(上)趋近到 $-180°$ 线,则称为半次正(负)穿越。

在奈氏图上:正穿越一次,对应于幅相特性曲线逆时针包围 $(-1,j0)$ 点一圈;负穿越一次,对应于幅相特性曲线顺时针包围 $(-1,j0)$ 点一圈。因此,幅相特性曲线包围点 $(-1,j0)$ 的次数等于正、负穿越次数之差,即 $N = N_+ - N_-$。在伯德图上同样可以用上述方法确定 N。

综上,在对数坐标图上奈奎斯特稳定判据可表述为:闭环控制系统稳定的充分必要条件是在对数幅频特性 $L(\omega) > 0$ 的频段内,相频特性曲线对 $\pm(2k+1)\pi$ 线的负穿越与正穿越次数之差满足 $Z = (N_- - N_+) + P = 0$。其中,P 为开环不稳定极点的个数;Z 为闭环不稳定特征根的个数。

若开环传递函数在虚轴上有极点,则在对数坐标图上需要补画相应的相频特性曲线。若系统中存在积分环节 $(\nu > 0)$,需要补画 $\omega = 0 \rightarrow 0^+$ 段的相频特性曲线。即在 $L(\omega) > 0$ 频段内,从对数相频特性 $\omega = 0^+$ 处向上补画 $\nu \times 90°$ 的虚直线,补画的虚直线产生的穿越均为负穿越。

【例 5.13】 设控制系统的开环传递函数为

$$G(s) = \frac{K}{s^2(s+1)}$$

当 $K = 10$ 时,试用奈奎斯特稳定判据判断闭环系统的稳定性。

【解】 画出开环对数频率特性及其补画的虚直线如图 5-7-11 所示。开环系统稳定,$P = 0$;由图 5-7-11 可知 $N_+ = 0$,$N_- = 1$,所以 $Z = 2(N_- - N_+) + P = 2$,即有两个特征根在 s 右半平面,故闭环系统不稳定。

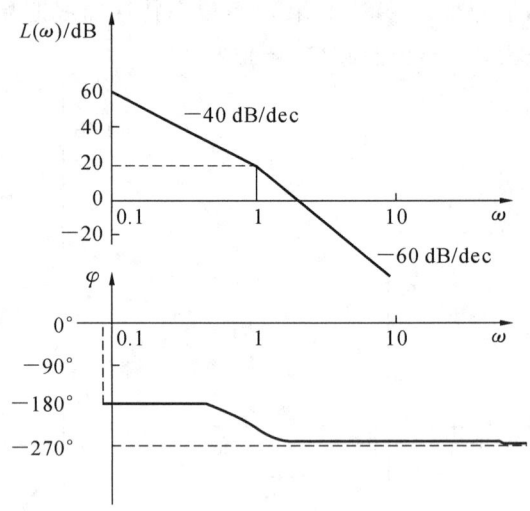

图 5-7-11　开环对数频率特性图

5.8　控制系统的稳定裕度

　　控制系统稳定与否是绝对稳定性的概念。而系统的稳定程度,即相对稳定性的概念。相对稳定性与系统的动态性能指标有着密切的关系。在设计一个系统时,不仅要求它必须是绝对稳定的,而且还应该保证系统的稳定程度。只有这样,才不会因系统参数的小范围漂移导致系统性能变差甚至不稳定。

　　用系统的开环频率特性不仅可以判断系统闭环时的稳定性,而且还可以定量地反映系统的相对稳定性,即稳定程度。由奈氏稳定判据可知,若系统开环稳定($P=0$),则闭环系统稳定的充要条件是开环频率特性不包围(-1,j0)点;如果开环频率特性正好穿过(-1,j0)点,则意味着系统处于稳定的临界状态,因此系统开环频率特性靠近(-1,j0)的程度表征了系统的相对稳定性,它距离(-1,j0)点越远,闭环系统的相对稳定性越高。

　　系统的相对稳定性通常用相位裕度和幅值裕度来衡量。

1. 相位裕度 γ

　　系统的开环频率特性的幅值为 1 时,即 $A(\omega)=1$ 或 $L(\omega)=0$,系统开环频率特性的相位 $\varphi(\omega)$ 与 180°的差值 γ 用来衡量系统的相对稳定性,这个角度差 γ 称为相位裕度,对应的频率 ω_c 称为幅值穿越频率,即

$$\gamma = 180° + \varphi(\omega_c) \tag{5.76}$$

式中:ω_c 满足 $A(\omega_c)=1$。

　　相位裕度 γ 的物理意义是:对于闭环稳定系统,如果系统的开环相频特性再滞后 γ,则系统将处于临界稳定状态。

　　对于稳定的系统,其相位裕度为正,$\gamma>0$;对于不稳定的系统,其相位裕度为负,$\gamma<0$。

　　在奈奎斯特图上,相位裕度是开环幅相特性 $A(\omega)=|G(\omega)|=1$ 时的向量与负实轴的夹

角(见图 5-8-1(a))。在伯德图上,相位裕度是横坐标为 $L(\omega)=0$ dB,即剪切频率 ω_c 处的相角 $\varphi(\omega_c)$ 与 $-180°$ 水平线之间的相角差(见图 5-8-1(b))。

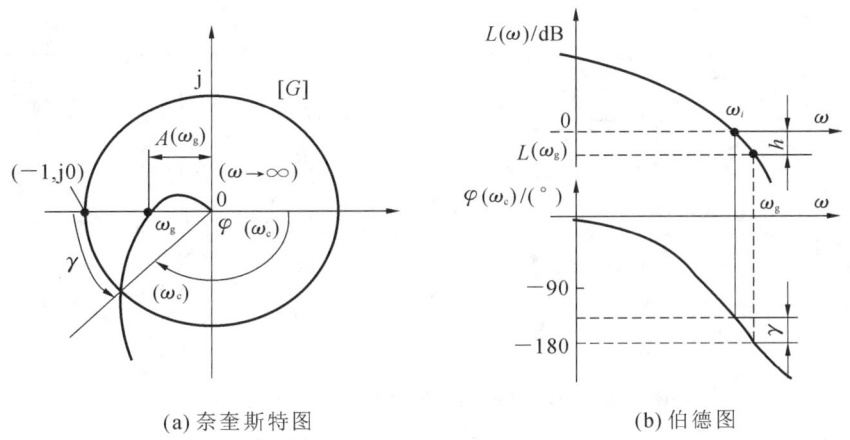

| (a) 奈奎斯特图 | (b) 伯德图 |

图 5-8-1　稳定系统的奈奎斯特图和伯德图

2. 幅值裕度 K_g

系统的开环相频特性为 $-180°$ 时,系统的开环频率特性幅值 $A(\omega)$ 的倒数称为幅值裕度,记作 K_g。所对应的频率 ω_g 称为相位穿越频率,即

$$K_g = \frac{1}{A(\omega_g)} \qquad (5.77)$$

式中: ω_g 满足 $\varphi(\omega_g)=-180°$。

幅值裕度 K_g 的物理意义是:对于闭环稳定系统,如果系统的开环系数再放大 K_g 倍,则系统将处于临界稳定状态。

如果用分贝表示幅值裕度,则有

$$K_g(\text{dB}) = 20\lg K_g = 20\lg \frac{1}{A(\omega_g)} = -20\lg A(\omega_g) \qquad (5.78)$$

对于稳定的系统,幅值裕度 $K_g>1$,即 $K_g(\text{dB})>0$,幅值裕度为正;对于不稳定的系统幅值裕度 $K_g<1$,即 $K_g(\text{dB})<0$,幅值裕度为负。

不稳定系统的相位裕度和幅值裕度分别在奈奎斯特图和伯德图上的表示如图 5-8-2(a)和(b)所示。

显然,相位裕度和幅值裕度越大,系统的稳定性越好。但是稳定裕度过大会影响系统的其他性能,例如系统响应的快速性。工程上一般选择相位裕度 γ 为 $30°\sim60°$,幅值裕度 K_g(dB)为 $(6\sim20)$dB。

3. 幅值穿越频率 ω_c 的计算

幅值穿越频率 ω_c 的确定对计算系统的相位裕度至关重要,是本章内容的重点和难点。利用各典型环节的渐近特性可以简化 ω_c 的计算,其计算步骤如下:

(1) 按分段描述的方法写出对数幅频特性曲线的渐近方程表达式,即

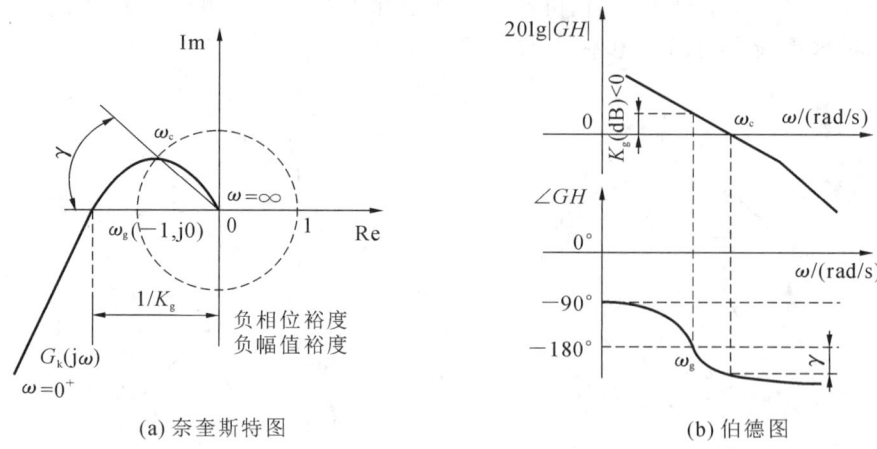

(a) 奈奎斯特图   (b) 伯德图

图 5-8-2　不稳定系统的奈奎斯特图和伯德图

$$L(\omega) = \begin{cases} 20\lg A_1(\omega), & \omega_0 \leqslant \omega \leqslant \omega_1 \\ 20\lg A_2(\omega), & \omega_1 \leqslant \omega \leqslant \omega_2 \\ \quad\vdots & \quad\vdots \\ 20\lg A_{m-1}(\omega), & \omega_{m-2} \leqslant \omega \leqslant \omega_{m-1} \\ 20\lg A_m(\omega), & \omega_{m-1} \leqslant \omega \leqslant \omega_m \end{cases} \tag{5.79}$$

(2) 按顺序求 $A_i(\omega)=1$ 之解 ω，考查 $\omega_{i-1} \leqslant \omega \leqslant \omega_i$ 是否成立。若成立，则 $\omega_c=\omega$，停止计算；若 $\omega_{i-1} \leqslant \omega \leqslant \omega_i$ 不成立，则 $i=i+1$，重新计算 $A_i(\omega)=1$。

4. 幅值裕度 K_g 的计算

计算幅值裕度的难点在于计算相位穿越频率 ω_g，这里介绍计算幅值裕度的两种方法。

方法一：将系统的开环幅相频率特性用实部和虚部表示，令虚部等于零，求出相位穿越频率 ω_g，代入实部求出与实轴的交点坐标，便可以求解幅值裕度。

方法二：根据系统的相频特性 $\varphi(\omega_g)=-180°$，用试探法求出相位穿越频率 ω_g，便可以求解幅值裕度。

【例 5.14】　系统的开环传递函数为

$$G_k(s) = \frac{K}{s(s+1)(0.1s+1)}$$

试求解下列问题：

(1) $K=5$ 时,绘制出系统的开环对数幅频特性曲线,并求出幅值穿越频率 ω_c 和相位裕度 γ。

(2) 求出系统处于临界稳定状态的 K 值。

【解】

(1) 绘制 $K=5$ 时系统的开环对数幅频特性曲线：在横坐标上标出各典型环节的转折频率，即两个惯性环节的转折频率分别为 $\omega_1=1$ 和 $\omega_2=10$。由于 $K=5$，可得 $20\lg K=14$ dB。在图中 ω_1 处标出 $L(1)=14$ dB，过此点画一条斜率为 -20 dB/dec 的直线，它就是低频段的渐近线。然后随着 ω 的增加，在各转折频率处依次改变斜率，直接绘制出开环对数幅频特性曲线的渐近线。在 $\omega=1$ 处，曲线斜率由 -20 dB/dec 变为 -40 dB/dec；在 $\omega=10$ 处曲线斜率由 -40 dB/dec 变为 -60 dB/dec。系统的开环对数幅频特性曲线如图 5-8-3 所示。

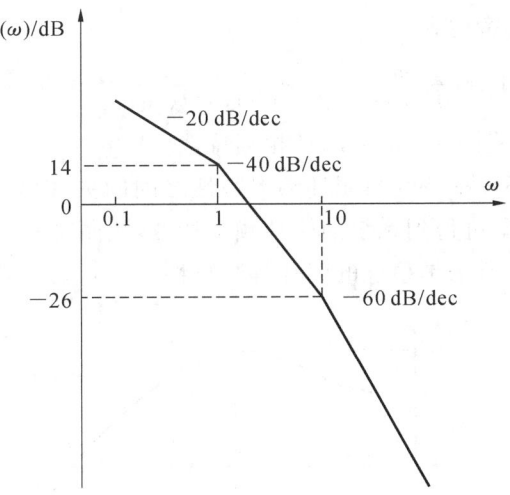

图 5-8-3　系统的开环对数幅频特性

由图 5-8-3 可知 $1<\omega_c<10$，于是有

$$\frac{K}{\omega_c^2}=1$$

求出幅值穿越频率 $\omega_c=2.24$。由 ω_c 可求得相位裕度为

$$\gamma=180°+\varphi(\omega_c)=180°-90°-\arctan 2.24\times 1-\arctan 2.24\times 0.01=11.5°$$

（2）要确定处于临界稳定状态的 K 值，就先要计算系统的幅值裕度 K_g。

令

$$\varphi(\omega_g)=-90°-\arctan\omega_g-\arctan 0.1\omega_g=-180°$$

可以求出 $\omega_g=3.16$，在 $\omega_g=3.16$ 时的幅值为

$$A(3.16)=\frac{5}{3.16\sqrt{3.16^2+1}\sqrt{(3.16\times 0.1)^2+1}}=0.4549$$

因此幅值裕度

$$K_g=\frac{1}{0.4549}=2.198$$

若开环增益增大 2.198 倍，即 $K=5\times 2.198=10.99$ 时，则系统处于临界稳定状态。

5.9　开环频率特性与系统性能指标的关系

在采用频率特性法对系统进行分析、设计时，通常是以频域指标为依据。然而，系统的频域指标毕竟是一种间接的概略性指标，总不如时域指标那么直接、准确。考虑到对数频率特性在实际工程中的广泛应用，这里主要讨论开环频率特性与系统性能指标的关系。

5.9.1 闭环频率特性及其性能指标

一个系统的闭环频率特性为

$$M(j\omega) = \frac{C(j\omega)}{R(j\omega)} = \frac{M(j\omega)}{1 + G(j\omega)H(j\omega)} = M(\omega)\varphi_M(\omega) \tag{5.80}$$

式中:$M(j\omega)$为闭环幅频特性;$\varphi_M(\omega)$为闭环相频特性。

式(5.80)描述了开环频率特性与闭环频率特性之间的关系,根据此式求出不同频率处所对应的闭环幅值和相位,即可得到系统的闭环频率特性,从而绘制出闭环幅频特性曲线和闭环相频特性曲线。图 5-9-1 所示是系统的闭环幅频特性。

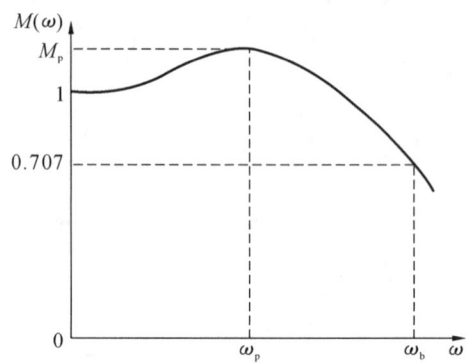

图 5-9-1　闭环系统的幅频特性曲线

由图 5-9-1 可见,闭环幅频特性的幅值从 $M(0)=1$ 开始,其低频部分变化缓慢,曲线较为平缓,随着 ω 的不断增加,特性出现谐振峰值,继而以较大的陡度衰减至零。大多数控制系统都具有此典型的低通滤波器特性,该特性常用几个特征量来表示,即谐振峰值 M_p、谐振频率 ω_p、带宽频率 ω_b 和剪切速度,如图 5-9-1 所示。这些特征量又称为频域性能指标,它们在很大程度上能间接地反映出系统时域响应的品质,且与时域性能指标直接有关。

(1)谐振峰值 M_p。

谐振峰值 M_p 是闭环系统幅频特性的最大值,它反映了系统的相对稳定性。通常 M_p 值越大,系统阶跃响应的超调量 $\sigma_p\%$ 也越大,因而系统的相对稳定性就比较差。通常希望系统的谐振峰值 M_p 在 $1.1\sim1.4$ 之间。

(2)谐振频率 ω_p。

谐振频率 ω_p 是闭环系统幅频特性出现谐振峰值时所对应的频率,它在一定程度上反映了系统瞬态响应的速度。ω_p 值越大,瞬态响应越快。

(3)带宽频率 ω_b。

当闭环系统频率特性的幅值 $M(\omega)$ 由其初始值 $M(0)$ 减小到 $0.707M(0)$(或零频率分贝值以下 3 dB)时,所对应的频率 ω_b 称为带宽频率。$0\sim\omega_b$ 的频率范围称为系统的带宽。系统的带宽反映了系统对噪声的滤波特性,同时也反映了系统的响应速度。带宽越大,瞬态响应速度越快,但对高频噪声的过滤能力越差。

（4）剪切速度。

剪切速度是指在高频时频率特性衰减的快慢指标。剪切速度在高频区衰减越快，对于信号和干扰两者的分辨能力越强，但剪切速度越快，谐振峰值越大。

5.9.2 控制系统频域指标与时域指标的关系

1. 二阶系统

典型二阶系统的开环频率特性为

$$G(j\omega)H(j\omega) = \frac{\omega_n^2}{j\omega(j\omega + 2\zeta\omega_n)} \tag{5.81}$$

其开环的幅频特性和相频特性分别为

$$A(\omega) = \frac{\omega_n^2}{\omega\sqrt{\omega^2 + (2\zeta\omega_n)^2}} \tag{5.82}$$

$$\varphi(\omega) = -90° - \arctan\frac{\omega}{2\zeta\omega_n} \tag{5.83}$$

令 $A(\omega)=1$ 得

$$\omega_c = \omega_n\sqrt{\sqrt{4\zeta^4 + 1} - 2\zeta^2} \tag{5.84}$$

可得系统的相位裕度为

$$\gamma = 180° + \varphi(\omega_c) = \arctan\frac{2\zeta}{\sqrt{\sqrt{4\zeta^4 + 1} - 2\zeta^2}} \tag{5.85}$$

在时域分析中已知

$$\sigma\% = e^{-\frac{\pi\zeta}{\sqrt{1-\zeta^2}}} \tag{5.86}$$

$$t_s = \frac{3}{\zeta\omega_n} \quad (\Delta = 0.05) \tag{5.87}$$

式(5.84)与式(5.87)相乘，得

$$t_s\omega_c = \frac{3}{\zeta}\sqrt{\sqrt{4\zeta^4 + 1} - 2\zeta^2} \tag{5.88}$$

考虑式(5.85)和式(5.88)，得

$$t_s\omega_c = \frac{6}{\tan\gamma} \tag{5.89}$$

从式(5.85)和式(5.86)可以看出：γ 越小，$\sigma\%$ 就越大；反之，γ 越大，$\sigma\%$ 就越小。通常，为了使二阶系统在阶跃函数作用下不至于振荡过度以及调节时间过长，一般希望 $30°<\gamma<60°$。从式(5.89)可见，如果相位裕度 γ 已经给定，那么 t_s 与 ω_c 成反比，即如果两个二阶系统的相位裕度 γ 相同，那么它们的最大超调量 $\sigma\%$ 也相同。这样 ω_c 较大的系统，其调节时间 t_s 必然较短。

典型二阶系统的闭环频率特性为

$$M(j\omega) = \frac{\omega_n^2}{(j\omega)^2 + 2\zeta\omega_n(j\omega) + \omega_n^2} = \frac{1}{1 + (\frac{\omega}{\omega_n})^2 + j2\zeta(\frac{\omega}{\omega_n})} \tag{5.90}$$

其幅频特性和相频特性分别为

$$M(\omega) = \frac{1}{\sqrt{1 - (\frac{\omega^2}{\omega_n^2})^2 + 4\zeta^2 \cdot \frac{\omega^2}{\omega_n^2}}} \tag{5.91}$$

$$\varphi_M(\omega) = -\arctan \frac{2\zeta \frac{\omega}{\omega_n}}{1 - (\frac{\omega}{\omega_n})^2} \tag{5.92}$$

因为谐振发生在 $M(\omega)$ 的极值处,令

$$\frac{dM(\omega)}{d\omega} = 0$$

$$\omega_p = \omega_n \sqrt{1 - 2\zeta^2}, \qquad 0 \leqslant \zeta \leqslant 0.707 \tag{5.93}$$

将 ω_p 值代入式(5.93),可求得幅频特性的峰值为

$$M_p = \frac{1}{2\zeta \sqrt{1 - \zeta^2}}, \qquad 0 \leqslant \zeta \leqslant 0.707 \tag{5.94}$$

图 5-9-2 给出了 M_p 与 ζ 的关系曲线,从曲线可看出:M_p 越小,系统的阻尼性能越好,当 $\zeta > 0.707$ 时,二阶系统不产生谐振;若 M_p 值较高,则系统的动态过程超调量大,收敛慢,平稳性和快速性都较差。

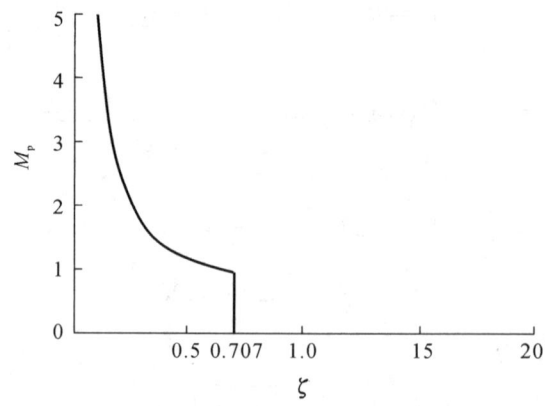

图 5-9-2 M_p 与 ζ 的关系曲线

当 $\omega = 0$ 时,$M(0) = 1$;当 $\omega = \omega_b$ 时,$M(\omega_b) = 0.707$,故有

$$\frac{1}{\sqrt{1 - (\frac{\omega^2}{\omega_n^2})^2 + 4\zeta^2 \frac{\omega^2}{\omega_n^2}}} = 0.707$$

解得

$$\omega_b = \omega_n \sqrt{(1 - 2\zeta^2) + \sqrt{4\zeta^4 - 4\zeta^2 + 2}} \tag{5.95}$$

$$\omega_b t_s = \frac{3}{\zeta} \sqrt{(1 - 2\zeta^2) + \sqrt{4\zeta^4 - 4\zeta^2 + 2}} \tag{5.96}$$

对于给定的谐振峰值 M_p,其调节时间 t_s 与带宽频率 ω_b 成反比,频带宽度越宽,则调节时间 t_s 越短。实际上,如果系统有较宽的通频带,则表明系统自身的"惯性"很小,故动作过程迅速,系统的快速性好。

2. 高阶系统

高阶系统的谐振峰值 M_p 的确定,在工程上常采用下述经验公式

$$M_p = \frac{1}{\sin\gamma} \tag{5.97}$$

对于高阶系统、频域指标和时域指标不存在解析关系,通过对大量系统的研究,归纳为下述两个近似估算时域指标公式

$$\sigma\% = 0.16 + 0.4\left(\frac{1}{\sin\gamma} - 1\right), \quad 35° \leqslant \gamma \leqslant 90° \tag{5.98}$$

$$t_s = \frac{k_0 \pi}{\omega_c} \tag{5.99}$$

式中:

$$k_0 = 2 + 1.5\left(\frac{1}{\sin\gamma} - 1\right) + 2.5\left(\frac{1}{\sin\gamma} - 1\right)^2, \quad 35° \leqslant \zeta \leqslant 90° \tag{5.100}$$

应用上述经验公式估算高阶系统的时域指标一般偏于保守,即实际性能比估算结果要好。

5.9.3　开环对数幅频特性与系统动态性能的关系

1. 低频段

低频段通常是指开环对数幅频特性 $L(\omega)$ 的渐近线在第一个转折频率以前的区段。在低频段内,系统的开环频率特性为

$$G(j\omega)H(j\omega) = \frac{K}{(j\omega)^v} \tag{5.101}$$

其对数幅频特性为

$$L(\omega) = 20\lg K - 20v\lg\omega \tag{5.102}$$

式(5.102)是直线方程,斜率为 -20 dB/dec,直线通过 $\omega = 1, L(1) = 20\lg K$ 这一点;同时直线或其延长线在 $\omega = \sqrt[v]{K}$ 处通过 0 dB 线,如图 5-9-3 所示,所以,由低频段的斜率和直线位置可求出串联积分环节个数 v 和开环放大系数 K。因此,开环对数幅频特性曲线的低频段反映出系统的静态性能:低频段斜率的绝对值越大,位置越高,对应于串联积分环节的数目越多(类型越高),开环放大系数越大,故闭环系统在满足稳定的条件下,低频段斜率的绝对值越大,其稳态误差越小,动态响应的最终精度越高。

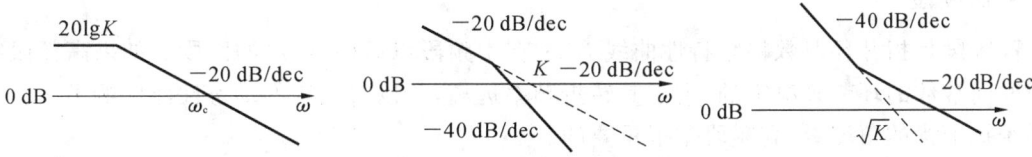

图 5-9-3　伯德图上的开环放大系数

2. 中频段

中频段是指开环对数幅频特性曲线 $L(\omega)$ 在幅值穿越频率 ω_c 附近的区段。这一区段的特

征量为幅值穿越频率 ω_c 和中频段宽度 h , h 为幅值穿越频率所对应的频率段两端的转折频率之比。

$$h = \frac{\omega_2}{\omega_1} \tag{5.103}$$

现设某系统的开环频率特性为

$$G(j\omega)H(j\omega) = \frac{K}{(j\omega)(1+j\omega T_1)(1+j\omega T_2)}, \quad T_1 > T_2 > 0$$

令

$$\frac{1}{T_1} = \omega_1, \frac{1}{T_2} = \omega_2$$

则有

$$\gamma = 180° + \varphi(\omega_c) = 180° - 90° - \arctan\frac{\omega_c}{\omega_1} - \arctan\frac{\omega_c}{\omega_2}$$

当 $\omega_c < \omega_1$ 时,ω_c 处的斜率为 -20 dB/dec,则 $\gamma > 0°$;当 $\omega_1 < \omega_c < \omega_2$ 时,ω_c 处的斜率为 -40 dB/dec,则 γ 可能大于 $0°$,也可能小于 $0°$;当 $\omega_2 < \omega_c$ 时,ω_c 处的斜率为 -60 dB/dec,则 $\gamma < 0°$。

（1）如果 $L(\omega)$ 在 ω_c 处的穿越斜率保持为 -20 dB/dec,而且该段还保持一定的中频段宽度 h,一般 $h > 5$,可以保证系统的相位裕度 $\gamma > 0°$,那么系统一定是稳定的,且动态性能比较好,如图 5-9-4 所示。

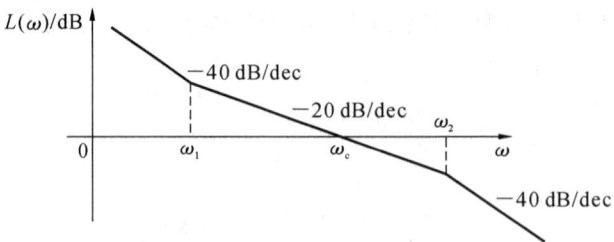

图 5-9-4 对数幅频特性的中频段

（2）如果 $L(\omega)$ 在 ω_c 处的穿越斜率为 -40 dB/dec,那么系统可能是不稳定的,或者即使是稳定的,其平稳性也极差,会有较大的振荡产生。

（3）如果 $L(\omega)$ 在 ω_c 处的穿越斜率保持为 -20 dB/dec,而两端的转折频率 ω_1、ω_2 很近,也就是说,不能保持中频段宽度 h 足够宽,那么,系统的动态性能也是比较差的。

3. 高频段

高频段是指开环对数幅频特性曲线 $L(\omega)$ 在中频段以后($\omega_c < \omega$)的区段。如果高频段特性是由时间常数的环节来决定的,由于其转折频率远离,所以对系统的动态性能影响不大。然而从系统抗干扰的角度看,高频段是很重要的。

若单位反馈系统的闭环频率特性为

$$M(j\omega) = \frac{G(j\omega)}{1+G(j\omega)} \tag{5.104}$$

由于在高频段,一般 $L(\omega) = 20\lg A(\omega) << 0$,即 $A(\omega) << 1$,故有

$$M(\omega) = \frac{|G(j\omega)|}{|1 + G(j\omega)|} \approx |G(j\omega)| = A(\omega) \tag{5.105}$$

即在高频段,闭环幅频特性近似等于开环幅频特性。

因此,开环对数幅频特性高频段的幅值,直接反映了系统对输入端高频信号的抑制能力,高频段分贝值越低,系统抗干扰能力越强。

总之,在开环对数频率特性的三个频段中,低频段决定了系统的稳态精度,中频段决定了系统的平稳性和快速性,高频段决定了系统的抗干扰能力。三个频段的划分并没有严格的确定性准则,但是三个频段的概念,为直接运用开环幅频特性判别稳定的闭环系统的动态性能指出了原则和方向。

5.10　思政融合——"卓越人物"

关键词:爱国奉献,航天精神

梁思礼,中国首枚远程运载火箭控制系统的主任设计师,"东风快递,使命必达"中的超级"快递员",中国航天事业的奠基人之一,火箭系统控制专家,开创了"航天可靠性工程学"。

1941 年,梁思礼申请到了美国嘉尔顿学院的全额奖学金,两年后,转入被誉为"工程师摇篮"的普渡大学机电工程系,于 1949 年在辛辛那提获得自动控制专业博士学位。1949 年夏天拿到博士学位的梁思礼无视美国几大军工企业抛来的橄榄枝,义无反顾启程回国。他在给朋友的信中写道:"我离开时的感情,只有期望,没有留恋。"当船还在海上时,梁思礼从无线电广播中听到了中华人民共和国成立的消息,听说了新中国的国旗是五星红旗。兴奋的梁思礼找来了一块红布,把一颗大星放在中间,四颗小星放在四角,在这面自制的国旗下,他召集其他人一同开了一个派对共同庆祝新中国的诞生,胸怀大志漂泊海外,在学业有成时毅然归国。

多年后有人问他,从父亲身上继承的最宝贵的东西是什么,梁思礼回答:"父亲对我的直接影响较少,几个哥哥姐姐都受过父亲言传身教,国学功底数我最弱但爱国这一课,我不曾落下半节。"

1976 年—1978 年,梁思礼任"长征三号"火箭控制系统技术负责人;1978 年后兼任"长征二号"火箭副总工程师,对于"万人一杆枪"的火箭系统,梁思礼开创了"航天可靠性工程学",提出"质量可靠性是设计出来、生产出来、管理出来的,而不是检验、实验和统计分析出来的",使"长征二号"的可靠性大大提高。自 1975 年第一颗返回式卫星发射成功后,"长征二号"系列火箭连续将 23 颗返回式卫星成功地送入太空,更成为我国载人航天的唯一运载火箭,神舟系列、天宫系列航天器均由其发射成功,而"长征三号"火箭则成为发射地球同步卫星的良好载体,遍布天际的北斗导航卫星大多数由其发射。1981 年以后,作为七机部总工程师,梁思礼大力推广航天软件工程化,先后领导了标准化、模块化、通用化的计算机自动化测试系统,以及计算机辅助设计和制造技术的研发和应用工作,极大地拓宽了航天工程探索领域,提升了工作的可靠性和效率,为我国载人航天事业"划开了一个崭新的时代"!从第一颗原子弹、第一枚导弹、第一颗人造地球卫星到第一艘神舟飞船,梁思礼与几代航天人一起白手起家、自力更生,创建起完整坚实的中国航天事业,使中国跻身世界航天强国之列。他曾坦言,"能为此奉献一生,感到无比的光荣与自豪!"

中国航天人

本 章 小 结

(1) 频率特性法是在频域内应用图解法评价系统性能的一种工程方法,频率特性法不必求解系统的微分方程就可以分析系统的动态和稳态时域性能。频率特性可以由实验方法求出,对于一些难以列写出系统动态方程的场合,频率特性法具有重要的工程实用意义。

(2) 频率特性法分析常用两种图解方法:极坐标图(奈氏图)和对数坐标图(伯德图)。伯德图不但计算简单,绘图容易,而且能直观地显示时间常数等系统参数变化对系统性能的影响。因此更加具有工程实用意义。

(3) 控制系统一般由若干典型环节所组成,熟悉典型环节的频率特性可以方便地获得系统的开环频率特性,利用奈氏图可以方便地分析闭环系统的性能。

(4) 开环系统的对数坐标频率特性曲线(伯德图)是控制系统分析和设计的主要工具。开环对数幅频特性曲线的低频段表征了系统的稳态性能,中频段表征了系统的动态性能,高频段则反映了系统抗干扰的能力。

(5) 奈奎斯特稳定判据是利用系统的开环幅相频率特性 $G(j\omega)H(j\omega)$ 曲线,即奈氏曲线是否包围 G 平面中的 $(-1,j0)$ 点来判断闭环系统的稳定性。该稳定判据不但能判断闭环系统的绝对稳定性(稳态性能),还能分析系统的相对稳定性(动态性能)。

(6) 伯德图是与奈氏图对应的另一种频域图示方法,绘制伯德图比绘制奈氏图要简便得多。因此,一般工程中常利用伯德图来分析系统稳定性及求取稳定裕度,包括相位裕度和幅值裕度。

(7) 谐振频率 ω_p,谐振峰值 M_p 和带宽频率 ω_b 是重要的闭环频域性能指标,根据它们与时域性能指标间的转换关系,可以估计系统的重要时域性能指标 t_p、$\sigma_p\%$ 和 t_s 等。

习 题

5-1 试求下列函数的幅频特性 $A(\omega)$、相频特性 $\varphi(\omega)$、实频特性 $U(\omega)$ 和虚频特性 $V(\omega)$:

(1) $G(j\omega) = \dfrac{5}{30j\omega + 1}$

（2）$G(j\omega) = \dfrac{1}{j\omega(0.1j\omega + 1)}$

5-2　某系统传递函数

$$G(s) = \dfrac{5}{0.25s + 1}$$

当输入为 $5\cos(4t - 30°)$ 时，试求系统的稳态输出。

5-3　某单位反馈的二阶 I 型系统，其最大超调量为 16.3%，峰值时间为 114.6 ms。试求其开环传递函数，并求出闭环谐振峰值 M_p 和谐振频率 ω_p。

5-4　题图 5-4 均是最小相位系统的开环对数幅频特性曲线，试写出其开环传递函数。

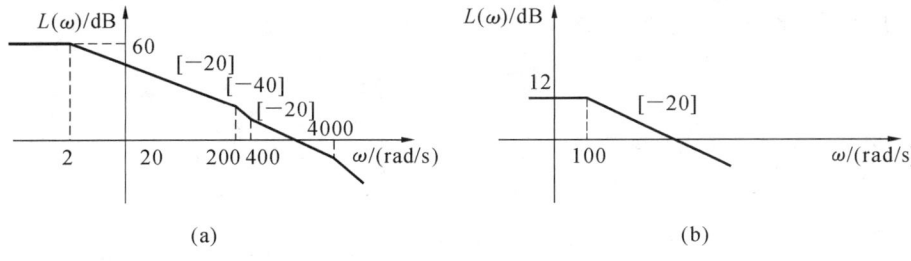

(a)　　　　　　　　　　　　　　(b)

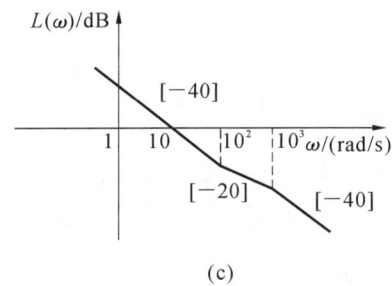　　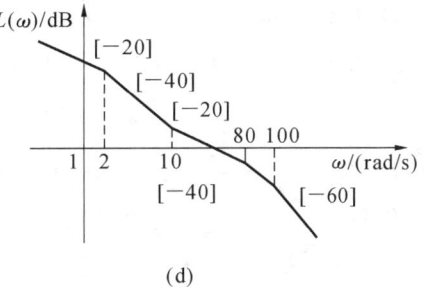

(c)　　　　　　　　　　　　　　(d)

题图 5-4

5-5　试画出下列传递函数的伯德图：

（1）$G(s) = \dfrac{20}{s(0.5s+1)(0.1s+1)}$

（2）$G(s) = \dfrac{2s^2}{(0.4s+1)(0.04s+1)}$

（3）$G(s) = \dfrac{50(0.6s+1)}{s^2(4s+1)}$

（4）$G(s) = \dfrac{7.5(0.2s+1)(s+1)}{s(s^2+16s+100)}$

5-6　试画出下列系统的奈氏图：

（1）$G(s) = \dfrac{1}{(s+1)(2s+1)}$

（2）$G(s) = \dfrac{1}{s^2(s+1)(2s+1)}$

5-7　用奈奎斯特稳定性判据判断下列系统的稳定性：

(1) $G(s)H(s) = \dfrac{100}{s(s^2+2s+2)(s+1)}$

(2) $G(s)H(s) = \dfrac{K(s-1)}{s(s+1)}$

(3) $G(s)H(s) = \dfrac{s}{1-0.2s}$

5-8 设系统的开环传递函数为

$$G(s) = \frac{10}{s(s+1)(s+10)}$$

试画出其伯德图,并判断系统的稳定性。

5-9 设单位反馈控制系统的开环传递函数为

$$G(s)H(s) = \frac{as+1}{s^2}$$

试确定使相角裕量等于$+45°$的a值。

5-10 设单位负反馈系统的开环传递函数为

$$G(s)H(s) = \frac{10}{s(0.1s+1)(0.5s+1)}$$

试绘制系统的奈氏图和伯德图,并求相位裕度和幅值裕度。

5-11 已知单位反馈系统的开环传递函数为

$$G(s) = \frac{14}{s(0.1s+1)}$$

试求系统的幅值穿越频率ω_c,相位裕度γ以及闭环频率特性的谐振峰值M_p、带宽频率ω_b,并分别用两组特征量估算出系统的时域指标超调量$\sigma\%$和调节时间t_s。

第6章 控制系统的校正方法

6.1 前言

在前面几章中已经讨论了控制系统的分析方法。利用这些方法，我们已经能够在已知系统结构、参数和工作条件下计算系统的性能，得到系统的静态、动态特性。在工程实践中，当预先给定被控对象所要达到的性能，进而构造出能够实现给定性能的控制系统，称为控制系统的校正。在构造控制系统时，我们知道，为了满足性能指标，适当改变控制对象的动态特性，是一种比较简单的方法。但在很多实际情况中，由于被控对象可能是固定的或者是不可变的，因此，需要通过校正装置来改善系统性能。经典控制理论中研究系统校正的主要方法有频率法和根轨迹法，两种方法自成体系，互为补充。控制系统的校正是从系统所要求满足的性能指标入手，而性能指标主要有两种，一种是时域性能指标，一种是频域性能指标。根据性能指标的不同提法，可考虑采用不同的校正方法：对于时域性能指标，采用根轨迹法比较方便；对于频域性能指标，采用频域法校正更加适合。两种性能指标之间可以相互换算。

6.2 性能指标

性能指标是衡量控制系统性能优劣的尺度，也是校正控制系统的技术依据。校正装置的设计通常是针对某些具体性能指标来进行的。性能指标的提出应切合实际，以满足生产要求为度，切忌盲目追求高指标而忽视经济性，甚至脱离实际。要求响应快，必然使运动部件具有较高的速度和加速度，这样将承受较大的惯性载荷和离心载荷，如果超过强度极限就会产生结构损坏，同时，系统的能源功率也是有限的，超出功率上限可能将无法实现。另外，不同性能指标的要求常常是互相矛盾不可兼得的。例如，减小系统稳态误差往往会降低系统的相对稳定性。通常情况下需要采取折中方案，并采用适当的校正方法，使两方面的性能都能得到满足。

系统的性能指标按类型可分为时域性能指标、频域性能指标、综合性能指标。

时域性能指标包括瞬态性能指标和稳态性能指标。频域性能指标反映系统在频域方面的性能。当时域性能不容易求得时，可首先用频域性能分析方法和实验方法来求得频域性能，再由频域性能推出时域性能。关系到系统综合性能的性能指标即综合性能指标，若对这个性能指标取极值，则可获得有关重要参数值，而这些参数值可保证系统综合性能为最优。

6.2.1 时域性能指标

它包括瞬态性能指标和稳态性能指标。一般是根据系统在典型输入下输出响应的某些特点规定的。

常用的时域性能指标有：

最大超调量 $\sigma_p\%$、调节时间 t_s、峰值时间 t_p，阻尼比 ζ、稳态误差系数等。

6.2.2 频域性能指标

频域性能指标又分开环和闭环两种。

开环频域指标：一般要画出开环频率特性。常用的开环频率特性指标有：开环剪切频率 ω_c、相位裕度 γ、幅值裕度 K_g。

闭环频域指标：谐振峰值 M_p，带宽频率（闭环截止频率）ω_b，谐振角频率 ω_r，复现频率 ω_M。

复现频率 ω_M：若规定一个 Δ 作为反映低频正弦输入信号作用下的允许误差，那么 ω_M 就是幅频特性值与 $A(0)$ 的差第一次达到 Δ 时的频率值，称为复现频率。若频率超过 ω_M，输出就不能复现输入。所以，$0\sim\omega_M$ 表示复现低频正弦信号的带宽，称为复现带宽。

带宽频率 ω_b：一般规定 ω_b 是由 0 频幅值 $A(0)$ 下降 3 dB 时的频率。$A(\omega_b)$ 为 $0.707A(0)$。闭环带宽的范围为 $0\sim\omega_b$。

6.2.3 时域和频域的关系

在控制工程实践中，综合与校正的方法应根据特定的性能指标来确定。如果性能指标以单位阶跃响应的稳态误差 e_{ss}、峰值时间 t_p、最大超调量 $\sigma_p\%$ 和调节时间 t_s 给出，采用根轨迹法进行综合与校正比较方便。如果性能指标以相位裕度 γ、幅值裕度 K_g、谐振峰值 M_p、谐振角频率 ω_r 和带宽频率（闭环截止频率）ω_b 给出，应用频率特性法进行综合与校正更适合。时域性能指标与频域性能指标之间有一定的联系。

1. 二阶系统频域指标与时域指标的关系

谐振峰值

$$M_p = \frac{1}{2\zeta\sqrt{1-\zeta^2}}, \zeta \leqslant 0.707 \tag{6.1}$$

谐振角频率

$$\omega_r = \omega_n\sqrt{1-2\zeta^2}, \zeta \leqslant 0.707 \tag{6.2}$$

带宽频率

$$\omega_b = \omega_n\sqrt{1-2\zeta^2+\sqrt{2-4\zeta^2+4\zeta^4}} \tag{6.3}$$

剪切频率

$$\omega_c = \omega_n\sqrt{\sqrt{1+4\zeta^4}-2\zeta^2} \tag{6.4}$$

相位裕度

$$\gamma = \arctan\frac{\zeta}{\sqrt{\sqrt{1+4\zeta^2}-2\zeta^2}} \tag{6.5}$$

超调量

$$\sigma_p\% = e^{-\zeta\pi/\sqrt{1-\zeta^2}} \times 100\% \tag{6.6}$$

调节时间

$$t_s = \frac{3}{\zeta\omega_n} \text{ 或 } \omega_n t_s = \frac{6}{\tan\gamma} \tag{6.7}$$

2. 高阶系统频域指标与时域指标关系

谐振峰值

$$M_p = \frac{1}{\sin\gamma} \tag{6.8}$$

超调量

$$\sigma = 0.16 + 0.4(M_p - 1), \quad 1 \leqslant M_p \leqslant 1.8 \tag{6.9}$$

调整时间

$$t_s = \frac{k_0 \pi}{\omega_c} \tag{6.10}$$

$$k_0 = 2 + 1.5(M_p - 1) + 2.5(M_p - 1)^2, \quad 1 \leqslant M_p \leqslant 1.8 \tag{6.11}$$

3. 控制系统带宽

低频段(第一转折频率 ω_1 之前的频段)表达系统的稳态性能;中频段($\omega_1 \sim 10\omega_c$)表达系统的动态性能,中频段的斜率以 -20 dB/dec 为宜;高频段($10\omega_c$ 以后的频段)表达系统的抗干扰能力。

低频段和高频段可以有更大的斜率,低频段斜率大,可提高系统的稳定性能;高频段斜率大,可以提高系统的抗干扰能力。中频段要有足够的带宽,以保证系统的相位裕度,带宽越大,相位裕度越大。ω_c 的大小取决于系统的快速性要求。ω_c 越大,快速性越好,但抗干扰能力下降。

6.2.4 综合性能指标

目前使用的综合性能指标有多种,简单介绍如下。

1. 误差积分性能指标

对于一个理想的系统,若给予其阶跃输入,则其输出也应是阶跃函数。实际上,输入和输出之间总存在误差,我们只能使误差 $e(t)$ 尽可能小。

图 6-2-1(a)所示为系统在单位阶跃输入下无超调的过渡过程,其误差示于图 6-2-1(b)。在无超调的情况下,误差 $e(t)$ 是单调变化的,因此,如果考虑所有时间里误差的总和,那么系统的综合性能指标可取为

$$I = \int_0^\infty e(t)\mathrm{d}t \tag{6.12}$$

式中:误差

$$e(t) = x_{or}(t) - x_o(t) = x_i(t) - x_o(t) \tag{6.13}$$

因为

$$E_1(s) = \int_0^\infty e(t)\mathrm{e}^{-st}\mathrm{d}t$$

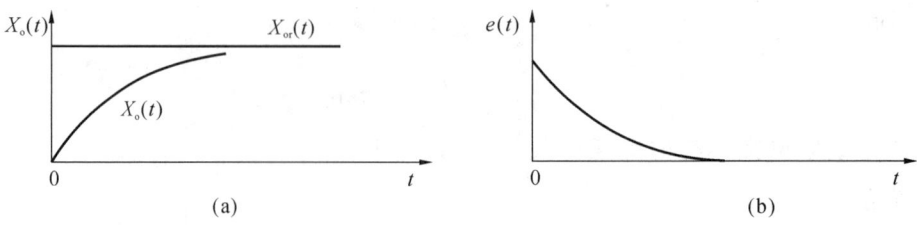

图 6-2-1　误差积分性能指标

所以

$$I = \lim_{s \to 0} \int_0^\infty e(t)\mathrm{e}^{-st}\mathrm{d}t = \lim_{s \to 0} E_1(s) \tag{6.14}$$

只要系统在阶跃输入下其过渡过程无超调，就可以按式（6.14）计算其 I 值，并根据此公式计算出使 I 值最小的系统参数。

2. 误差平方积分性能指标

若给予系统单位阶跃输入后，其输出过渡过程有振荡，则常取误差平方的积分为系统的综合性能指标，即

$$I = \int_0^\infty e^2(t)\mathrm{d}t \tag{6.15}$$

由于积分号中为平方项，因此，式（6.15）中 $e(t)$ 的正负号不会互相抵消。式（6.15）的积分上限可由足够大的时间 T 代替，因此性能最优系统就是式中积分取极小值的系统。利用分析法和实验法计算式（6.15）右边的积分比较容易，所以在实际应用中，往往采用这种性能指标来评价系统性能的优劣。这也是现代控制理论中二次型性能指标的一种。

图 6-2-2(a)中的实线表示实际的输出，虚线表示希望的输出；图 6-2-2(b)、(c)分别表示 $e(t)$ 和 $e^2(t)$ 的曲线；图 6-2-2(d)表示积分式 $\int e^2(t)\mathrm{d}t$ 的曲线，$e^2(t)$ 从 0 到 T 的积分就是曲线 $e^2(t)$ 与坐标轴包围的总面积。

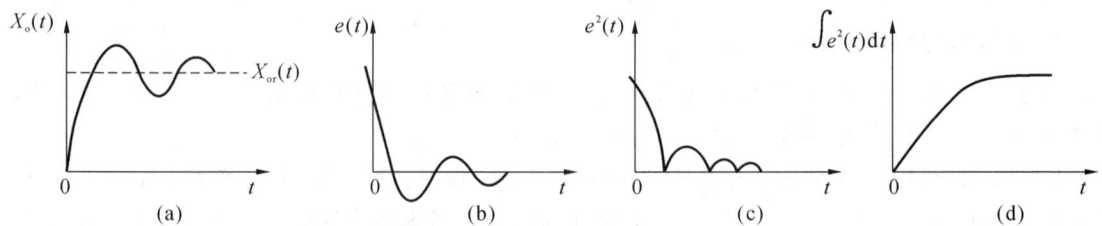

图 6-2-2　误差平方积分性能指标

误差平方积分性能指标的特点是重视大的误差，忽略小的误差。误差大时，其平方更大，对性能指标的影响大。根据这种性能指标设计系统，能使大的误差迅速减小，但系统容易产生振荡。

3. 广义误差平方积分性能指标

$$I = \int_0^\infty \left[e^2(t) + \alpha e^2(t) \right]\mathrm{d}t \tag{6.16}$$

式中：α 为给定的加权系数，因此，最优系统就是使此性能指标 I 取极小值的系统。

此性能指标的特点是，既不允许大的动态误差 $e(t)$ 长期存在，又不允许大的误差变化率 $e'(t)$ 长期存在。因此，按此性能指标设计的系统，不仅过渡过程结束得快，而且过渡过程的变化也比较平稳。

6.3 校正的基本概念

6.3.1 校正的方式

按照校正装置在系统中的连接方式，控制系统的校正方式有串联校正、反馈校正和复合校正三种。

1. 串联校正

校正装置接在系统误差测量点之后，串联在系统固有部分的前向通路中，称为串联校正。为了减少功耗，校正装置通常接在前向通道中信号能量较低的部位，如图 6-3-1(a)所示。

2. 反馈校正

如果校正装置与系统固有部分反馈连接，形成局部反馈，这种校正方式称为反馈校正，如图 6-3-1(b)所示。反馈校正除使系统的性能得到改善之外，还能抑制系统参数的波动和降低非线性因数对系统性能的影响。

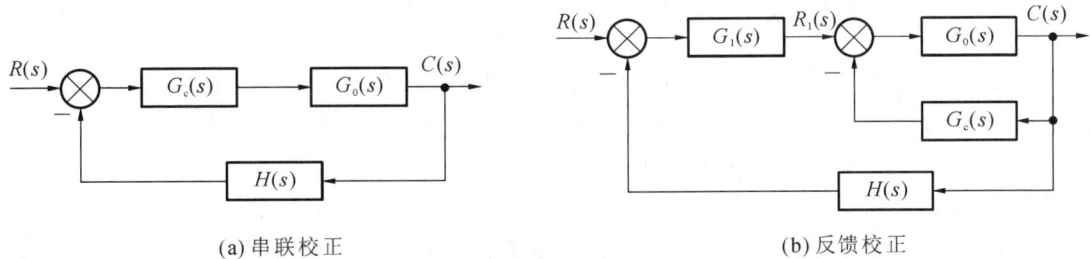

(a) 串联校正　　　　　　　　　　　(b) 反馈校正

图 6-3-1 系统校正方式

3. 复合校正

复合校正方式是在系统主反馈回路之外采用的校正方法，分为按输入补偿和按扰动补偿的复合校正的控制形式，如图 6-3-2(a)、(b)所示。复合校正不但可以在保持系统稳定的前提下，极大地减小乃至消除稳态误差，而且几乎可以抑制所有可测量的扰动，因此，在高精度的控制系统中，复合校正得到了广泛的应用。

6.3.2 校正装置

根据校正装置本身是否配备电源，可分为无源校正装置和有源校正装置。

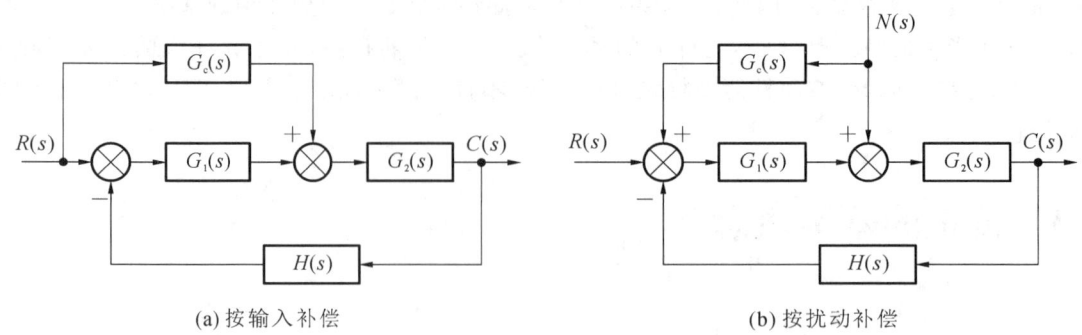

图 6-3-2 控制系统的复合校正

1. 无源校正装置

无源校正装置通常是由电阻和电容组成的电路,根据校正装置对频率特性的影响,无源校正又分为相位超前校正、相位滞后校正和相位滞后-超前校正。

无源校正装置的线路简单、组合方便、无须另供电源,但本身没有增益,只有衰减,且输入阻抗低、输出阻抗高,因此在应用时要增设放大器或隔离放大器。

2. 有源校正装置

有源校正装置是由运算放大器组成的调节器。有源校正装置本身有增益,且输入阻抗高,输出阻抗低,所以目前较多采用有源校正装置,其缺点是需要另供电源。

6.3.3 校正装置的设计方法

在控制系统设计中,选用何种校正装置主要取决于系统结构的特点、选择的元件、信号的性质、经济条件及设计者的经验等。校正方法通常由提出的系统性能指标形式来确定。也可以通过不同系统性能指标间进行推算,再确定校正方法。

在控制系统的频域校正法设计中,常用的方法有综合法和分析法两种。

综合法又称期望特性法。根据性能指标要求确定出期望开环频率特性的形状,然后将期望特性与系统原有部分特性进行比较,从而确定校正方式和校正装置参数。这种方法可能会使校正装置的传递函数具有较复杂的形式,不便于物理实现。

分析法又叫试探法。首先根据经验确定校正的方式,选择一种校正装置,然后根据性能指标要求和系统原有部分的特性选择校正装置的参数,最后,验算性能指标是否满足要求。如果不能满足,则改变校正装置参数或校正方式,直到校正后的系统满足给定的性能指标要求。分析法比较直观,物理上易于实现。在工程上被广泛应用。应该指出,无论是综合法还是分析法,都带有经验的成分。所以经过校正设计,能够满足性能指标的控制系统,通常结果是不唯一的。因此,我们在选择最佳方案时就需要从控制性能、经济成本、制造维护等方面加以综合考虑。

6.4　串联校正

根据校正元件对系统性能的影响,串联校正又可分为超前校正、滞后校正和滞后-超前校正。

1. 超前校正

1) 超前校正网络的特性

如图 6-4-1 所示为一个无源超前校正网络的电路图,其传递函数为

$$G_c(s) = \frac{U_o(s)}{U_i(s)} = \frac{1}{\alpha} \times \frac{\alpha Ts + 1}{Ts + 1} \quad (6.17)$$

式中:

$$\alpha = \frac{R_1 + R_2}{R_2} > 1, T = \frac{R_1 R_2}{R_1 + R_2} C \quad (6.18)$$

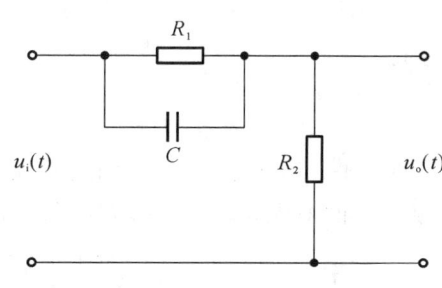

图 6-4-1　无源超前校正网络

由式(6.17)看出串入无源超前校正网络后,系统的开环放大系数要下降至原来的 $1/\alpha$,会降低系统的稳态性能,故在使用时必须增加一个放大系数为 α 的附加放大器,这样无源超前校正网络的传递函数为

$$\alpha G_c(s) = \frac{\alpha Ts + 1}{Ts + 1} \quad (6.19)$$

根据式(6.19)作出无源超前校正网络的伯德图,如图 6-4-2 所示。

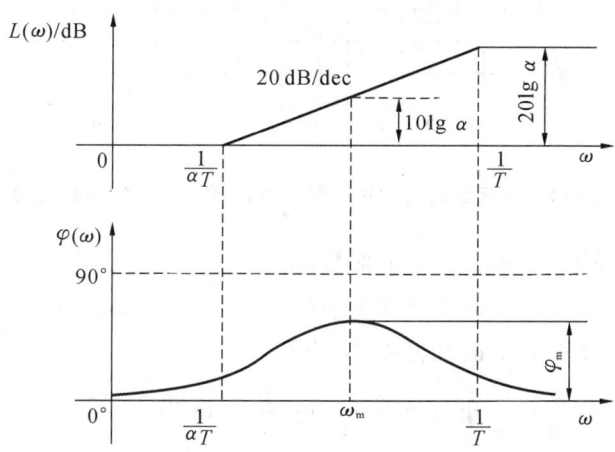

图 6-4-2　无源超前校正网络伯德图

显然,超前校正网络对数频率特性在 $1/(\alpha T) \sim 1/T$ 之间的输入信号有明显的微分作用,在该频率范围内,输出信号的相位比输入信号的相位超前,超前校正网络的名称由此而得。图 6-4-2 表明,在最大超前角频率 ω_m 处,具有最大超前角 φ_m,且 ω_m 正好在 $1/(\alpha T)$ 和 $1/T$ 的几何中心。

证明 超前校正网络式(6.19)的相位为

$$\varphi_c(\omega) = \arctan\alpha\omega T - \arctan\omega T = \arctan\frac{(\alpha-1)\omega T}{1+\alpha\omega^2 T^2} \tag{6.20}$$

将式(6.20)对 ω 求导并令其为零,得超前相角最大时的角频率为

$$\omega_m = \frac{1}{\sqrt{\alpha}T} \tag{6.21}$$

将式(6.21)代入式(6.20),得最大超前角

$$\varphi_m = \arctan\frac{\alpha-1}{2\sqrt{\alpha}} = \arcsin\frac{\alpha-1}{\alpha+1} \tag{6.22}$$

或写成

$$\alpha = \frac{1+\sin\varphi_m}{1-\sin\varphi_m} \tag{6.23}$$

图 6-4-3 给出了 φ_m 与 α 的关系曲线。从图中可看到,φ_m 随 α 的增大而增加,但当 $\alpha>15$ 后,随着 α 的增大,φ_m 几乎不增加,故一般很少取 $\alpha>15$。

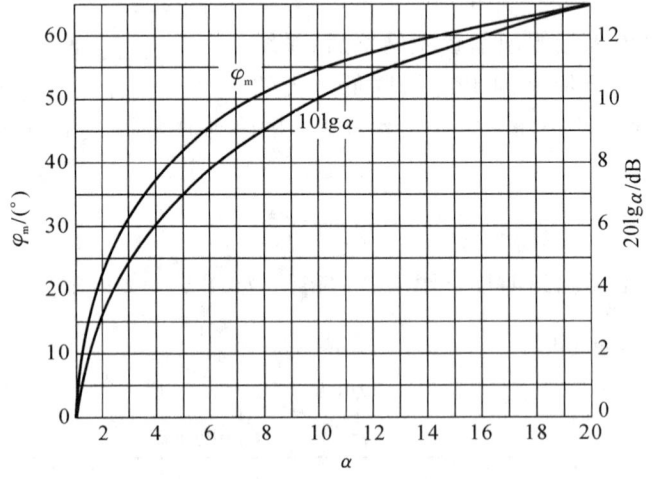

图 6-4-3 无源超前校正网络 α 与 φ_m 和 $10\lg\alpha$ 的关系曲线

此外,由图 6-4-2 可明显看出 φ_m 处的对数幅值

$$L_c(\omega_m) = 20\lg|\alpha G_c(j\omega_m)| = 10\lg\alpha \tag{6.24}$$

设 ω_1 为频率 $1/(\alpha T)$ 和 $1/T$ 的几何中心,应有

$$\lg(\omega_1) = \frac{1}{2}\left(\lg\frac{1}{\alpha T} + \lg\frac{1}{T}\right) \tag{6.25}$$

解得

$$\omega_1 = \frac{1}{\sqrt{\alpha}T}$$

此结果与式(6.21)完全相同。故超前相角最大时的角频率是 $1/(\alpha T)$ 和 $1/T$ 的几何中心。

2) 利用伯德图设计超前校正网络

超前校正的基本原理是利用超前校正网络的相位超前特性去增大系统的相位裕度,以改

善系统的瞬态响应。

利用伯德图设计超前校正网络的步骤如下：

（1）求出满足稳态指标的开环放大系数 K 值。

（2）根据求得的 K 值，画出未校正系统的伯德图，并计算出其幅值穿越频率 ω_c 的相位裕度 γ、幅值裕度 K_g。

（3）由

$$\varphi_m = \gamma' - \gamma + \Delta \tag{6.26}$$

确定需要对系统增加的相位超前角 φ_m。式（6.26）中 γ' 和 γ 分别为期望的相位裕度和未校正系统（即原系统）的相位裕度，Δ 为增加超前校正网络后，使幅值穿越频率向右方移动原系统相位的滞后量，一般该滞后量为 $5° \sim 12°$。

（4）利用式（6.23）确定 α 值。

（5）确定校正后系统的幅值穿越频率 ω'_c。

为了最大限度利用超前校正网络的相位超前量 ω'_c 应与 ω_c 相重合。由式（6.24）可知，在 ω_m 处 $20\lg|\alpha G_c(j\omega)|$ 的值是 $10\lg\alpha$，所以 ω'_c 应选在未校正系统的 $L(\omega) = -10\lg\alpha$ 处。

（6）确定校正装置的传递函数。

令

$$\omega_m = \omega'_c = 1/\sqrt{\alpha}T \tag{6.27}$$

从而求出超前校正网络的两个转折频率 $\omega_1 = \dfrac{1}{\alpha T}$ 和 $\omega_2 = \dfrac{1}{T}$，并以此写出校正装置具有的传递函数为

$$G_c(s) = \frac{\dfrac{s}{\omega_1} + 1}{\dfrac{s}{\omega_2} + 1} \tag{6.28}$$

（7）验算校正后系统的相位裕度 γ。

如指标不满足，则需从步骤（3）开始，适当增大 Δ，重复上述设计过程，直到获得满意的结果为止。

【例 6.1】　设单位反馈控制系统的开环传递函数为

$$G(s) = \frac{K}{s(0.04s + 1)}$$

试设计一超前校正装置，以满足下述性能指标：

（1）相位裕度不小于 $45°$；

（2）$r(t) = t$ 时，$e_{ss} \leqslant 0.01$ rad。

【解】

（1）满足稳态指标，确定开环放大系数 K 值，给定要求为

$$e_{ss} \leqslant 0.01 = \frac{1}{K_v} = \frac{1}{K}$$

所以，开环放大系数应为

$$K = 100$$

（2）画出 $K=100$ 的未校正系统的渐近伯德图，如图 6-4-4 所示。

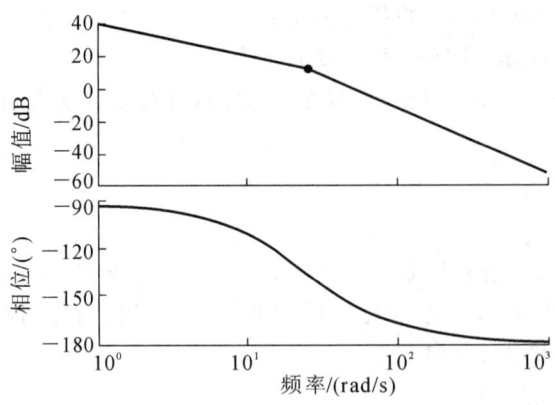

图 6-4-4　未校正系统的伯德图

由第 5 章中的方法，可以算得 $\omega_c \approx 50 \text{ rad/s}, \gamma=26.6°, K_g=\infty$，不满足指标要求，需进行校正。

（3）由式（6.26）得

$$\varphi_m = \gamma' - \gamma + \Delta = 45° - 26.6° + 5° = 23.4°$$

（4）确定 α 值。

$$\alpha = \frac{1+\sin\varphi_m}{1-\sin\varphi_m} = \frac{1+\sin 23.4°}{1-\sin 23.4°} = 2.618$$

（5）确定校正后系统的幅值穿越频率 ω'_c。

$$L(\omega'_c) = -10\lg\alpha = -10\lg 2.618 = -4.2 \text{ dB}$$

即

$$20\lg\left| \alpha G(\text{j}\omega'_c) \right| \approx 20\frac{100}{\dfrac{\omega'^2_c}{25}} = -4.2$$

可以解得 $\omega'_c = 63.7 \text{ rad/s}$，即 $\omega_m = 63.7 \text{ rad/s}$。

（6）确定校正装置的传递函数。计算校正装置的转折频率

$$\frac{1}{T} = \sqrt{\alpha}\omega_m = \sqrt{2.618} \times 63.7 = 103.1$$

$$\frac{1}{\alpha T} = \frac{103.1}{2.618} = 39.4$$

所以校正装置的传递函数为

$$G_c(s) = \frac{\dfrac{s}{\omega_1}+1}{\dfrac{s}{\omega_2}+1} = \frac{0.0254s+1}{0.0097s+1}$$

（7）验算校正后系统的性能指标。校正后系统的开环传递函数为

$$G_c(s)G(s) = \frac{100(0.0254s+1)}{s(0.04s+1)(0.0097s+1)}$$

系统校正前后的伯德图如图 6-4-5 所示。由开环传递函数，可根据渐近幅频特性算得幅值穿

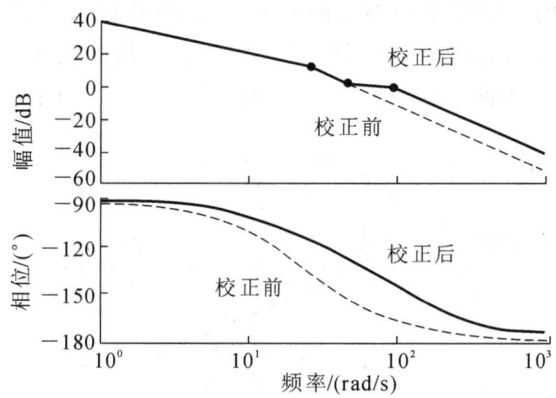

图 6-4-5　系统校正前后的伯德图

越频率, 令

$$20\lg\left|G_c(j\omega'_c)\right| \approx 20\,\frac{100 \times 0.0254\omega'_c}{\omega'_c \times 0.04\omega'_c} = 0$$

可得 $\omega'_c = 63.5$ rad/s, 进一步可以算出相位裕度为

$$\gamma' = 180° + \varphi(\omega'_c) + \varphi_c(\omega'_c)$$
$$= 180° - 90° - \arctan(0.04 \times 63.5) + \arctan(0.0254 \times 63.5) - \arctan(0.0116 \times 63.5)$$
$$= 48.1° > 45°$$

因此满足指标要求。

3) 关于超前校正的一些说明

(1) 若在 $\omega = \omega_c$ 附近的对数幅频特性曲线斜率小于或等于 -60 dB/dec, 一般不采用相位超前校正。

(2) 若在 $\omega = \omega_c$ 附近的相频特性曲线下降很快 (一般具有一个滞后环节或在 ω_c 附近有两个接近的惯性环节或有一个振荡环节), 相位超前校正无效。

(3) 若所期望的带宽比未校正系统的窄, 则不能采用相位超前校正。

(4) 一般很少取 $\alpha > 15$。

2. 滞后校正

1) 滞后校正网络的特性

如图 6-4-6 所示为一个无源滞后校正网络的电路图, 其传递函数为

$$G_c(s) = \frac{U_o(s)}{U_i(s)} = \frac{R_2 Cs + 1}{(R_1 + R_2)Cs + 1} \quad (6.29)$$

令

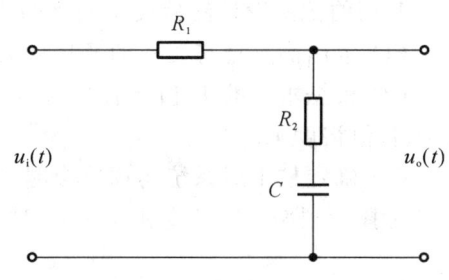

图 6-4-6　无源滞后校正网络

$$\beta = \frac{R_2}{R_1 + R_2} < 1,\ T = (R_1 + R_2)C$$

则有

$$G_c(s) = \frac{U_o(s)}{U_i(s)} = \frac{\beta Ts + 1}{Ts + 1} \quad (6.30)$$

无源滞后校正网络的对数频率特性如图 6-4-7 所示,由图可见,滞后校正网络在频率 $1/T$ ~$1/(\beta T)$ 之间呈积分效应,而对数相频率呈滞后特性。与超前校正网络类似,最大滞后角 φ_m 发生在角频率 ω_m 处,且 ω_m 为两个转折频率 $1/T$ 和 $1/(\beta T)$ 的几何中心,即

$$\omega_m = \frac{1}{\sqrt{\beta}T}$$

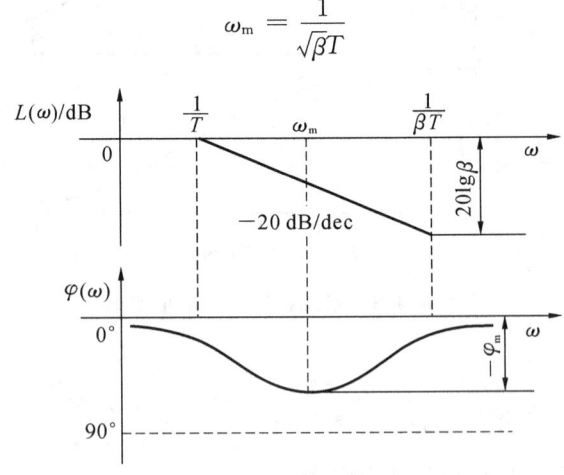

图 6-4-7 无源滞后校正网络的伯德图

采用无源滞后校正网络进行串联校正时,应力求避免最大滞后角 φ_m 发生在开环幅值穿越频率 ω'_c 附近。由图 6-4-7 可知,无源滞后校正网络始终都存在一个滞后相角,这将降低系统的相位裕度,为减小这个滞后相角的影响,通常将滞后校正设置在低频段,即将 $1/(\beta T)$ 设置在 ω'_c 的左侧足够远的地方,这样,在开环幅值穿越频率附近,滞后相角相当小,对系统相位裕度的影响也得以降低。

2) 利用伯德图设计滞后校正网络

串联滞后校正的作用主要有两条:其一是提高系统低频响应放大系数,减小系统的稳态误差,同时基本保证系统的瞬态性能不变;其二是滞后校正网络的低通滤波器特性,将使系统高频响应的放大系数衰减,降低系统的幅值穿越频率,提高系统的相位裕度,以改善系统的稳定性和某些瞬态性能。

利用伯德图设计滞后校正网络的步骤如下:

(1) 求出满足稳态指标的开环放大系数 K 值。

(2) 根据求得的 K 值,画出未校正系统的伯德图,并计算出其幅值穿越频率 ω_c 的相位裕度 γ、幅值裕度 K_g。

(3) 确定校正后系统的幅值穿越频率 ω'_c。

选择一频率 ω'_c,使得在 $\omega=\omega'_c$ 时,未校正系统的相位为

$$\varphi(\omega'_c) = -180° + \gamma' + \Delta \qquad (6.31)$$

式中:γ' 为期望的相位裕度;Δ 为相位滞后校正网络在 $\omega=\omega'_c$ 点引起的相位滞后量,一般该滞后量为 5°~12°。

(4) 确定滞后校正网络参数 β 和 T。为了使校正后系统的幅值穿越频率为 ω'_c,必须把原系统的 $L(\omega'_c)$ 衰减到零分贝,此时可利用校正网络在高频区的增益衰减特性,使得 $L(\omega'_c)+L_c(\omega'_c)=0$,即

$$L(\omega'_c) = -20\lg\beta \tag{6.32}$$

由式(6.32)即可求得 β。

从理论上讲,$1/(\beta T)$ 离开 ω'_c 越远,相位滞后校正网络的滞后特性对系统的影响越小。所以 $1/(\beta T)$ 选得越小越好。但要 $1/(\beta T)$ 小,则 T 要大,这会给物理实现带来困难,所以一般选 $1/(\beta T)$ 在 ω'_c 的 1/4 到 1/10 倍频处,即

$$\frac{1}{\beta T} = \left(\frac{1}{4} \sim \frac{1}{10}\right)\omega'_c \tag{6.33}$$

由式(6.33)可计算出 T。于是可以写出校正装置的传递函数为

$$G_c(s) = \frac{\beta Ts + 1}{Ts + 1}$$

（5）验算校正后系统的相位裕度 γ 和幅值裕度 K_g。如指标不满足,则需从步骤(3)开始,适当增加 Δ,重复上述设计过程,直到获得满意的结果为止。

【例 6.2】　设控制系统的开环传递函数为

$$G(s) = \frac{K}{s(0.1s + 1)(0.2s + 1)}$$

若要求校正后系统的速度误差系数为 100 s^{-1},相位裕度不小于 40°,幅值裕度不小于 10 dB,试设计串联滞后校正装置。

【解】

（1）确定满足稳态指标的开环放大系数 K 值

$$K_v = 100 \text{ s}^{-1} = K$$

故未校正系统的开环传递函数为

$$G(s) = \frac{100}{s(0.1s + 1)(0.2s + 1)}$$

（2）画出未校正系统的渐近伯德图,如图 6-4-8 所示。

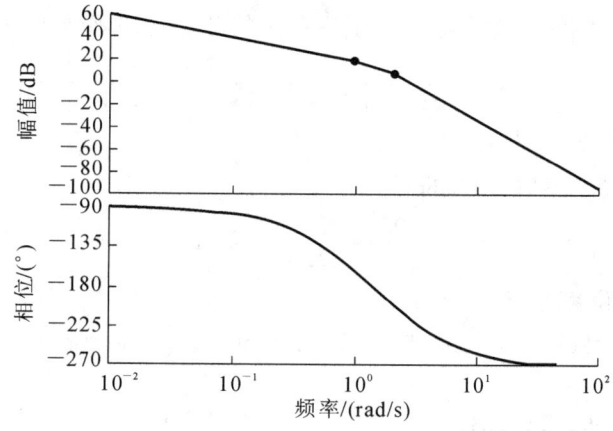

图 6-4-8　未校正系统的伯德图

由图 6-4-8,根据渐近对数幅频特性,未校正系统的幅值穿越频率 ω_c 满足

$$\frac{100}{\omega_c \times 0.1\omega_c \times 0.2\omega_c} = 1$$

据此可以计算出 $\omega_c = 17.1$ rad/s，进一步可以算得相位裕度 $\gamma = -43.4°$，相位穿越频率 $\omega_g = 7.07$ rad/s，幅值裕度 $K_g = -16.5$ dB。显然，未校正系统是不稳定的，又从相频特性看出，相位裕度为负，若采用超前校正，需要提供的超前相角过大，且在 $\omega = \omega_c$ 附近，对数幅频特性曲线斜率等于 -60 dB/dec，因此，串联超前校正很难奏效。在这种情况下，可以考虑采用串联滞后校正。

（3）确定校正后系统的幅值穿越频率 ω'_c。

考虑由于相位滞后校正网络而引起的相位滞后量，选 $\Delta = 5°$ 时，根据

$$\varphi(\omega'_c) = -90° - \arctan 0.1\omega'_c - \arctan 0.2\omega'_c = -180° + \gamma' + \Delta = -135°$$

可得

$$\frac{0.1\omega'_c + 0.2\omega'_c}{1 - 0.02\omega'^2_c} = 1$$

可解得

$$\omega'_c = 2.8 \text{ rad/s}$$

（4）确定滞后校正网络参数 β 和 T。

在 $\omega'_c = 2.8$ rad/s 处，根据图 6-4-8，按渐近幅频特性可以算出未校正系统的幅值为 $L(2.8) = 31$ dB，于是由式（6.32）可得

$$20\lg\beta = -L(\omega'_c) = -31$$

计算得 $\beta = 0.028$，又

$$\frac{1}{\beta T} = \frac{1}{10} \times \omega'_c = \frac{2.8}{10} \text{ rad/s} = 0.28 \text{ rad/s}$$

得到 $\beta T = 3.57$，则 $T = 3.57/0.028 = 127.5$。

所以校正装置的传递函数为

$$G_c(s) = \frac{3.57s + 1}{127.5s + 1}$$

（5）验算校正后系统的性能指标。校正后系统的开环传递函数为

$$G_c(s)G(s) = \frac{100(3.57s + 1)}{s(0.1s + 1)(0.2s + 1)(127.5s + 1)}$$

校正前后系统的伯德图如图 6-4-9 所示。

由图 6-4-9，利用渐近对数幅频特性，有

$$\frac{100 \times 3.57\omega'_c}{\omega_c \times 127.5\omega'_c} = 1$$

即 $\omega'_c = 2.8$ rad/s，相位裕度

$$\gamma' = 180° - 90° + \arctan 3.57\omega'_c - \arctan 0.1\omega'_c - \arctan 0.2\omega'_c = 39.6°$$

基本满足了设计要求。

3）关于滞后校正的一些说明

（1）滞后校正装置实质是一种低通滤波器。因此，滞后校正使低频信号具有较高的放大系数，又同时降低了较高幅值穿越频率附近的放大系数，因而改善了相位裕度。

（2）由于滞后校正装置的衰减作用，使幅值穿越频率向低频移动，从而使相位裕度满足要求。但是，滞后校正装置将降低系统的带宽，并且导致比较缓慢的瞬态响应。

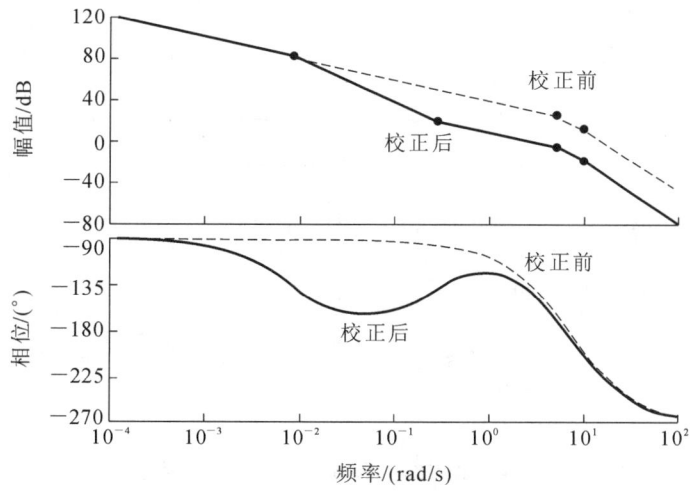

图 6-4-9　校正前后系统的伯德图

（3）在有些应用中采用滞后校正可能会得出因时间常数大而不能实现的结果。如果出现这种情况，最好采用串联滞后-超前校正。

3. 滞后-超前校正

1）滞后-超前校正网络的特性

如图 6-4-10 所示为一个无源滞后-超前校正网络的电路图，其传递函数为

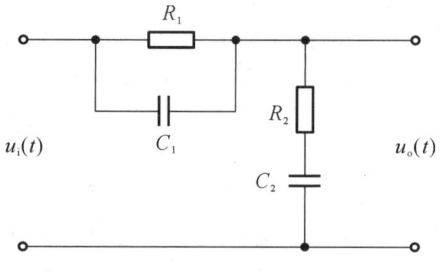

图 6-4-10　滞后-超前校正网络

$$G_c(s) = \frac{U_o(s)}{U_i(s)}$$

$$= \frac{(R_1C_1s+1)(R_2C_2s+1)}{R_1R_2C_1C_2s^2 + (R_1C_1 + R_2C_2 + R_1C_2)s + 1}$$

$$(6.34)$$

因为式（6.34）的分母可以分解为两个一阶因子的乘积，故令 $\alpha T_1 = R_1C_1$，$\beta T_2 = R_2C_2$，$\alpha\beta = 1$，$R_1C_1 + R_2C_2 + R_1C_2 = T_1 + T_2$，于是式（6.34）可以写成

$$G_c(s) = \frac{U_o(s)}{U_i(s)} = \frac{(\alpha T_1 s + 1)(\beta T_2 s + 1)}{(T_1 s + 1)(T_2 s + 1)} \qquad (6.35)$$

设 $\alpha > 1$，则有 $\dfrac{\alpha T_1 s + 1}{T_1 s + 1}$ 为超前环节，$\dfrac{\beta T_2 s + 1}{T_2 s + 1}$ 为滞后环节。当 $\alpha = 10$，$\beta = 0.1$，$T_1 = 0.1T$，$T_2 = 100T$ 时，其伯德图如图 6-4-11 所示。

2）利用伯德图设计滞后-超前校正网络

这种校正方法兼有滞后校正和超前校正的优点，即校正后系统的响应速度较快，超调量小，抑制高频噪声的性能也较好。当未校正系统不稳定，且要求校正后系统响应速度、相位裕度和稳定精度较高时，以采用串联滞后-超前校正网络为宜。其基本原理是利用滞后-超前校正网络的超前部分来增大系统的相位裕度，同时利用滞后部分来改善系统的稳态性能。

串联滞后-超前校正网络的设计步骤如下：

（1）求出满足稳态指标的开环放大系数 K 值。

控制工程基础

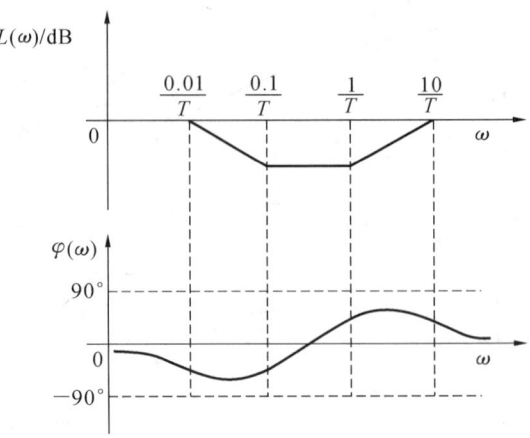

图 6-4-11 滞后-超前校正网络的伯德图

（2）根据求得的 K 值，画出未校正系统的伯德图，并计算出其幅值穿越频率 ω_c 的相位裕度 γ、幅值裕度 K_g。

（3）确定校正后系统的幅值穿越频率 ω'_c。

选择一频率 ω'_c，使得在 $\omega=\omega'_c$ 时能通过校正网络超前环节所提供的相位超前量，使系统既满足相位裕度要求，又能通过滞后环节的作用将此点的原幅频特性衰减到零分贝。

（4）确定滞后-超前校正网络中滞后环节的角频率 $1/(\beta T_2)$ 和 $1/T_2$。选择

$$\frac{1}{\beta T_2}=(\frac{1}{5}\sim\frac{1}{10})\omega=\omega'_c \tag{6.36}$$

由于 $\beta=1/\alpha$，所以既要考虑到所选取的 β 能把在 $\omega=\omega'_c$ 处的幅频特性曲线 $L(\omega'_c)$ 衰减到零分贝，即 $20\lg\alpha>L(\omega'_c)$，又必须考虑到所选取的 α 能使超前环节在 $\omega=\omega'_c$ 处有足够的相位超前量，使系统的相位裕度满足指标要求。β 确定了，T_2 也就确定了。

（5）确定滞后-超前校正网络中超前环节的角频率 $1/(\alpha T_1)$ 和 $1/T_1$。通过 $L(\omega)=-L(\omega'_c)$ 及 $\omega=\omega'_c$ 的交点，作一斜率为 20 dB/dec 的直线，则该直线与 $20\lg\beta$ 线及 0 dB 线的交点分别为角频率 $1/(\alpha T_1)$ 和 $1/T_1$。

（6）验算校正后系统的相位裕度 γ' 和幅值裕度 K'_g。如指标不满足要求，则需从步骤（3）重复上述设计过程，直到获得满意的结果为止。

【例 6.3】 单位反馈控制系统的传递函数为

$$G(s)=\frac{K}{s(s+1)(s+2)}$$

现希望速度误差系数为 $10\ s^{-1}$，相位裕度为 $\gamma'\geqslant45°$，幅值裕度大于或等于 10 dB，试设计一相位滞后-超前校正装置。

【解】

（1）根据稳态指标确定开环放大系数 K 值。

因为

$$K_v=10$$

由

218

$$K_{\mathrm{v}} = \frac{K}{2}$$

得

$$K = 20$$

（2）未校正系统的性能分析。

未校正系统的开环传递函数为

$$G(s) = \frac{10}{s(s+1)(\frac{1}{2}s+1)}$$

其伯德图如图 6-4-12 所示。

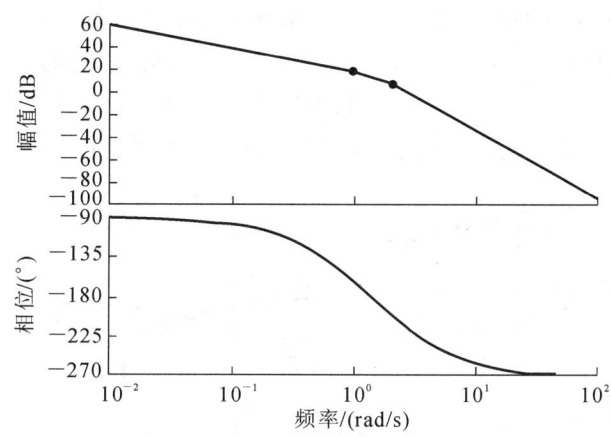

图 6-4-12 未校正系统的伯德图

根据渐近幅频特性，有

$$\frac{10}{(\omega_{\mathrm{c}} \times \omega_{\mathrm{c}} \times \omega_{\mathrm{c}})/2} = 1$$

因此，可得 $\omega_{\mathrm{c}} = 2.71 \ \mathrm{rad/s}$，进一步可得

$$\gamma = 180° - 90° - \arctan\omega_{\mathrm{c}} - \arctan 0.5\omega_{\mathrm{c}} = -33.3°$$
$$\varphi(\omega_{\mathrm{g}}) = -90° - \arctan\omega_{\mathrm{g}} - \arctan 0.5\omega_{\mathrm{g}} = -180°$$

从而可得 $\omega_{\mathrm{g}} = 1.414 \ \mathrm{rad/s}$，然后算得幅值裕度 $K_{\mathrm{g}} = -10.5 \ \mathrm{dB}$，这表明未校正系统是不稳定的。

此系统若采用超前校正，需要补偿超过 78.3° 的超前角，同时，未校正系统的对数幅频特性在 ω_{c} 处的斜率达到 $-60 \ \mathrm{dB/dec}$，一级串联超前校正不可行，但若用多级串联超前校正，则又会导致幅值穿越频率过大，因此，对本例来说，超前校正不可行。若采用滞后校正，则需要将幅值穿越频率左移至 $0.49 \ \mathrm{rad/s}$ 附近才能获得所需的相角裕度，对应的 β 很小，T 很大，存在物理实现的困难，而且系统的响应速度变得很慢。此时，可以考虑采用滞后-超前校正。

（3）确定校正后系统的幅值穿越频率 ω'_{c}。选择 $\omega'_{\mathrm{c}} = 1.414 \ \mathrm{rad/s}$，因为在该频率处未校正系统的相角 $\varphi(\mathrm{j}1.414) = -180°$，通过超前环节提供 40° 相位超前量是完全可能的；另外，这一点的未校正系统的渐近幅频特性的幅值为 $L(1.414) = 14 \ \mathrm{dB}$，要把它衰减到零分贝也是很容易的。

（4）确定滞后-超前网络中滞后环节的角频率 $1/(\beta T_2)$ 和 $1/T_2$。选择

$$\frac{1}{\beta T_2} = \frac{1}{10}\omega'_c = \frac{1}{10} \times 1.414 = 0.1414 \text{ rad/s}$$

另选 $\alpha=10, \beta=0.1$，因为这样可以保证超前环节能提供大于 $50°$ 的相位超前量，满足 $20\lg\alpha > 14$ dB 且有足够的余量。于是

$$\frac{1}{T_2} = \beta \times 0.1414 = 0.01414 \text{ rad/s}$$

故滞后环节的传递函数为

$$\frac{\beta(T_2 s + 1)}{(T_2 s + 1)} = \frac{7.07s + 1}{70.7s + 1}$$

（5）确定滞后-超前校正网络中超前环节的角频率 $1/(\alpha T_1)$ 和 $1/T_1$。若在 $\omega=1.414$ rad/s 处，滞后-超前校正网络能够产生 -14 dB 的幅值，则 ω'_c 就是所要求的。根据这一要求，可以画一条经过点 $A(1.414 \text{ rad/s}, -14 \text{ dB})$，斜率为 20 dB/dec 的直线，它与 $0\lg\beta = 20\lg 0.1 = -20$ dB 线相交于 $\omega=0.709$ rad/s，与 0 dB 线相交于 $\omega=7.09$ rad/s，如图 6-4-13 所示。

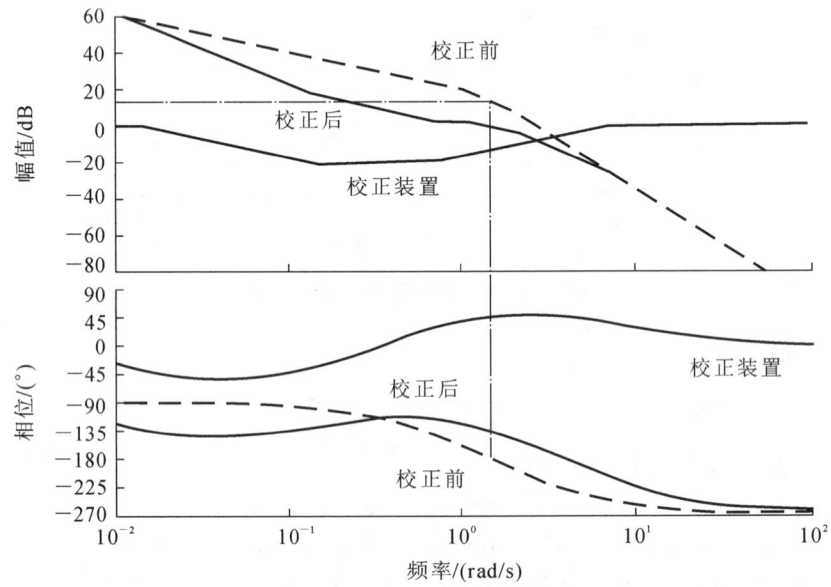

图 6-4-13　校正前后系统的伯德图

即

$$\frac{1}{\alpha T} = 0.709 \text{ rad/s}$$

$$\frac{1}{T} = 7.09 \text{ rad/s}$$

故超前环节的传递函数为

$$\frac{\alpha(T_1 s + 1)}{(T_1 s + 1)} = \frac{1.414s + 1}{0.1414s + 1}$$

综上，可得校正装置的传递函数是

$$G_c(s) = \frac{(7.07s+1)(1.414s+1)}{(70.7s+1)(0.1414s+1)}$$

（6）验算校正后系统的相位裕度 γ 和幅值裕度 K_g。校正后系统的开环传递函数为

$$G_c(s)G(s) = \frac{10(7.07s+1)(1.414s+1)}{s(0.5s+1)(70.7s+1)(0.1414s+1)}$$

其伯德图如图 6-4-13 所示，由系统设计过程可知，校正后系统的开环截止频率为 $\omega'_c = 1.414$ rad/s，考虑到在该频率处，未校正系统的相角为 $\varphi(\omega'_c) = -180°$，因此，校正后系统的相位裕度

$$\gamma' = 180° + \varphi(\omega'_c) + \varphi_c(\omega'_c) = \varphi_c(\omega'_c) = 46.9°$$

故满足设计要求。

4. 超前、滞后和滞后-超前校正的比较

（1）超前校正通过其相位超前特性，获得所需要的结果；滞后校正则是通过其高频衰减特性，获得所需要的结果（在某些设计问题中，同时采用滞后校正和超前校正才能满足性能要求）。

（2）超前校正通常用来改善稳定裕度。超前校正比滞后校正能提供更高的幅值穿越频率。比较高的幅值穿越频率意味着比较大的带宽，大的带宽意味着调整时间的减小。具有超前校正的系统的带宽，总是大于具有滞后校正的系统的带宽。因此，如果需要具有大的带宽，或者说需要具有快速的响应特性，应当采用超前校正。当然，如果存在噪声信号，则不需要大的带宽。因为随着高频放大系数的增大，系统对噪声信号更加敏感，此时可以考虑滞后校正。

（3）超前校正需要有一个附加的放大器，以补偿超前网络本身的衰减。这表明超前校正比滞后校正需要更大的放大系数。在大多数情况下，放大系数越大，意味着系统的体积和重量越大，成本也越高。

（4）滞后校正降低了系统在高频段的放大系数，但是并不降低系统在低频段的放大系数。因为系统的带宽减小，所以系统具有较低的响应速度。因为降低了高频放大系数，系统的总放大系数可以增大，因此低频放大系数可以增加，故改善了稳态精度。此外，系统中包含的任何高频噪声都可以得到衰减。

（5）如果需要获得快速响应特性，又需要获得良好的稳态精度，则可以采用滞后-超前校正装置，通过应用滞后-超前校正装置，低频放大系数增大（这意味着改善了稳态精度），也增大了系统的带宽和稳定裕度。

（6）虽然利用超前、滞后或滞后-超前校正装置可以完成大量的实际校正任务，但是对于复杂的系统，采用由这些校正装置组成的简单校正可能得不到满意的结果。因此，必须采用其他类型的校正装置。

6.5　反馈校正

反馈校正也是广泛采用的校正形式之一。控制系统采用反馈校正后，除了能收到与串联校正同样的效果外，还能消除系统不可变部分中被反馈所包围部分的参数波动对系统控制性能的影响。系统中采用反馈校正的前提是在该系统中能取出适当的反馈信号。

6.5.1 反馈校正的基本原理

反馈校正是采用局部反馈包围系统前向通道中的一部分环节以实现校正。系统框图如图 6-5-1 所示。

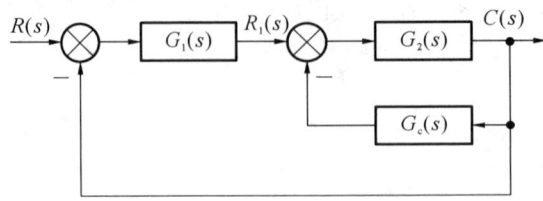

图 6-5-1 反馈校正系统的框图

$G_2(s)$ 是系统的固有部分,其局部闭环传递函数为

$$\frac{C(s)}{R_1(s)} = \frac{G_2(s)}{1 + G_2(s)G_c(s)} \tag{6.37}$$

如果局部闭环本身是稳定的,则当

$$|G_2(s)G_c(s)| \ll 1 \tag{6.38}$$

有

$$\frac{C(s)}{R_1(s)} \approx G_2(s) \tag{6.39}$$

校正后系统的开环传递函数为

$$G(s) \approx G_1(s)G_2(s) \tag{6.40}$$

在这种情况下,反馈校正后系统的特性几乎与未校正系统特性一致。

当

$$|G_2(s)G_c(s)| \gg 1 \tag{6.41}$$

有

$$\frac{C(s)}{R_1(s)} \approx \frac{1}{G_c(s)} \tag{6.42}$$

校正后系统的开环传递函数为

$$G(s) \approx \frac{G_1(s)}{G_c(s)} \tag{6.43}$$

在这种情况下,反馈校正后系统的特性几乎与被校正装置包围的环节 $G_2(s)$ 无关。

从式(6.39)、式(6.42)可以看出:当局部开环增益远小于 1 时,该反馈可认为是开路,局部闭环的传递函数近似等于前向通道的固有传递函数 $G_2(s)$,而当局部开环增益远大于 1 时,其传递函数几乎与固有特性 $G_2(s)$ 无关,仅取决于反馈通路的特性 $G_c(s)$ 的倒数。这说明通过选择 $G_c(s)$,能在一定的频率范围内改变系统的原有特性。用反馈校正装置包围未校正系统中的某些环节形成局部反馈,在局部反馈内环稳定的条件下,通过调整反馈装置 $G_c(s)$ 的参数,使局部反馈回路的开环幅值远远大于 1,就可以消除被反馈校正装置包围环节 $G_2(s)$ 对系统性能的不良影响,使已校正系统的性能指标满足要求,这就是反馈校正的基本原理。

6.5.2　反馈校正的特点

(1) 负反馈可消除系统不可变部分中不希望有的特性。

如图 6-5-1 所示,系统中不可变部分 $G_2(s)$ 的特性是不希望有的,假设式(6.41)、式 (6.43)成立,则可通过适当选择反馈通道的传递函数 $G_c(s)$,用其倒数 $1/G_c(s)$ 代替原来的 $G_2(s)$,使其满足性能指标的要求。

(2) 负反馈可以减弱参数变化对系统性能的影响。

在控制系统中,为减弱系统对参数变化的敏感性,最有效的办法之一就是采用负反馈。

以比例负反馈包围惯性环节为例,已知惯性环节

$$G(s) = \frac{K}{Ts+1} \qquad (6.44)$$

加比例负反馈后如图 6-5-2 所示。

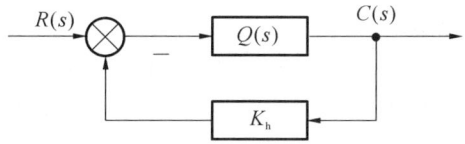

图 6-5-2　反馈系统框图

引入负反馈后系统的传递函数为

$$\frac{C(s)}{R(s)} = \frac{K}{Ts+1+KK_h} = \frac{K'}{T_h s+1} \qquad (6.45)$$

其中

$$K' = \frac{K}{1+KK_h} \qquad (6.46)$$

$$T_h = \frac{T}{1+KK_h} \qquad (6.47)$$

设惯性环节的增益 K 的变化为 ΔK。可以证明,采用反馈后其相对增量变为

$$\frac{\Delta K'}{K'} = \frac{1}{1+KK_h} \frac{\Delta K}{K} \qquad (6.48)$$

式(6.48)表明,反馈校正后增益值的相对增量是校正前相对增量的 $1/(1+KK_h)$,校正后的相对增量明显减弱。对于反馈校正包围其他较复杂环节的情况,也有类似效果。

(3) 负反馈削弱非线性影响。因为系统由线性转入非线性工作状态时,系统参数会发生变化,例如由线性进入饱和特性(或由死区特性转入线性特性)相当于增益的变化。因为负反馈可以减弱系统对参数变化的敏感性,所以负反馈在一般情况下也可以削弱非线性特性对系统的影响。

(4) 负反馈可以减小系统的时间常数。一阶惯性环节加比例负反馈后组成如图 6-5-2 所示的一阶系统后,其时间常数如式(6.47)所示,即反馈校正后时间常数是校正前时间常数的 $1/(1+KK_h)$。采用比例负反馈减小系统时间常数的概念与比例负反馈扩展系统带宽的概念是一致的。在控制系统设计中,常常采用比例负反馈减弱系统中较大的惯性,从而使系统的动

态性能得到改善。

6.5.3 反馈校正的设计

反馈校正设计可以用分析法进行,但通常采用综合法(期望特性法)进行。设反馈校正控制系统如图 6-5-3 所示。

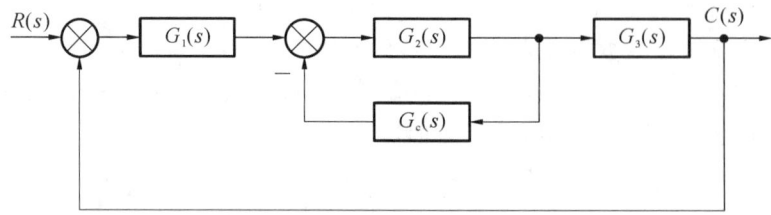

图 6-5-3 反馈校正控制系统框图

未校正系统的开环传递函数为

$$G_0(s) = G_1(s)G_2(s)G_3(s) \tag{6.49}$$

已校正系统的开环传递函数为

$$G(s) = \frac{G_0(s)}{1 + G_2(s)G_c(s)} \tag{6.50}$$

当 $|G_2(j\omega)G_c(j\omega)| \ll 1$ 或 $20\lg|G_2(j\omega)G_c(j\omega)| \ll 0$ 时,由式(6.50)可得

$$G(s) \approx G_0(s) \tag{6.51}$$

即在 $|G_2(j\omega)G_c(j\omega)| \ll 1$ 的频率范围内,已校正系统的开环频率特性与未校正系统的开环频率特性近似。

当 $|G_2(j\omega)G_c(j\omega)| \gg 1$ 或 $20\lg|G_2(j\omega)G_c(j\omega)| \gg 0$ 时,

$$G(s) \approx \frac{G_0(s)}{G_2(s)G_c(s)} \tag{6.52}$$

即

$$G_2(s)G_c(s) \approx \frac{G_0(s)}{G(s)} \tag{6.53}$$

分析式(6.53)的对数幅频特性,可知:在 $|G_2(j\omega)G_c(j\omega)| \gg 1$ 的频率范围内,未校正系统的开环对数幅频特性 $20\lg|G_0(j\omega)|$ 减去已校正系统(期望特性)开环对数幅频特性 $20\lg|G(j\omega)|$ 近似等于 $20\lg|G_2(j\omega)G_c(j\omega)|$,由于 $G_2(s)$ 是已知的,故校正装置 $G_c(s)$ 可求得。

反馈校正步骤以及期望频率特性的画法与串联综合法相同,只是确定校正装置参数的方法不同,下面通过例题说明。

【例 6.4】 已知控制系统如图 6-5-3 所示,其中

$$G_1(s) = \frac{238}{0.05s + 1}, G_2(s) = \frac{228}{0.36s + 1}, G_3(s) = \frac{0.0208}{s}$$

采用局部反馈校正改善系统性能,试设计反馈校正装置 $G_c(s)$,使系统满足 $\sigma\% \leqslant 25\%$,$t_s \leqslant 0.8$ s 的性能指标。

【解】 （1）绘制满足稳态性能要求的未校正系统的开环对数幅频特性 $20\lg|G_0(j\omega)|$，由图 6-5-3 可知

$$G_0(s) = G_1(s)G_2(s)G_3(s) = \frac{1130}{s(0.05s+1)(0.36s+1)}$$

画出未校正系统的开环对数幅频特性 L_0，如图 6-5-4 所示。

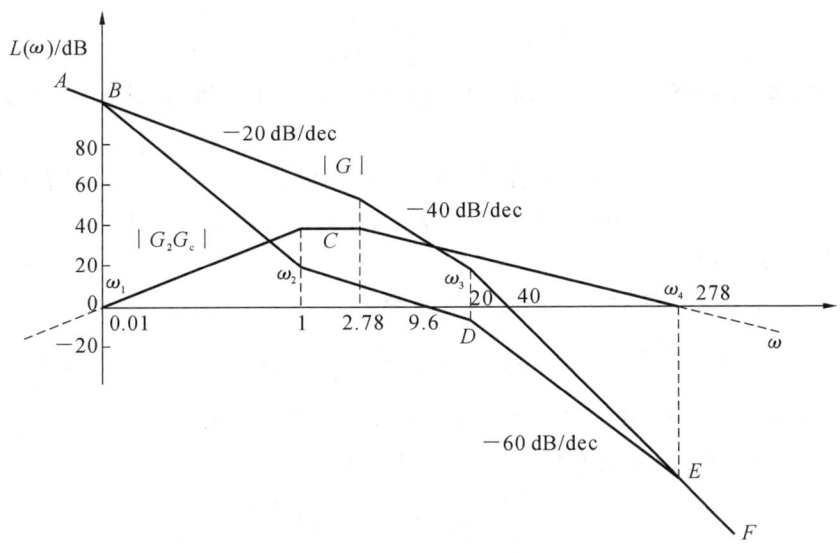

图 6-5-4　对数幅频特性

（2）根据给定性能指标要求，绘制系统期望开环对数幅频特性 $L(\omega) = 20\lg|G(j\omega)|$。

① 低频段。期望特性低频段 $L(\omega)$ 与未校正系统低频段 $L_0(\omega)$ 重合。

② 中频段。因要求 $\sigma\% \leqslant 25\%$，$t_s \leqslant 0.8$ s，由时域性能指标与频率特性关系，可求得频域性能指标。$M_r = 1.22$，$\omega_c = 9.6$ rad/s，$\omega_2 \leqslant \omega_c \dfrac{M_r-1}{M_r} = 1.73$ rad/s，$\omega_3 \geqslant \omega_c \dfrac{M_r+1}{M_r} = 17.47$ rad/s，$H = \dfrac{M_r+1}{M_r-1} = 10$。

为使校正网络简单，考虑到未校正特性的形状，选取 $\omega_2 = 1$ rad/s 和 $\omega_3 = 20$ rad/s，则中频区宽度 $H = 20$。过剪切频率 $\omega_c = 9.6$ rad/s 处做斜率为 -20 dB/dec 的直线，交 $\omega_2 = 1$ rad/s 和 $\omega_3 = 20$ rad/s 的垂线于点 C 和 D。线段 CD 即为中频段。

③ 中、低频段连接线和中、高频段连接线。过点 C 做斜率为 -40 dB/dec 的直线交 $L_0(\omega)$ 的低频段于点 B，点 B 对应的频率为 $\omega_1 = 0.01$ rad/s，过点 D 做斜率为 -40 dB/dec 的直线交 $L_0(\omega)$ 的高频段于点 E，点 E 对应的频率为 $\omega_4 = 278$ rad/s。

④ 高频段。在 $\omega > 278$ rad/s 的频段内，期望特性 $L(\omega)$ 与未校正系统高频段 $L_0(\omega)$ 重合。做出期望特性 $ABCDEF$（见图 6-5-4），对应的转折频率分别为 $\omega_1 = 0.01$ rad/s，$\omega_2 = 1$ rad/s，$\omega_3 = 20$ rad/s，$\omega_4 = 278$ rad/s。

期望特性对应的开环传递函数为

$$G(s) = \frac{1130(s+1)}{s(100s+1)(0.05s+1)(0.0036s+1)}$$

（3）由式（6.53），在图 6-5-4 中求出 $L_0(\omega)$-$L(\omega)$ 特性曲线,取其中大于 0 dB 的幅频特性作为 $20\lg|G_2(j\omega)G_c(j\omega)|$,即得到 $G_2(s)G_c(s)$ 的传递函数。

求得的 $20\lg|G_2(j\omega)G_c(j\omega)|$ 如图 6-5-4 所示。为使 $G_2(s)G_c(s)$ 较简单,将 $20\lg|G_2(j\omega)G_c(j\omega)|<0$ 的部分用 $20\lg|G_2(j\omega)G_c(j\omega)|>0$ 的部分的延长线来代替（如图 6-5-4 中虚线所示）,以减小 $20\lg|G_2(j\omega)G_c(j\omega)|$ 中的两个转折频率 ω_1 和 ω_4,得到

$$G_2(s)G_c(s) = \frac{100s}{(s+1)(0.36s+1)}$$

（4）检验局部反馈回路的稳定性和校正后系统在剪切频率附近 $20\lg|G_2(j\omega)G_c(j\omega)|>0$ 的程度。

计算 $\omega=\omega_4=278$ rad/s 时,局部反馈回路开环传递函数 $G_2(s)G_c(s)$ 所对应的相角裕量为

$$\gamma(\omega_4) = 180° + 90° - \arctan\omega_4 - \arctan0.36\omega_4 \approx 90°$$

所以,局部反馈回路是稳定的。

计算 $\omega_c=9.6$ rad/s 处局部反馈回路的对数幅值为

$$20\lg|G_2(j\omega)G_c(j\omega)| = (20\lg\frac{100 \times 9.6}{9.6 \times 0.36 \times 9.6}) \text{ dB} = 29.2 \text{ dB}$$

由于满足 $|G_2(j\omega)G_c(j\omega)| \gg 1$ 的条件,因此设计具有较高的近似精度。

根据 $G_2(s)G_c(s)$ 传递函数,由已知的 $G_2(s)$ 确定 $G_c(s)$。

$$G_c(s) = \frac{100s}{(s+1)(0.36s+1)}\frac{(0.36s+1)}{228} = \frac{0.44s}{s+1}$$

然后验算校正后系统的各项性能指标。

由于近似条件能较好地满足要求,故可直接用期望特性来验算性能指标。

$$\omega_c = 9.6 \text{ rad/s}$$

$$\gamma(\omega_c) = 180° - 90° - \arctan\omega_c - \arctan(100\omega_c) - \arctan(0.05\omega_c) - \arctan(0.0036\omega_c) = 56°$$

由时域性能与频域性能关系可得 $M_r=1.21$,$\sigma\% \leq 24\%$,$t_s \leq 0.76s$。故满足性能指标要求。

6.6 复合校正

串联校正或反馈校正在一定程度上能够使系统的性能指标满足要求。但是,如果对系统动态和静态性能的要求都很高时,或者系统存在强干扰时,工程中往往在串联校正或局部反馈校正的同时,附加顺馈校正和干扰补偿来组成控制系统的复合校正。

6.6.1 复合校正的原理及特点

为了减小或消除系统在某种输入作用下的稳态误差,可采用提高系统的开环增益或者采用高型别系统的方法。但是这两种方法对系统的稳定性都会产生影响,使得系统的动态性能降低。尤其是当增益过大或者型别过高时,会使系统不稳定。若在系统的反馈回路中加入前馈通路,组成一个前馈控制和反馈控制相结合的系统,只要参数选择适当,就可以既保持系统稳定性,又极大地减小甚至消除误差,并抑制几乎所有的可量测扰动。这种控制方式就是复合控制。将这种思想应用于系统校正设计就是复合校正。

复合校正中的前馈校正装置是按照不变性原理进行设计的,按照所取的输入信号的不同性质,复合校正可以分为按输入补偿的复合校正和按扰动补偿的复合校正,分别如图 6-3-2 所示,图中 $G_1(s)$、$G_2(s)$ 为系统不可变部分的传递函数。

6.6.2　复合校正及其参数确定

1. 按输入补偿的复合校正

按输入补偿的复合校正结构如图 6-3-2(a)所示,此时系统的输出 $C(s)$ 为

$$C(s) = \frac{G_1(s)G_2(s) + G_r(s)G_2(s)}{1 + G_1(s)G_2(s)}R(s) \tag{6.54}$$

其中,$G_r(s)$ 为前馈补偿器的传递函数,若选择 $G_r(s) = 1/G_2(s)$,则有 $C(s) = R(s)$,表明所选择的前馈复合校正完全消除了由输入信号引起的误差,实现完全补偿。此时

$$E(s) = R(s) - C(s) = \frac{1 - G_r(s)G_2(s)}{1 + G_1(s)G_2(s)}R(s) \tag{6.55}$$

即在输入信号作用 $r(t)$ 作用下的稳态误差为

$$e_{ssr} = \lim_{s \to 0} sE(s) = \lim_{s \to 0} s\frac{1 - G_r(s)G_2(s)}{1 + G_1(s)G_2(s)}R(s) \tag{6.56}$$

由于实际系统中 $G_2(s)$ 的一般形式比较复杂,在实际中实现完全补偿是比较困难的,但满足跟踪精度的部分补偿还是能做到的。因此,实际的前馈复合校正装置在结构上既可以实现较简单的形式,又能够满足系统对稳态精度的要求。

【例 6.5】　系统如图 6-3-2(a)所示,其中

$$G_1(s) = \frac{K_1}{T_1 s + 1}, G_2(s) = \frac{K_2}{s(T_2 s + 1)}$$

当输入信号为单位斜坡信号时,试求 $G_r(s)$ 以消除系统的稳态误差。

【解】　未校正系统的开环传递函数为

$$G_0(s) = \frac{K_1 K_2}{s(T_1 s + 1)(T_2 s + 1)}$$

显然,该系统为Ⅰ型系统,对于单位斜坡信号恒有常值误差 $1/(K_1 K_2)$。若要消除稳态误差,可采用全补偿实现,即

$$G_r(s) = \frac{1}{G_2(s)} = \frac{s(T_2 s + 1)}{K_2} \tag{6.57}$$

或者可以提高系统的型别使其成为Ⅱ型及以上系统。引入前馈校正后,由式(6.56)知其稳态误差为

$$e_{ssr} = \lim_{s \to 0} sE(s) = \lim_{s \to 0} s\frac{s(T_1 s + 1)(T_2 s + 1) - K_2(T_1 s + 1)G_r(s)}{s(T_1 s + 1)(T_2 s + 1) + K_1 K_2}\frac{1}{s^2}$$

$$= \lim_{s \to 0} \frac{1 - \frac{K_2 G_r(s)}{s}}{K_1 K_2}$$

若使 $e_{ssr} = 0$,则 $G_r(s)$ 最简单的表达式为 s/K_2。故引入对输入信号的一阶微分作为前馈复合校正后,系统由Ⅰ型变为Ⅱ型,也可以完全消除单位斜坡作用下的稳态误差。

校正前系统的闭环传递函数为

$$W_1(s) = \frac{G_1(s)G_2(s)}{1 + G_1(s)G_2(s)} = \frac{K_1 K_2}{s(T_1 s + 1)(T_2 s + 1) + K_1 K_2} \tag{6.58}$$

校正后系统的闭环传递函数为

$$W_2(s) = \frac{G_1(s)G_2(s) + G_r(s)G_2(s)}{1 + G_1(s)G_2(s)} = \frac{T_1 s^2 + s + K_1 K_2}{s(T_1 s + 1)(T_2 s + 1) + K_1 K_2} \tag{6.59}$$

由于式(6.58)、式(6.59)的分母相同,即系统的特征方程相同,所以前馈复合校正不影响闭环系统的稳定性,并且可以将系统稳定性和稳态精度这两个相互矛盾的问题分开考虑。校正后的系统相对于原系统增加了一个闭环零点,也可以改善系统的动态特性。

2. 按扰动补偿的复合校正

图 6-3-2(b)为扰动补偿校正和反馈校正相结合的复合校正,由图可知此时系统的输出 $C(s)$ 为

$$C(s) = \frac{G_1(s)G_2(s)}{1 + G_1(s)G_2(s)} R(s) + \frac{G_n(s)G_1(s)G_2(s) + G_2(s)}{1 + G_1(s)G_2(s)} N(s) \tag{6.60}$$

误差为

$$E(s) = -G_N(s) = -\frac{G_n(s)G_1(s)G_2(s) + G_2(s)}{1 + G_1(s)G_2(s)} N(s) \tag{6.61}$$

式中的 $G_N(s)$ 为扰动信号作用下系统的输出。若选择前馈控制

$$G_n(s) = -\frac{1}{G_1(s)} \tag{6.62}$$

则有 $E(s) = -G_N(s) = 0$,可使扰动信号对系统输出的影响得到完全补偿。扰动补偿的实质是利用双通道原理,用扰动实现扰动补偿,进而消除扰动对系统输出的影响。但现实中,由于 $G_1(s)$ 的分母阶次一般是高于分子阶次的,其倒数恰恰相反,扰动信号全补偿的条件在物理上往往无法准确实现,因此实际中多采用对系统性能起主要影响的频率近似全补偿,或者采用稳态全补偿,这样的补偿装置更易于实现。

需要注意的是,在采取按扰动补偿的复合校正时,首先要保证扰动信号的可测量性;其次要保证校正装置的物理可实现性。同时,由于按扰动补偿校正实际上是一种开环控制,所以对于校正装置来说,要求其具有比较高的参数稳定性。

【例 6.6】 按扰动补偿的复合校正系统如图 6-3-2(b)所示。当扰动为单位阶跃信号时,试设计复合校正装置 $G_n(s)$,使系统不受扰动信号的影响。已知

$$G_1(s) = \frac{1}{T_1 s + 1}, G_2(s) = \frac{K}{s(T_2 s + 1)}$$

【解】 由题意可得

$$G_N(s) = \frac{K(T_1 s + 1) + KG_n(s)}{s(T_1 s + 1)(T_2 s + 1) + K} \frac{1}{s}$$

若采用全补偿的方式可得

$$G_n(s) = -\frac{1}{G_1(s)} = -(T_1 s + 1)$$

使 $E(s) = -G_N(s) = 0$,此时的分子阶次高于分母阶次,不易于物理实现。由于扰动信号可测

量,为单位阶跃信号,所以

$$e_{ssn} = \lim_{s \to 0} sE(s) = \lim_{s \to 0} sG_N(s) = -\lim_{s \to 0} \frac{K(T_1 s + 1) + KG_n(s)}{s(T_1 s + 1)(T_2 s + 1) + K} \frac{1}{s}$$

$$= -\lim_{s \to 0} \frac{K + KG_n(s)}{K}$$

此时,只需使 $G_n(s) = -1$,则有 $e_{ssn} = 0$。显然,根据具体的扰动信号还可以选择更易于实现的扰动全补偿,使系统稳态时的输出不受扰动信号的影响。

6.7　基本控制规律分析

按偏差的比例 P、积分 I 和微分 D 进行控制的控制器称为 PID 控制器。PID 控制器又称为 PID 调节器,是工业过程控制系统中应用最为广泛的一种控制器。经过长期的应用检验,PID 控制器已经形成了典型结构,其参数整定方便、结构改变灵活,在很多工业过程控制中获得了良好的效果。对于那些数学模型不易精确求得、参数变化较大的被控对象,采用 PID 控制器往往能获得满意的控制效果。PID 控制器在经典控制理论中技术成熟,从 20 世纪 30 年代末出现的模拟 PID 控制器开始,至今仍有非常广泛的应用。如今,随着计算机技术的迅速发展,计算机算法越来越多地代替了模拟 PID 控制器,实现了数字 PID 控制器,其控制效果更灵活,且易于改进和完善。

6.7.1　比例控制器(P 控制器)

具有比例控制规律的控制器称为比例控制器,如图 6-7-1 所示。

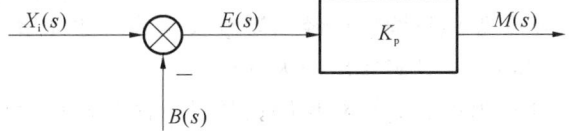

图 6-7-1　P 控制器

$$G_c(s) = \frac{M(s)}{E(s)} = K_p \tag{6.63}$$

$$m(t) = K_p e(t)$$

校正环节 $G_c(s)$ 称为比例控制器,其传递函数为常数 K_p,它实际上是一个具有可调放大系数的放大器。在控制系统中引入比例控制器,增大比例系数 K_p,可减小稳态误差,提高系统的快速性,但系统的稳定性会下降,因此,工程上很少单独使用比例控制器。增益调整是系统校正与综合时最基本、最简单的方法。从减小偏差的角度出发,我们应该增加 K_p,但 K_p 增加会导致系统的稳定性下降,过大的 K_p 会使系统产生激烈的振荡和不稳定,因此在设计时应该在满足精度的要求下选择适当的 K_p 值。

6.7.2 积分控制器（Ｉ控制器）

积分控制器的调节规律是偏差 $e(t)$ 经过积分控制器的积分作用得到控制器的输出信号，其方程如下

$$u = K_i \int_0^t e(t)\mathrm{d}t$$

式中：K_i 称为积分增益，其传递函数为

$$G_c(s) = \frac{K_i}{s} \tag{6.64}$$

积分控制器的显著特点是调节偏差，也就是说当系统达到平衡后，阶跃信号稳态设定值的偏差 $e(t)$ 等于 0。可以理解为：积分的作用实际上是将偏差 $e(t)$ 累计起来得到输出 u，如果偏差 $e(t)$ 不为 0，积分作用将使积分控制器的输出 u 不断增加或减小，系统将无法平衡，故而只有 $e(t)$ 为 0，积分控制器的输出 u 才不会变化。

6.7.3 微分控制器（Ｄ控制器）

微分控制器的调节规律是偏差 $e(t)$ 经过微分作用得到控制器的输出信号 u，即控制器的输出 u 与偏差的变化速率 $\mathrm{d}e(t),\mathrm{d}t$ 成正比。其方程如下

$$u = K_d \frac{\mathrm{d}e(t)}{\mathrm{d}t}$$

式中：K_D 称为微分增益，其传递函数表示为

$$G_c(s) = K_d s \tag{6.65}$$

比例控制器和积分控制器都是在出现了偏差才进行调节，而微分控制器则针对被调节量的变化速率进行调节，不需要等到被调量已经出现较大偏差后才开始动作，即微分控制器可以对被调量的变化趋势进行调节，及时避免出现大的偏差。

一般情况下，实现微分作用不是直接对检测信号进行微分操作，因为这样会引入很大的冲击，造成某些器件工作不正常。另外，对于噪声干扰信号，由于其突变性，直接微分将引起很大的输出，从而忽略实际信号的变化趋势，直接微分也会对线路噪声造成敏感。故而对于性能要求较高的系统，往往使用检测信号的速率传感器来避免直接对信号进行微分。

6.7.4 比例-微分控制器（ＰＤ控制器）

具有比例加微分控制规律的控制器称为比例-微分控制器，如图 6-7-2 所示。

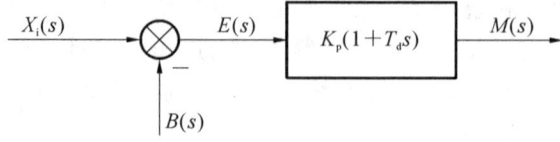

图 6-7-2　PD 控制器

PD 控制器的传递函数为

$$G_c(s) = \frac{M(s)}{E(s)} = K_p(1 + T_d s) \tag{6.66}$$

该控制器的输出时间函数 $m(t)$ 成比例地反映输入信号 $e(t)$，又成比例地反映输入信号 $e(t)$ 的导数（变化率），即

$$m(t) = K_p\left[e(t) + T_d \frac{de(t)}{dt}\right] = K_p e(t) + K_p T_d \frac{de(t)}{dt} \tag{6.67}$$

设 PD 控制器的输入信号 $e(t)$ 为正弦函数

$$e(t) = e_m \sin\omega t$$

式中：e_m 为振幅；ω 为角频率。PD 控制器的输出信号为

$$m(t) = K_p\left[e(t) + T_d \frac{de(t)}{dt}\right] = K_p(e_m \sin\omega t + e_m T_d \omega \cos\omega t) \tag{6.68}$$

$$= K_p e_m \sqrt{1 + (T_d \omega)^2} \sin(\omega t + \tan^{-1} T_d \omega)$$

式(6.68)表明，PD 控制器的输入信号为正弦函数时，输出仍为同频的正弦函数，幅值改变了 $K_p e_m \sqrt{1 + (T_d \omega)^2}$ 倍，并且随着 ω 的改变而改变。相位超前于正弦函数，超前的相位角为 $\tan^{-1} T_d \omega$，随着 T_d、ω 的改变而改变，最大超前相位角为 $90°(\omega \to \infty)$。

由于 PD 控制器具有使输出信号相位超前于输入信号的特性，因此又称为超前校正装置或微分校正装置。工程实践中可应用这一特性来改善系统的稳定性。而当原闭环系统稳定，但稳定裕度不足时，可以增加稳定裕度，改善系统的动态性能。

6.7.5　比例-积分控制器（PI 控制器）

具有比例加积分控制规律的控制器，称为比例-积分控制器，如图 6-7-3 所示。

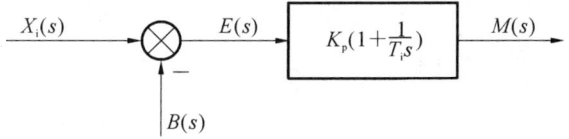

图 6-7-3　PI 控制器

PI 控制器的传递函数为

$$G_c(s) = \frac{M(s)}{E(s)} = K_p(1 + \frac{1}{T_i s}) \tag{6.69}$$

控制器输出的时间函数为

$$m(t) = K_p\left[e(t) + \frac{1}{T_i} \int_0^t e(\tau)d\tau_d\right] \tag{6.70}$$

为了讨论方便，令比例系数 $K_p = 1$，则式(6.70)变为

$$G_c(s) = \frac{M(s)}{E(s)} = 1 + \frac{1}{T_i s} = \frac{T_i s + 1}{T_i s} \tag{6.71}$$

由式(6.71)可以看出，PI 控制器的传递函数中包含有积分因子，即整个系统的开环通路中包含积分因子，可以提高系统的型别，减小或消除稳态误差，改善稳态性能，但会使系统的相位产生滞

后,相位裕度有所减小,稳定性变差,剪切频率 ω_c 减小,快速性变差,系统的动态性能下降。

6.7.6　比例-积分-微分控制器(PID 控制器)

比例加积分加微分控制规律是一种由比例、积分、微分基本控制规律组合的复合控制规律。这种组合具有三个独立的控制规律各自的优点。

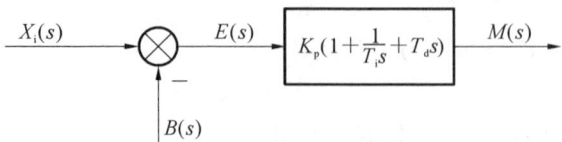

图 6-7-4　PID 控制器

PID 控制器的传递函数为

$$G_c(s) = \frac{M(s)}{E(s)} = K_p(1 + T_d s + \frac{1}{T_i s}) \tag{6.72}$$

从式(6.72)可以看出,当利用 PID 控制器进行串联校正时,可以使系统的型别提高一级,而且增加了两个负实数零点用来改善系统的动态性能。综上所述,PID 控制器可以做到同时改善系统的稳态性能和动态性能。为了取得上述效果,需要正确选择积分与微分的时间常数 T_i、T_d。

PID 控制原理简单、使用方便、适应性强,可以广泛应用于机电控制系统,同时也可用于化工、热工、冶金等各种生产部门,同时 PID 控制器鲁棒性强,即其控制品质对环境条件和被控对象的参数变化不敏感。对于系统性能要求较高的情况,往往使用 PID 控制器。在合理优化各参数后,系统具有理想的稳定性、快速响应性、无残差性能。使用 PI 或者 PD 控制器就能满足性能要求的情况下,往往选择 PI 或者 PD 控制器以简化设计。

6.8　PID 控制参数设计

6.8.1　仿串联校正

由于 PI、PD、PID 控制分别与滞后校正、超前校正、滞后-超前校正相对应,因此,可以按照前面串联校正的各种方法设计出相应的控制器参数 $\{k, T_c, \tau_c\}$,然后等效得到 PID 的参数 $\{k_p, T_{i0}, \tau_{d0}\}$。

(1) 对于 PI 控制与滞后校正,有

$$K_i(s) = K_p(1 + \frac{1}{T_{i0} s}) \approx k k_{p0} \beta \frac{T_{i0} s + 1}{\beta T_{i0} s + 1} = k G_{c2}(s) = k \frac{\tau_c s + 1}{T_c s + 1} = k \frac{\tau_c s + 1}{\beta T_c s + 1} \tag{6.73}$$

滞后校正参数 $\{k, T_c, \tau_c\}$ 与 PI 参数 $\{k_p, T_{i0}\}$ 有如下关系:

$$\begin{cases} k_p = k k_{p0}, k_{p0} = 1/\beta \\ T_{i0} = T_c/\beta, \beta = T_c/\tau_c > 1 \end{cases} \tag{6.74}$$

(2) 对于 PD 控制与超前校正,有

$$K_d(s) = K_p(1 + \tau_{d0} s) \approx k k_{p0} \frac{\tau_{d0} + 1}{\tau_{d0}/\alpha + 1} = k G_{c1}(s) = k \frac{\tau_c s + 1}{T_c s + 1} = k \frac{\alpha T_c s + 1}{T_c s + 1} \quad (6.75)$$

超前校正参数 $\{k, T_c, \tau_c\}$ 与 PD 参数 $\{k_p, \tau_{d0}\}$ 有如下关系：

$$\begin{cases} k_p = k k_{p0}, k_{p0} = 1 \\ \tau_{d0} = \tau_c, \alpha = \tau_c/T_c > 1 \end{cases} \quad (6.76)$$

（3）对于 PID 控制与滞后-超前校正，有

$$K(s) = K_p \left(1 + \frac{1}{T_{i0} s} + \tau_{d0} s\right) \approx k k_{p0} \beta \frac{T_{i0} s + 1}{\beta T_{i0} s + 1} \frac{\tau_{d0} + 1}{\tau_{d0}/\alpha + 1} \quad (6.77)$$

$$= k G_{c3}(s) = k \frac{\tau_{c2} s + 1}{T_{c2} s + 1} \frac{\tau_{c1} s + 1}{T_{c1} s + 1} \quad (6.78)$$

滞后-超前校正参数 $\{k, T_{ci}, \tau_{ci}\}$ 与 PID 参数 $\{k_p, T_{i0}, \tau_{d0}\}$ 有如下关系：

$$\begin{cases} k_p = k k_{p0}, k_{p0} = 1/\beta \\ T_{i0} = T_{c2}/\beta, \beta = T_{c2}/\tau_{c2} > 1 \\ \tau_{d0} = \tau_{c1}, \alpha = \tau_{c1}/T_{c1} > 1 \end{cases} \quad (6.79)$$

6.8.2 工程整定法

PID 控制器由于结构简单、物理意义明晰、特性优异，得到了广泛应用。在多年的应用过程中，为了快速确定 PID 参数，工程师们总结了许多经验公式或工程整定法，下面介绍其中的两种方法。

1. 衰减曲线法

衰减曲线法是一种闭环整定方法，依据闭环系统的阶跃响应数据来整定 PID 控制器参数。

具体做法是：将 PID 控制器置于比例控制状态（$T_{i0} = \infty, \tau_{d0} = 0$），取比例增益 K_p 为较小值；在给定输入端施加一个阶跃信号，观察系统响应的振荡曲线；反复调整 K_p，使得系统响应成衰减比为 4:1 或 10:1 的衰减振荡曲线，如图 6-8-1 所示。记录此时的比例增益 K_p 和振荡周期 T_s 或上升到峰值的时间 T_r，根据表 6-8-1 给出的经验公式，计算出满足衰减比的 PID 控制器参数 $\{k_p, T_{i0}, \tau_{d0}\}$。

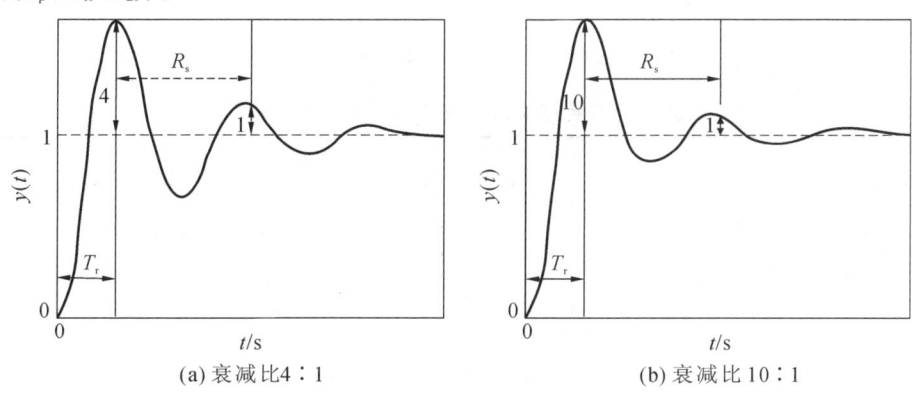

(a) 衰减比 4:1   (b) 衰减比 10:1

图 6-8-1 衰减振荡曲线

表 6-8-1　衰减曲线法控制器参数经验公式

衰减比与控制器		参数		
		k_p	T_{i0}	τ_{d0}
4:1	P	k_{ps}	—	—
	PI	$0.83k_{ps}$	$0.5T_s$	—
	PID	$1.25k_{ps}$	$0.3T_s$	$0.1T_s$
10:1	P	k_{ps}	—	—
	PI	$0.83k_{ps}$	$2T_r$	—
	PID	$1.25k_{ps}$	$1.2T_r$	$0.4T_r$

2. 临界比例度法

临界比例度法也是一种闭环整定方法,依据闭环系统阶跃响应在临界稳定运行状态下的信息对 PID 参数进行整定。

其整定方法如下:将 PID 控制器置于比例控制状态,将比例增益 K_p 由小逐渐增大至系统呈现临界稳定状态,即输出响应为等幅振荡曲线,如图 6-8-2 所示。记录此时的比例增益临界值 K_{pcs} 和等幅振荡周期 T_{cs},然后应用表 6-8-2 给出的经验公式,计算出满足衰减比为 4:1 的 PID 控制器参数。

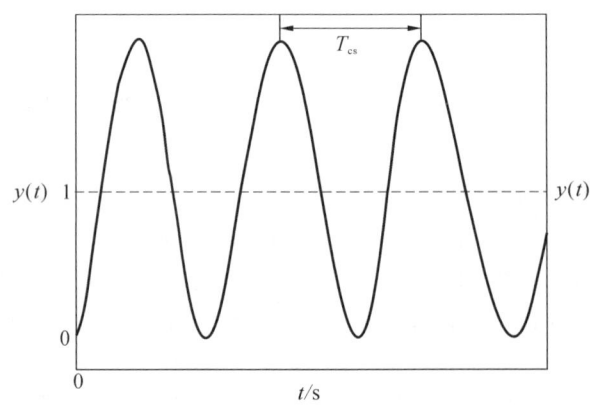

图 6-8-2　临界比例度法

表 6-8-2　临界比例度法控制器参数的整定经验公式(衰减比为 4:1)

控制器	参数		
	k_p	T_{i0}	τ_{d0}
P	$0.5k_{pcs}$	—	—
PI	$0.45k_{pcs}$	$0.85T_{cs}$	—
PD	$0.45k_{pcs}$	—	$0.1T_{cs}$
PID	$0.6k_{pcs}$	$0.5T_{cs}$	$0.125T_{cs}$

6.9 思政融合——"自主创新"

关键词：创新突破，一丝不苟

空间交会对接技术是航天领域的核心关键技术之一，是载人航天、空间站建设、在轨服务和星际探测等航天活动的基础。当前，中国空间站已建成并转入应用与发展阶段，未来更多神舟载人飞船、天舟货运飞船、航天员到访空间站将成为常态。

一次次"太空之吻"完美呈现的背后，是一次次的技术突破和创新超越，标志着中国空间交会对接技术正向着高精度控制、高水平制导、高效率流程发展。

交会对接包含交会和对接两个阶段，交会是指两个或两个以上的航天器在轨道上按预定的位置和时间会合，对接是指航天器通过对接机构连接为一个整体。简而言之，对接就是航天器在交会的基础上，在结构上合二为一的过程。这个动作犹如在万里之外的太空中"穿针引线"，技术难度之大可想而知。

轨道控制难在哪里？从火箭发射入轨到两个飞行器追踪接近，步步有序。而在实际飞行中，每一步都可能产生误差。因此，飞行轨道控制规划需要预留轨道修正的时机，根据实际偏差情况进行实时计算并决定是否实施修正。而所有阶段的测量和计算误差都会转化为轨道控制参数的误差并与变轨执行偏差叠加，体现在轨道控制后的飞行状态中。因此，飞船入轨，工程即以实测轨道规划后续的各次变轨，消除入轨偏差；每次轨道控制之后重新测定轨道，再以当前状态更新规划后的变轨策略和参数，在完成既有追踪任务的同时消除上一次变轨产生的新偏差。因此，航天器交会是典型的约束条件下的多目标规划问题。

经过几十年的发展，国外交会对接技术经历了从快到慢、再到快的发展过程。我们现在所说的快速交会对接，并不是 21 世纪才实现的高新技术，早在 20 世纪 60 年代，美国和苏联就先后完成了试验验证。从神舟八号任务开始，中国已完成数十次交会对接任务，交会对接时间也经历了从慢到快的变化，从最初的两天，到 6.5 小时，再到 2 小时，不断创造新的速度纪录。

2011 年 11 月 3 日，神舟八号与天宫一号目标飞行器完成交会对接，用时约 45 小时，标志着中国成为世界上第三个独立掌握该项技术的国家。之后，中国的交会对接时间纪录不断被刷新。

2017 年 9 月 12 日，天舟一号货运飞船与天宫二号空间实验室完成快速交会对接试验，用时 6.5 小时，成功解锁快速交会对接技术。2021 年 5 月 30 日，天舟二号货运飞船与天和核心舱完成自主快速交会对接，用时 8 小时。2021 年 6 月 17 日，神舟十二号载人飞船采用自主模式与天和核心舱前向端口成功对接，首次验证了 6.5 小时快速交会对接技术。

在北斗导航系统的支持下，可以实现实时准确的轨道测定。2021 年 10 月 16 日，神舟十三号载人飞船采用自主模式与天和核心舱天底端口成功对接，首次实现径向交会对接。2022 年 11 月 12 日，天舟五号货运飞船采用自主模式与天和核心舱后向端口成功对接，首次实现 2 小时自主快速交会对接，打破了俄罗斯联盟号 MS-17 载人飞船 3 小时 3 分钟的世界纪录。

纵观中国载人航天 30 多年的发展历程，中国交会对接技术实现了从无到有、从自动到手控再到自主、从标准对接到快速对接、从轴向对接到径向对接，取得了跨越式创新突破。

2023 年 8 月 31 日,中国载人航天工程办公室发布消息,我国载人月球探测工程登月阶段任务已启动实施,计划 2030 年前实现载人登月。月球轨道交会对接技术将为我国载人登月任务保驾护航。

"人不能两次踏进同一条河流。"古希腊哲学家的这句话,表达了宇宙万物的运动变化。从这个意义上来说,以交会对接为代表的航天任务在每一阶段所面对的,都是又一次全新的任务。

空间交会对接

本 章 小 结

(1) 系统校正就是在原有的系统上,有目的地增添一些装置或部件,人为地改变系统的结构和参数,使系统的性能得到改善,以满足所要求的性能指标。根据校正装置在系统中所处位置的不同,系统校正一般可分为串联校正、反馈校正和复合校正。

(2) 串联校正对系统结构、性能改善效果明显,校正方法直观、实用,但无法克服系统中元件或部件参数变化对系统性能的影响。

(3) 反馈校正能改变被包围环节的参数、性能,甚至可以改变原环节的性质。反馈校正的这一特点可用来抑制元件或部件参数变化和内、外部扰动对系统性能的消极影响,有时甚至可取代局部环节。

(4) 在系统的反馈控制回路中加入前馈补偿,可组成复合控制。只要参数选择得当,系统则可以保持稳定,稳态误差就可减小乃至消除,但补偿要适度,过量补偿会引起振荡。

习 题

6-1 在系统校正中,常用的性能指标有哪些? 各有什么特点?

6-2 已知单位反馈控制系统的开环传递函数为

$$G(s) = \frac{200}{s(0.1s+1)}$$

试设计一个串联校正网络,使系统的相位裕度 $\gamma \geqslant 45°$,剪切频率 $\omega_c \geqslant 50 \text{ rad/s}$。

6-3 设单位反馈系统开环传递函数为

$$G(s) = \frac{10}{s(0.25s+1)(0.05s+1)}$$

要求校正后系统的谐振峰值 $M_r=1.4$，谐振频率 $\omega_r>10$ rad/s，试确定串联校正装置的参数。

6-4 设单位负反馈系统开环传递函数为

$$G_0(s) = \frac{500\,K}{s(s+5)}$$

试设计一个超前校正网络，使校正后的系统速度误差系数 $K_v=100$ rad/s，相位裕度 $\gamma\geqslant45°$。

6-5 设单位反馈系统的开环传递函数为

$$G_0(s) = \frac{10}{s(0.1s+1)(0.5s+1)}$$

采用 $G_c(s)=\dfrac{0.23s+1}{0.023s+1}$ 的串联校正装置进行校正，试求校正后系统的性能指标，并与原系统的性能指标相比较，说明校正后的性能是否有改善。

6-6 设单位反馈系统的开环传递函数为

$$G_0(s) = \frac{K}{s(s+1)}$$

要求校正后系统的幅值穿越频率 $\omega_c\geqslant4.4$ rad/s，相位裕度 $\gamma\geqslant45°$，系统在单位斜坡函数输入作用下的稳态速度误差 $e_{ss}\leqslant0.1$，试设计串联超前校正装置。

6-7 单位负反馈最小相位系统的开环相频特性表达式为

$$\varphi(\omega) = -90° - \arctan\frac{\omega}{2} - \arctan\omega$$

(1) 求相位裕度为 $30°$ 时系统的开环传递函数。

(2) 在不改变截止频率 ω_c 的前提下，试选取参数 K_c 与 T，使系统在加入串联校正环节 $G_c(s)=\dfrac{K_c(Ts+1)}{s+1}$ 后，系统的相位裕度提高到 $60°$。

6-8 设单位反馈系统的开环传递函数为

$$G_0(s) = \frac{126}{s(0.1s+1)(0.00166s+1)}$$

要求校正后系统的相位裕度 $\gamma=40°$，幅值裕度 $K_g=10$ dB，幅值穿越频率 $\omega_c\geqslant1$ rad/s，试设计串联滞后校正装置。

6-9 设有单位反馈的火炮指挥仪伺服系统，其开环传递函数为

$$G_0(s) = \frac{K}{s(0.2s+1)(0.5s+1)}$$

若要求系统的最大输出速度为 $12°/s$，输出位置的允许误差小于 $2°$，试设计该火炮指挥仪伺服系统。

6-10 某单位负反馈控制系统的开环传递函数为

$$G_0(s) = \frac{6}{s(s^2+4s+6)}$$

(1) 计算校正前系统的剪切频率和相位裕度。

(2) 串联传递函数为 $G_c(s)=\dfrac{s+1}{0.2s+1}$ 的超前校正装置，求校正后系统的剪切频率和相位

裕度。

（3）串联传递函数为 $G_c(s) = \dfrac{10s+1}{100s+1}$ 的滞后校正装置，求校正后系统的剪切频率和相位

裕度。

6-11 已知系统如题图 6-11 所示，要求闭环回路的阶跃响应超调量为 0，对单位斜坡信号实现无稳态误差跟踪，试确定 K 值及复合校正装置 $G_r(s)$。其中：

$$G_1(s) = \frac{K}{s}, G_2(s) = \frac{80}{(s+2)(s+5)}$$

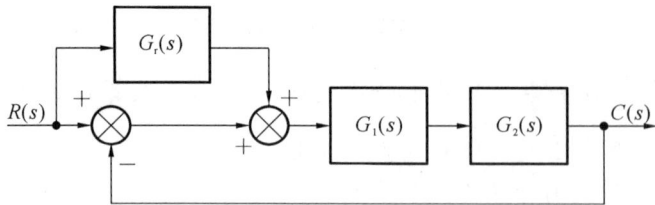

题图 6-11

6-12 假设扰动量 $R(s)$ 如题图 6-12 所示作用于系统，试确定参数 K、a、b，使系统对单位阶跃扰动输入的响应迅速衰减且无稳态误差，对单位阶跃参考输入的响应呈现的最大超调量小于等于 20% 且调整时间为 2s。

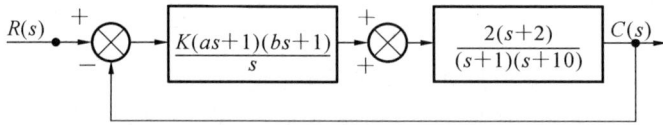

题图 6-12

第7章 智能制造与智能控制

制造业是国民经济的支柱产业,是工业化和现代化的主导力量,是衡量一个国家或地区综合经济实力和国际竞争力的重要标志,也是国家安全的保障。当前,新一轮科技革命与产业变革风起云涌,以信息技术与制造业加速融合为主要特征的智能制造(intelligent manufacturing,IM)成为全球制造业发展的主要趋势。

智能制造的主线是智能生产,而智能工厂、智能车间又是智能生产的主要载体。随着新一代智能技术的应用,国内企业将要向自学习、自适应、自控制的新一代智能工厂进军。新一代智能技术和先进制造技术的融合,将使得生产线、车间、工厂发生革命性变化,制造业质量、效率和企业竞争力将得到历史性的提升。

7.1 对智能制造的认识

7.1.1 智能制造国内外发展现状

21世纪以来,世界上的很多国家都非常重视制造业的发展战略。2012年,美国提出"先进制造业国家战略计划",提出中小企业、劳动力、伙伴关系、联邦投资以及研发投资等五大发展目标和具体实施建议;2019年,提出未来工业发展规划,将人工智能(artificial intelligence,AI)、先进制造业技术、量子信息科学和5G技术列为"推动美国繁荣和保护国家安全"的4项关键技术;另外,美国通用电气(GE)公司于2012年提出"工业互联网"计划,其基本思想是"打破智慧与机器的边界",旨在通过提高机器设备的利用率并降低成本,取得经济效益,引发新的革命。GE为此投入巨额资金,并进行了有益的实践。其后,GE又联合IBM、思科(Cisco)、英特尔(Intel)、AT&T等,成立了世界上推广工业互联网的最大组织——工业互联网联盟(IIC),以打破技术壁垒。

在2013年4月的汉诺威工业博览会上,德国政府宣布启动"工业4.0(Industry 4.0)"国家级战略规划,意图在新一轮的工业革命中抢占先机,奠定德国工业在国际上的领先地位。工业4.0在国际上,尤其在中国引起了极大关注。2014年11月,中德双方发表了《中德合作行动纲要:共塑创新》,宣布两国将开展工业4.0合作。一般而言,工业1.0对应蒸汽机时代,工业2.0对应电气化时代,工业3.0对应信息化时代,工业4.0则是利用信息化、智能化技术促进产业变革的时代,也就是对应智能化时代,如图7-1-1所示。

"工业4.0"的基本思想是数字和物理世界的融合,主要特征是互联。利用信息物理系统(CPS)的理念,把企业的各种信息与自动化设备等整合在一起,打造智能工厂。在智能工厂中,通过数据的无缝对接实现设备与设备、设备与人、设备与工厂、工厂与工厂之间的连接,实时监测分散在各地的生产系统,使其实行分布自治的控制。工业4.0需要很多前沿技术的支

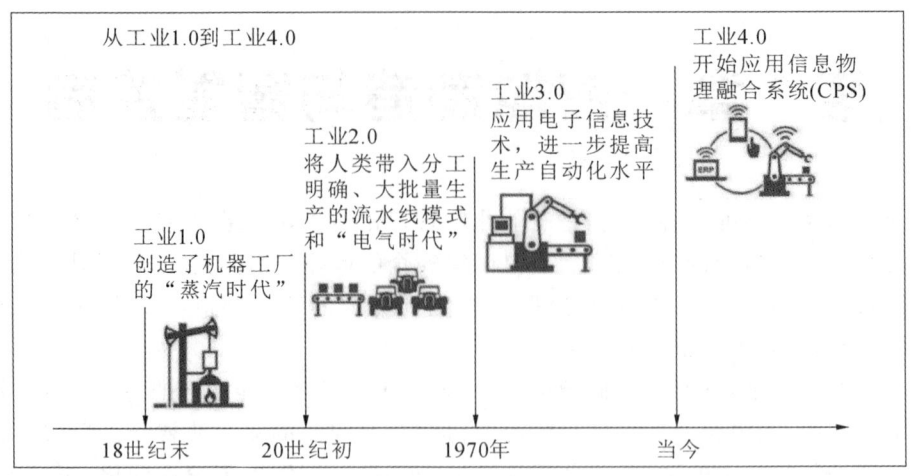

图 7-1-1 工业革命的四个阶段

撑,如物联网、大数据、增强现实、增材制造、仿真、云计算、人工智能等。德国于2019年又提出"国家工业战略2030",明确提出在某些领域德国需要拥有国家及欧洲范围的旗舰企业。

英国提出了"高值制造"的概念,英国政府科学办公室在2013年10月推出了《英国工业2050战略》,被看作"英国版的工业4.0"。《英国工业2050战略》提出,制造业并不是传统意义上的"制造之后再销售",而是"服务再制造(以生产为中心的价值链)"。"高值制造"就是高附加值的制造,是一场制造业的革命,通过信息通信技术、新工具、新方法、新材料等与产品和生产网络的融合,极大地改变了产品的设计、制造、提供甚至使用方式。英国政府科学办公室将其定义为:由新技术、新方法和新材料驱动,同时伴之以基于3D打印技术的本地化定制生产,走向产品加服务的商业模式。它的产业形态是按需制造、分布式制造和产品服务化,技术形态是新兴技术群、数据网和智能基础设施,整个制造形态和商业模式都在发生变革。

我国为实现制造强国的战略目标,在2015年由国务院发布了《中国制造2025》战略规划,智能制造成为其主攻方向。紧接着,工业和信息化部、财政部发布了《智能制造发展规划(2016—2020年)》。近年,一批企业推动智能制造,产生了很好的效果。一些企业的应用示范项目各有侧重,如数字化工厂或智能工厂,智能装备(产品),以个性化定制、网络协同开发、电子商务为代表的智能制造新业态、新模式,以物流管理、能源管理智慧化为方向的智能化管理,以在线监测、远程诊断与云服务为代表的智能服务,等等。

7.1.2 智能制造的定义

智能制造简称智造,源于人工智能的研究成果,是一种由智能机器和人类专家共同组成的人机一体化智能系统。该系统在制造过程中能够进行智能活动,诸如分析、推理、判断、构思和决策等。通过人与智能机器的合作共事,去扩大、延伸和部分地取代人类专家在制造过程中的脑力劳动。智能制造更新了自动化制造的概念,使其向柔性化、智能化和高度集成化扩展。

智能制造包括智能制造技术(intelligent manufacturing technology,IMT)与智能制造系统(intelligent manufacturing system,IMS)。

1. 智能制造技术

智能制造技术是指一种利用计算机模拟制造专家的分析、判断、推理、构思和决策等智能活动，并将这些智能活动与智能机器有机融合，使其贯穿应用于制造企业的各个子系统（如经营决策、采购、产品设计、生产计划、制造、装配、质量保证和市场销售等）的先进制造技术。该技术能够实现整个制造企业经营运作的高度柔性化和集成化，取代或延伸制造环境中专家的部分脑力劳动，并对制造业专家的智能信息进行收集、存储、完善、共享、继承和发展，从而极大地提高生产效率。

2. 智能制造系统

智能制造系统是一种由部分或全部具有一定自主性和合作性的智能制造单元组成的，在制造活动全过程中表现出相当智能行为的制造系统。其最主要的特征在于工作过程中对知识的获取、表达与使用。根据其知识来源，智能制造系统可以分为如下两类：

（1）以专家系统为代表的非自主式制造系统。该类系统的知识由人类的制造知识总结归纳而来。

（2）建立在系统自学习、自进化与自组织基础上的自主型制造系统。该类系统可以在工作过程中不断自主学习、完善与进化自有的知识，因而具有强大的适应性以及高度开放的创新能力。随着以神经网络、遗传算法与遗传编程为代表的计算机智能技术的发展，智能制造系统正逐步从非自主式智能制造系统向具有自学习、自进化与自组织的具有持续发展能力的自主式智能制造系统过渡。

7.2　智能制造核心技术

智能制造的核心技术主要包括物联网技术、大数据技术、工业云技术、视觉识别技术等。

7.2.1　物联网技术

物联网（internet of things，IoT）是通过射频识别（radio frequency identification，RFID）读写器、红外感应器、全球定位系统、激光扫描器、气体感应器等信息传感设备，按照约定的协议，把任何物品与互联网连接起来，进行信息交换和通信，以实现智能化识别、定位、跟踪、监控和管理的一种网络。简而言之，物联网就是"物物相连的互联网"。因此，物联网的核心和基础仍然是互联网，它是在互联网的基础上延伸和扩展的网络，其用户端延伸和扩展到任何物体与物体之间。

1. 物联网的特征

物联网具备三个特征，分别是全面感知、可靠传递、智能处理。全面感知是指利用 RFID、传感器、定位器和二维码等随时随地获取物体的信息。可靠传递是指通过无线通信网络与互联网融合，将获取的物体信息实时、准确地传递出去。智能处理是指利用云计算、数据处理、数据管理等智能计算技术，对收到的实时海量数据进行分析和处理，实现智能化决策和控制。

2. 物联网的架构

物联网作为一个系统网络,其架构由感知层、网络层、应用层三部分组成,如图 7-2-1 所示。

感知层位于最底层,由传感器和传感器网络组成,可随时随地获取物体的信息。感知层是物联网的核心,是信息采集的关键部分。感知层由基本的感应器,如 RFID 读写器、二维码标签和识读器、摄像头、GPS、传感器、M2M 终端、传感器网关等,以及感应器所组成的网络,如 RFID 网络、传感器网络等。感知层相当于人的皮肤和五官,用于识别物体和采集信息。感知层所需要的关键技术包括检测技术、短距离无线通信技术、射频识别技术、新兴传感技术、无线网络组网技术、现场总线控制技术等,涉及的核心产品包括传感器、电子标签、传感器节点、无线路由器、无线网关等。

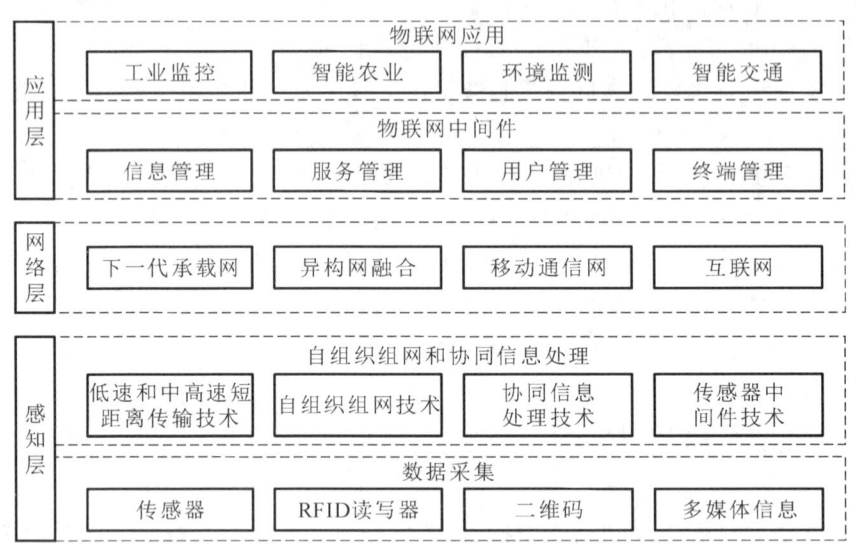

图 7-2-1　物联网架构示意图

网络层位于中间层,主要由移动通信网和互联网组成,可将物体的信息准确、实时地传送出去。网络层相当于人的神经中枢系统,负责将感知层获取的信息,安全可靠地传输到应用层。网络层包含接入网和传输网,分别实现接入功能和传输功能。接入网包括光纤接入、无线接入、以太网接入、卫星接入等各类接入方式,实现底层的传感器网络、RFID 网络最后 1km 的接入。传输网由公网和专网组成,典型的传输网包括电信网(固网、移动通信网)、广电网、互联网、电力通信网、专用网(数字集群)。网络层基本综合了已有的全部网络形式,来构建更加广泛的互联。每种网络都有自己的特点和应用场景,互相组合才能发挥出最大的作用,因此在实际应用中,信息往往经由任何一种或者几种网络的组合形式进行传输,对现有网络进行融合和扩展,利用 5G 通信网络、IPv6、Wi-Fi、WiMAX、蓝牙、ZigBee 等新技术,以实现更加广泛和高效的互联功能。

应用层位于最上层,用于对得到的信息进行智能运算和智能处理,实现智能化识别、定位、跟踪、监控和管理等实际应用。其功能为处理,即通过云计算平台进行信息处理。应用层与感知层是物联网的显著特征和核心所在,应用层可以对感知层采集的数据进行计算、处理和知识挖掘,从而实现对物理世界的实时控制、精确管理和科学决策。应用层的核心功能围绕两个方面:一是数据,应用层需要完成数据的管理和处理;二是应用,将这些数据与各行业应用相结合。

7.2.2　大数据技术

随着信息技术的不断发展和数据采集终端的不断增多,当今社会已进入信息量急剧增长的时代,被称为"大数据时代"。大数据(big data)技术对社会、经济、科研、商业等领域产生了深刻的影响,可以为人们提供更加科学的决策手段和优质的服务体系。

对于大数据的概念,研究机构 Gartner 给出了这样的定义:"大数据"是需要用新处理模式才能具有更强的决策力、洞察发现力和流程优化能力来适应海量、高增长率和多样化的信息资产。麦肯锡全球研究所给出的定义是:一种规模大到在获取、存储、管理、分析方面大大超出了传统数据库软件工具能力范围的数据集合,具有海量的数据规模、快速的数据流转、多样的数据类型和低价值密度四大特征。

大数据分析与处理包括数据的采集、存储、预处理、分析与挖掘以及数据可视化等,现分述如下。

(1) 大数据采集:数据无处不在,其来源涵盖了金融、医疗、互联网、交通、通信、教育、科研等领域。上述领域的大数据在规模、数据特性上存在很大差异,选择什么样的数据采集方法既要考虑数据源的物理性质,又要考虑数据分析的目标。常用的数据采集设备主要有传感器、移动终端、日志文件、Web 爬虫等。

(2) 大数据存储:数据的类型可以分为结构化、半结构化和非结构化数据三类。相较于传统数据,大数据多是半结构化和非结构化的。以往关系型的轻型数据库只能完成某些简单的查询和处理请求,当数据存储和处理任务超过轻型数据库能力范围时需要对其做出一定的改进,或者借助于大型分布式数据库或集群或云储存平台来满足需求。

(3) 大数据预处理:数据源的多样性以及数据传输中的某些因素使得大数据质量具有了不确定性,噪声、冗余、缺失、数据不一致等问题严重影响了大数据的质量。为了获得可靠的数据分析与挖掘结果必须利用预处理手段来提高大数据的质量。数据清洗可以发现大数据中不准确、不完整或不合理的数据并对其进行修补或移除;冗余检测和数据压缩可以消除数据不一致并降低存储开销。

(4) 大数据分析与挖掘:大数据分析与挖掘是大数据处理体系的核心,其目标是通过一定的分析与挖掘技术发现大数据中隐藏的有价值的信息或知识从而辅助决策。大数据分析与挖掘涵盖了统计分析、机器学习、数据挖掘、模式识别等多个领域的技术和方法。

(5) 数据可视化:为了让用户更好地理解数据分析和挖掘的结果,需要将挖掘到的知识或者模式在终端以友好、易于理解的方式直观展示给用户,为用户决策提供意见或支持。

7.2.3　工业云技术

互联网上的应用服务一直被称为软件即服务(software as a service,SaaS)。而数据中心的软硬件设施就是云(cloud)。云可以是广域网或者某个局域网内硬件、软件、网络等一系列资源统一在一起的称呼。

云技术可以分为：云计算、云存储、云安全等。

（1）云计算（cloud computing）。云计算概念由 Google 提出，它包含互联网上的应用服务及在数据中心提供这些服务的软硬件设施。云计算是分布式处理（distributed computing，DC）、并行处理（parallel computing，PC）和网格计算（grid computing，GC）的综合运用，是透过网络将庞大的计算处理程序自动分拆成无数个较小的子程序，再交由多部服务器进行计算，并处理后回传用户的计算技术。通过云计算技术，网络服务提供者可以在数秒之内，处理数以千万计甚至亿计的信息，达到和超级计算机同样强大的网络服务能力。

（2）云存储。云存储是在云计算概念上延伸和发展出来的一个新的概念。云计算时代，可以抛弃 U 盘等移动设备，只需要连接网络，使用网络服务就可以新建文档、编辑内容，然后直接将文档的 URL（统一资源定位器）分享给你的朋友或者上司，他可以直接打开浏览器访问 URL，使我们再也不用担心因计算机硬盘的损坏而发生资料丢失的事件。

（3）云安全。云安全是我国企业创造的概念，在国际云计算领域独树一帜。云安全（cloud security）是网络时代信息安全的最新体现，它融合了并行处理、网格计算、未知病毒行为判断等新兴技术和概念；通过网状的大量客户端对网络中软件行为的异常进行监测，获取互联网中木马、恶意程序的最新信息，传送到服务器端进行自动分析和处理，再把病毒和木马的解决方案分发到每一个客户端。未来杀毒软件将无法有效地处理日益增多的恶意程序，来自互联网的主要威胁正在由计算机病毒转向恶意程序及木马，在这种情况下，采用的特征库判别法显然已经过时。云安全技术应用后，识别和查杀病毒不再仅仅依靠本地硬盘中的病毒库，而是依靠庞大的网络服务，实时进行采集、分析及处理。整个互联网就是一个巨大的"杀毒软件"，参与者越多，每个参与者就越安全，整个互联网就会更安全。

7.2.4　视觉识别技术

机器视觉（Machine Vision），即采用机器代替人眼来做测量和判断，通过 CCD/CMOS 图像摄取装置抓取图像后将图像传送至处理单元，通过数字化处理，根据像素分布和亮度、颜色等信息，来进行尺寸、形状、颜色等的判别，进而根据判别的结果来控制相应设备的动作。随着计算机技术、现场总线技术的发展，视觉识别技术日益成熟，已是现代制造业及现代物流业不可或缺的技术，目前已广泛应用于各个行业。

视觉识别主要指在抓取或放置物品时的物品识别，主要由机器视觉及系统软件组成。在接收到传感器发出的物品识别及定位的请求后，系统通过摄像头获取物品图像，再由视觉系统软件将获取的物品图像与预先拍摄并存储于图像数据库的物品信息比较，搜寻与获取的物品信息相匹配的存储图像。当获取的物品图像与数据库中的存储图像相匹配时，计算并返回该物品当前的位置及状态信息，进而将信息上传给机器人控制系统进行相应动作。

7.3　智能控制的概念与发展

智能控制（intelligent control）是具有智能信息处理、智能信息反馈和智能控制决策的控制方式,是控制理论发展的高级阶段,主要用来解决那些用传统方法难以解决的复杂系统的控制问题。智能控制具有以下特点。

(1) 智能控制同时具有以知识表示的非数学广义模型和以数学模型(含计算智能模型与算法)表示的混合控制过程,或者是模仿自然和生物行为机制的计算智能算法,也往往包含复杂性、不完全性、模糊性或不确定性以及不存在已知算法的过程,并根据相关知识进行推理,以启发式策略和智能算法来引导求解过程。

(2) 智能控制的核心在高层控制,即组织级。高层控制的任务在于对实际环境或过程进行组织,即决策和规划,实现广义问题求解。为了完成这些任务,需要采用符号信息处理、启发式程序设计、仿生计算、知识表示以及自动推理和决策等相关技术。这些问题的求解过程与人脑的思维过程或生物的智能行为具有一定的相似性,即具有不同程度的"智能"。当然,低层控制级也是智能控制系统必不可少的组成部分。

(3) 智能控制系统的设计重点不在常规控制器上,而在智能机模型或计算智能算法上。

(4) 智能控制的实现,一方面要依靠控制硬件、软件和智能的结合,实现控制系统的智能化;另一方面要实现自动控制科学与计算机科学、信息科学、系统科学、生命科学以及人工智能的结合,为自动控制提供新思想、新方法和新技术。

(5) 智能控制是一门边缘交叉学科。实际上,智能控制涉及更多的相关学科。智能控制的发展需要各相关学科的配合与支持,同时也要求智能控制工程师是个知识工程师。自动控制必须与人工智能相结合,才能有更大的发展。

(6) 智能控制是一个新兴的研究领域。智能控制学科无论在理论上还是在实践上都还不够成熟、不够完善,需要进一步探索与开发。研究者需要寻找更好的新的智能控制相关理论对现有理论进行修正,以期使智能控制得到更快更好的发展。

人工智能已经促进自动控制向着当今最高层次——智能控制发展,智能控制是人工智能和自动控制的重要部分和研究领域,并被认为是通向自主机器递阶道路上自动控制的顶层技术。图 7-3-1 为控制科学的发展过程和通向智能控制路径上的控制复杂性增加的过程。由图 7-3-1 可知,这条路径目前的最远点是智能控制。智能控制涉及高级决策并与人工智能密切相关。

智能控制思潮第一次出现于二十世纪五六十年代,几种智能控制的思想和方法得以提出和发展。1956 年,"人工智能"概念被首次提出。20 世纪 60 年代中期,自动控制与人工智能开始交接。1965 年,著名的美籍华裔科学家傅京孙(K. S. Fu)首先把人工智能的启发式推理规则用于学习控制系统;1971 年他又论述了人工智能与自动控制的交接关系。由于傅先生的重要贡献,他已成为国际公认的智能控制的先行者和奠基人。

模糊控制是智能控制的又一活跃研究领域。扎德(Zadeh)于 1965 年发表了著名论文《模糊集合》(Fuzzy Sets),为模糊控制奠定了基础。此后,在模糊控制的理论探索和实际应用两个方面都进行了大量研究,并取得一批重要的研究成果。值得一提的是,自从 20 世纪 70 年代以来,模糊控制的应用研究获得广泛开展,并取得了一系列丰硕成果。

1967 年,莱昂德斯(Leondes)等人首次正式使用"智能控制"一词。初期的智能控制系统采用一些比较初级的智能方法,如模式识别和学习方法等,而且发展速度十分缓慢。近年来,随着人工智能和机器人技术的快速发展,对智能控制的研究出现一股新的热潮。各种智能决

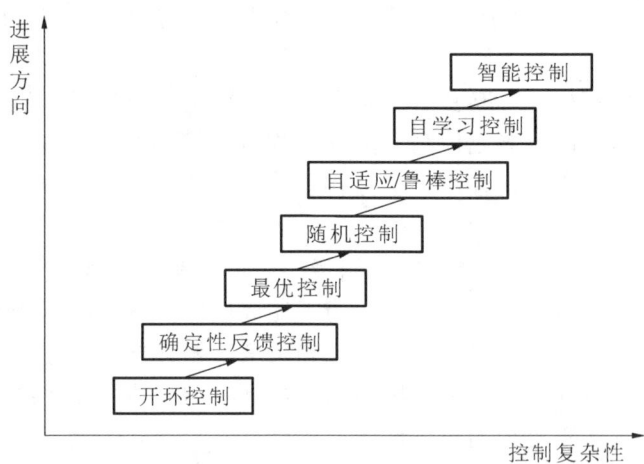

图 7-3-1　控制科学的发展过程

策系统、专家控制系统、学习控制系统、模糊控制、神经控制、主动视觉控制、智能规划和故障诊断系统等已被应用于各类工业过程控制系统、智能机器人系统和智能化生产(制造)系统。

麦卡洛克和皮特茨于 1943 年提出的脑模型,其最初动机在于模仿生物的神经系统。随着超大规模集成电路(VLSI)、光电子学和计算机技术的发展,人工神经网络(ANN)已引起更为广泛的关注。近年来,基于神经元控制的理论和机理已获进一步开发和应用。神经控制器具有并行处理、执行速度快、鲁棒性好、自适应性强和适宜应用等优点,因而具有广泛的应用前景。以神经控制器为基础而构成的神经控制系统已在非线性和分布式控制系统以及学习系统中得到不少成功应用。

近年来,以计算智能为基础的一些新的智能控制方法和技术已被先后提出,这些新的智能控制系统有仿人控制系统、进化控制系统和免疫控制系统等。把源于生物进化的进化计算机制与传统反馈机制相结合,实现一种新的控制——进化控制;而把自然免疫系统的机制和计算方法用于控制,则可构成免疫控制。进化控制和免疫控制是两种新的智能控制方案,其研究推动了智能控制的进一步发展。

随着智能控制新学科形成的条件逐渐成熟,1985 年 8 月,IEEE(电气和电子工程师学会)在美国纽约召开了第一届智能控制学术讨论会。会上集中讨论了智能控制原理和智能控制系统的结构。1987 年 1 月,在美国费城由 IEEE 控制系统学会与计算机学会联合召开了智能控制国际会议(ISIC)。这是有关智能控制的第一次国际会议,显示出智能控制的长足进展。这次会议及其后续相关事件表明,智能控制作为一门独立学科已正式在国际上建立起来。此后,世界各地成千上万具有不同专业背景的研究者投身于智能控制研究行列,并取得了很大的成就,这也是对人工智能研究的一种促进。

进入 21 世纪以来,智能控制在更高水平上复合发展,并实现与国民经济的深度融合。特别是近年来,各先进工业国家竞相提出人工智能、智能制造和智能机器人的发展战略,为智能控制的发展提供了前所未有的发展机遇。我国政府发布的《中国制造 2025》《新一代人工智能发展规划》和《机器人产业发展规划 2016—2020》等国家重大发展战略,为智能控制基础研究及其在智能制造、智能机器人、智能驾驶等领域的转化注入活力。CPU、GPU、FPGA 等硬件平台的发展极大地提高了控制系统的计算和数据处理能力,进一步推动了智能控制技术的应用和进步。

7.4　模糊控制

模糊控制(fuzzy control)是将模糊集理论、模糊逻辑推理和模糊语言变量与控制理论和方法相结合的一种智能控制方法,目的是模仿人的模糊推理和决策过程,实现智能控制。1965年,美国的扎德(Zadeh)教授首次提出了模糊集合的概念。模糊控制首先根据先验知识或专家经验建立模糊规则,然后将来自传感器的实时信号进行模糊化处理,将模糊化后的信号输入模糊规则,进行模糊推理得到输出量;最后将推理得到的输出量模糊转化为实际输出量输入到执行器中。

一般模糊控制系统的基本结构如图 7-4-1 所示,主要由模糊控制器、输入/输出接口电路、广义对象以及传感器系统等四大部分组成。从图中可以看出,模糊控制系统与一般计算机控制系统在整体结构上并没有什么差别,所不同的仅仅是以模糊控制器取代了传统的控制器。

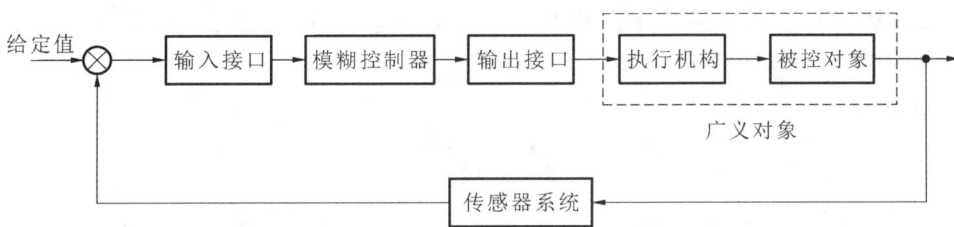

图 7-4-1　一般模糊控制系统的基本结构框图

1. 模糊控制器

模糊控制器实际上是一台具有特殊算法的微型计算机,其主要作用是完成输入精确量的模糊化处理、模糊规则运算、模糊推理决策运算及精细化处理等重要过程。可以说,一个模糊控制系统性能指标的优劣,在很大程度上取决于模糊控制器的"聪明"程度。

2. 输入/输出接口电路

输入/输出接口电路是模糊控制器连接前/后系统的通道,包括前向通道中的 A/D 转换电路以及后向通道中的 D/A 转换电路。传感器系统输出的信号一般为模拟信号,必须经过 A/D 电路转换为数字信号输入控制器。而从模糊控制器输出的信号一般是数字信号,必须经过 D/A 转换电路将其转换为相对应的模拟信号输出,用来控制执行器的动作,实现控制被控对象的目的。

3. 广义对象

广义对象主要包括执行机构和被控对象两部分。和传统控制一样,常用的执行机构有伺服电机、电磁阀和气动调节阀等,但被控对象与传统控制相比就复杂得多了,可以是线性的或非线性的、定常的或时变的、单变量的或多变量的、有时滞的或无时滞的、有强干扰的或无强干扰的一种设备(或装置)或其群体,也可以是自然的物理实体,还可以是社会的、生物的或其他的各种状态转移过程。

4. 传感器系统

传感器系统在模糊控制系统中与传统闭环控制系统一样占有十分重要的地位,其精度往往直接影响整个控制系统的性能指标,因此要求其精度高、可靠且稳定性好。传感器系统主要分为以传感器为主体的检测装置和模糊控制器两种类型。

模糊控制器是模糊控制系统的核心,它包括以下几个部分。

(1) 模糊化接口。模糊化接口用于将输入转化为模糊量,它首先将输入变量转化到相应的模糊集论域,然后应用模糊集对应的隶属函数将精确输入量转换为模糊值。

(2) 知识库。知识库由数据库和规则库组成,数据库所存放的是所有输入、输出变量的全部模糊子集的隶属度矢量值,在规则推理的模糊关系方程求解过程中,向推理机提供数据。规则库由一组语言控制规则组成,例如 IF-THEN、ELSE、ALSO 等,表达了应用领域的专家经验和控制策略。

(3) 推理机。推理机根据模糊规则,运用模糊推理算法,获得模糊控制量。模糊推理的方法有很多,如 MAX-MIN 法、模糊加权推理法、函数型推理法等。

(4) 解模糊接口。系统的具体控制需要一个精确量,所以应通过解模糊接口将模糊量转换成精确量,实现对系统的精确控制。

模糊控制器的基本结构如图 7-4-2 所示。

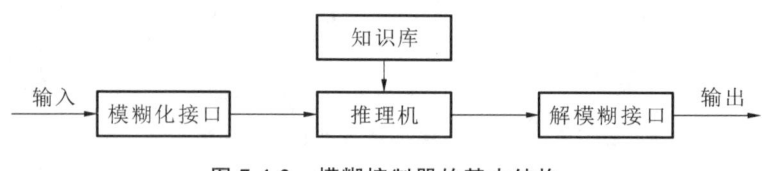

图 7-4-2 模糊控制器的基本结构

7.5 神经网络控制

控制理论在经历了经典控制、现代控制和大系统理论以后,随着被控对象变得越来越复杂、控制精度要求越来越高,控制系统对对象和环境的知识掌握得不够,迫切希望控制系统具有强大的自适应和自学习能力、良好的鲁棒性和实时性。

人工神经网络是一种具有高度非线性的连续时间动力系统,它有着很强的自学习功能和对非线性系统的强大映射能力,已广泛应用于复杂对象的控制中,特别是大规模集成电路技术的发展为神经网络的硬件实现提供了技术手段,为神经网络在控制中的应用开辟了广阔的前景。基于神经网络的控制称为神经网络控制(neural network control)。

神经网络控制是近年来智能控制的一个非常活跃的研究领域。神经网络控制主要是将神经网络作为控制系统中的控制器与(或)辨识器,解决复杂的非线性、不确定性系统在不确定性环境中的控制问题,使控制系统稳定、鲁棒性好、具有要求的动态和静态性能。

神经网络控制的优越性主要有:

(1) 神经网络可以处理那些难以用模型或规则描述的对象;

（2）神经网络采用并行分布式信息处理方式，具有很强的容错性；

（3）神经网络在本质上是非线性系统，可以实现任意非线性映射，常用于非线性控制系统；

（4）神经网络具有很强的信息综合能力，它能够同时处理大量不同类型的输入，能够很好地解决输入信息之间的互补性和冗余性问题。

常用的神经网络包括：BP（反向传播）神经网络、径向基函数（RBF）神经网络、霍普菲尔德（Hopfield）神经网络、自组织特征映射（SOM）神经网络、卷积神经网络（CNN）、循环神经网络（RNN）和 Transformer 等。深度学习是当前人工智能研究中的热点领域，和传统神经网络相比，深度学习具有更强大的特征提取能力、良好的迁移和多层学习能力。具体到控制领域，深度学习和强化学习（reinforcement learning）相结合形成的深度强化学习理论，在机器人控制、无人驾驶、任务规划等领域具有广阔的应用前景。

7.6　专家控制

专家系统（expert system）是一个拥有大量的专门知识与经验的程序系统，它应用人工智能技术和计算机技术，根据某领域一个或多个专家提供的知识和经验，进行推理和判断，模拟人类专家的决策过程，以便解决那些人类专家才能解决的复杂问题。简而言之，专家系统是一种模拟人类专家解决领域问题的计算机程序系统。

从专家系统的角度来说，专家控制（expert control）是专家系统的一个重要分支，属于实时专家系统研究领域；从自动控制的角度来说，专家控制是智能控制的一个重要分支，是将专家系统的思想和方法引入控制系统形成的一种新控制方法。

许多生产过程，尤其是大型复杂的生产过程，具有强烈的非线性、时变性及不确定性。虽然无法获得这些系统的精确数学模型，难以用传统的控制理论设计出有效的控制器来对它们加以精确控制，但有经验的工程技术人员却能凭经验对它们进行有效控制。在基于单纯数学解析体系的传统控制理论中，很难处理对象或过程中的一些定性信息，也很难运用人的经验、知识、技巧和直觉推理，因而难以满足对复杂的未精确建模系统的控制要求。因此，控制系统需要获取人类知识，模拟人类推理能力，形成一种新的控制方法——专家控制，从而把生产操作人员、工程师的经验与控制算法结合起来，即把符号推理与数值运算结合起来。符号推理在某种意义上代替了人类操作者的工作，为过程控制提供了一种新的控制方法。

按照专家控制在控制系统中的作用和功能，可以将专家控制器分为以下两种类型。

（1）直接型专家控制器。它能取代常规控制器和调节器，直接用于控制生产过程或被控对象。一般采用简单的知识表达和知识库，并运用直接模式匹配或直觉推理，以实现在线和实时控制。直接型专家控制器的结构如图 7-6-1 所示。

（2）间接型专家控制器。它与常规控制器、调节器结合，在控制的组织层上应用专家系统（优化、校正、适应、协调），专家系统只是通过对控制器的调整，间接地影响被控过程。间接型专家控制器的结构如图 7-6-2 所示。

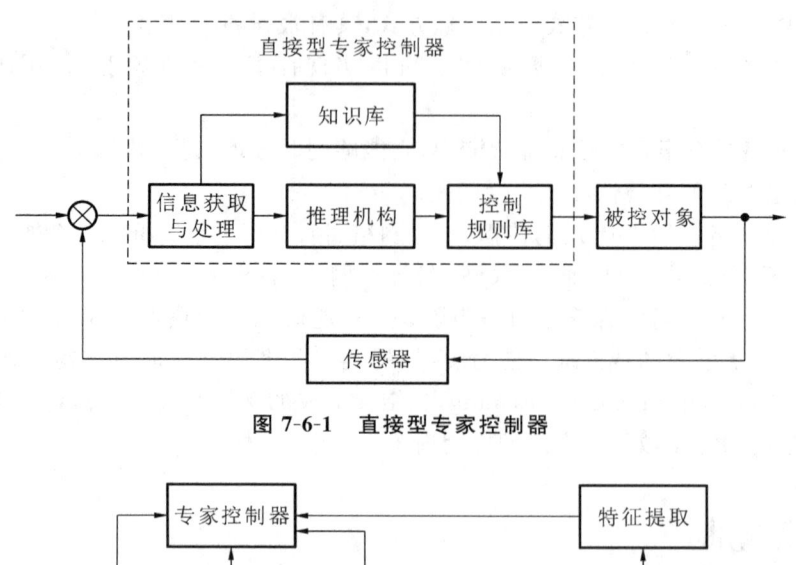

图 7-6-1　直接型专家控制器

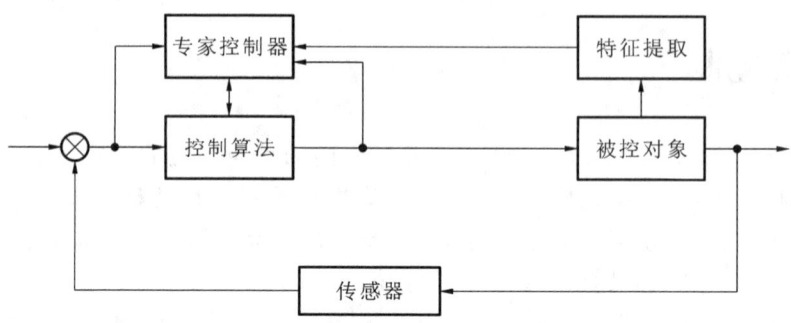

图 7-6-2　间接型专家控制器

7.7　智能控制的发展趋势

随着智能控制技术的发展和在诸多领域的成功应用,在世界范围内,智能控制正成为一个迅速发展的学科,并被许多国家视为提高国家竞争力的核心技术。当前,智能控制面临的问题和未来发展趋势如下。

7.7.1　当前面临的问题

智能控制因其优越的控制性能而被广泛应用于智能制造的各个领域。然而,智能控制的发展还面临以下问题。

(1)智能控制要面向复杂系统。对于一些比较简单的系统,引入智能控制并不值得。如果简单智能控制系统的复杂性、故障率和成本高于同类传统控制系统的,那么智能控制的优越性就会降低或消失。

(2)实际应用还存在技术瓶颈。许多控制技术还停留在"仿真"水平,未能应用于解决实际问题。在系统运行速度、模块化设计、对环境的感知和解释、传感器接口等许多方面还需要做更多工作。

7.7.2　未来发展趋势

虽然智能控制的研究还存在一些问题,但不可否认的是其发展前景依然十分广阔。智能控制是传统控制理论在深度和广度上的拓展。随着计算机技术、信息技术和人工智能技术的快速发展,控制系统向智能控制系统发展已成为一种趋势。以下是对未来智能控制发展趋势的展望:

(1) 多学科交叉融合形成新突破。一方面是智能控制与计算机科学、模糊数学、进化论、模式识别、信息论、仿生学和认识心理学等其他学科的相互促进;另一方面是智能控制领域内不同技术的渗透,如深度学习和强化学习的相互补偿。

(2) 智能控制的应用创新。研究适合智能控制的软硬件平台,提升基于现有计算资源的控制水平,进行更好的技术集成,以解决智能控制在实际应用中存在的问题。

7.8　思政融合——"卓越人物"

关键词:自主创新,敢为人先

吴宏鑫,中国控制理论与控制工程专家、中国科学院院士,提出了"航天器变结构变系数的智能控制方法"和"基于智能特征模型的智能控制方法"等,对航天器控制和工业控制的发展具有重要理论意义和实用价值。

1978 年,恢复正常工作后的吴宏鑫对航天器自适应控制这一国内无人涉足的新领域摸不着门道,但在自己的调研和杨嘉墀院士的鼓励下,他做好了心理准备,义无反顾地踏上了自适应控制的研究之路,成为航天部门里研究领域独特的"冷板凳"学者。

自适应控制理论和方法是控制领域中的一个热点,它可以广泛地应用于工业生产过程控制、航天地面工程控制和航天器控制等方面。自适应控制研究开展之初受到了很多航天工程领域学者的质疑,但杨嘉墀院士在 20 世纪 70 年代末极力主张开展此项研究,他说:"现在的卫星没那么复杂,用不到这些东西,但将来的卫星一定会用得到。"

1980 年,吴宏鑫在"空间环境模拟器控制系统"中,针对参数未知、参数缓慢变化的情况,明确提出了一种"全系数自适应控制方法"。1981 年,有关论文在《控制工程》上发表,引起了国内理论界的轰动。1982 年召开部级鉴定会,宋健院士连续三天参加了鉴定会,并亲自前往现场查看实验结果。这件事让吴宏鑫更加坚定了继续研究下去的信念。1984 年,吴宏鑫在自适应控制方面的发明"系数之和等于 1 的全系数自适应控制工程设计新方法及应用",因其原始创新性获国家发明奖。随之,他也成为当时航天系统青年科技人员中的佼佼者。当时的航天部评出了最初的一批研究员,吴宏鑫以他突出的科研成果跻身这一行列,成为当时航天部系统最年轻的研究员之一。

吴宏鑫另外的研究重点是智能控制领域,提出了特征建模理论并写了两本专著,一本为《基于特征模型的智能自适应控制》,另一本为《特征建模理论、方法和应用》。在航天方面,他与学生们提出的"基于对象特征模型描述的黄金分割智能控制方法",达到了国际先进水平,获得了两项国家发明专利。在工业控制方面,针对铝电解项目提出的"基于智能特征模型的智能控制方法",已使贵州铝厂年增加效益上百万元,在铝行业属于国内外首创,并不断向其他企业推广应用。

"神舟五号"载人飞行圆满成功后,中国空间站的发展得到了广泛关注。"交会对接"这个名词被越来越多地提及。其实早在1989年,航天专家屠善澄先生就提出要开展交会对接的预先研究。吴宏鑫参与了预先研究,与他人合作针对交会对接预研项目提出了"非线性黄金分割自适应控制",得到了"863计划"空间站技术专家组的褒扬。

中国科学院院士吴宏鑫

本 章 小 结

(1) 制造业已先后经历了机械化、电气化和信息化三个阶段,现在正处于智能化发展的第四个阶段。随着智能制造技术的普及,其带来的优势愈发明显,在不远的将来,智能制造将成为下一代制造业的重要生产模式。

(2) 智能制造源于人工智能的研究成果,是一种由智能机器和人类专家共同组成的人机一体化智能系统。智能制造包括智能制造技术和智能制造系统。智能制造技术是指利用计算机模拟制造专家的分析、判断、推理、构思和决策等智能活动的一种技术。智能制造系统是一种由智能制造单元组成的,在制造活动全过程中表现出相当智能行为的制造系统。

(3) 智能制造是基于新一代信息通信技术,与先进制造技术深度融合,贯穿于设计、生产、管理、服务等制造活动的各个环节,具有自感知、自学习、自决策、自执行、自适应等功能的新型生产方式。

(4) 智能控制是自动控制发展的最新阶段,主要用于解决传统控制难以解决的复杂系统控制问题。模糊数学、神经网络、专家系统等各学科的发展给智能控制注入了巨大的活力,由此产生了各种智能控制方法,如模糊控制、神经网络控制、专家控制等。机器学习和深度学习等研究的发展,将为智能控制技术提供新的理论和方法。

习　题

7-1　什么是智能制造？简述智能制造的发展历程。

7-2　简述智能制造相关的核心技术。

7-3　什么是机器视觉？请给出机器视觉应用的三个实例。

7-4　什么是智能控制？它具有哪些特点？

7-5　简述模糊控制系统的基本结构及各部分功能。

7-6　什么是神经网络控制？它具有哪些优点？

7-7　什么是专家控制？专家控制器有哪些类型，它们各有什么特点？

7-8　智能控制适用于哪些领域？请给出三个应用实例。

参 考 文 献

[1] 董景新. 控制工程基础[M]. 5 版. 北京:清华大学出版社,2022.

[2] 李培根,高亮. 智能制造概论[M]. 北京:清华大学出版社,2021.

[3] 刘强,丁德宇. 智能制造之路[M]. 北京:机械工业出版社,2017.

[4] 何华,刘全,申屠舒展,等. 轮式多机协同搬运机器人轨迹跟踪控制器设计[J]. 机械工程学报,2024,60(11):145-155.

[5] 孟博洋,李茂月,刘献礼,等. 机床智能控制系统体系架构及关键技术研究进展[J]. 机械工程学报,2021,57(9):147-166.

[6] 邢科义,康苗苗,郜振鑫. 柔性制造系统的改进粒子群无死锁调度算法[J]. 控制与决策,2014,29(8):1345-1353.

[7] 张俊,汤腾飞,方汉良. 面向大型航空结构件的混联柔性制造系统概念设计与性能评估[J]. 西安交通大学学报,2019,53(1):1-10.

[8] 胡寿松. 自动控制原理[M]. 6 版. 北京:科学出版社,2018.

[9] 余成波,张莲,胡晓倩. 自动控制原理[M]. 3 版. 北京:清华大学出版社,2018.

[10] 吴昊宇,屈川,刘思扬. 信号的复频域分析中拉普拉斯变换求解微分方程[J]. 南方农机,2016,47(2):87-88.

[11] 徐娟. 拉普拉斯变换[J]. 黑龙江科技信息,2010(30):4.

[12] 李景和,徐勇. 正弦函数拉普拉斯变换的几种求法[J]. 高师理科学刊,2018,38(4):57-59.

[13] 杨叔子,杨克冲,吴波. 机械工程控制基础[M]. 7 版. 武汉:华中科技大学出版社,2019.

[14] 孔祥东,王益群. 控制工程基础[M]. 3 版. 北京:机械工业出版社,2011.

[15] 王显正. 控制理论基础[M]. 2 版. 北京:科学出版社,2017.

[16] 王建辉,顾树生. 自动控制原理[M]. 2 版. 北京:清华大学出版社,2014.

[17] 郁凯元. 控制工程基础[M]. 北京:清华大学出版社,2010.

[18] 王笑武. 现代控制理论基础[M]. 3 版. 北京:机械工业出版社,2013.

[19] 姜素霞,冯巧玲. 自动控制原理[M]. 3 版. 北京:北京航空航天大学出版社,2018.

[20] 张嗣瀛,高立群. 现代控制理论[M]. 2 版. 北京:清华大学出版社,2017.

[21] 王万良. 自动控制原理[M]. 2 版. 北京:高等教育出版社,2014.

[22] 吴麒. 自动控制原理[M]. 2 版. 北京:清华大学出版社,2015.

[23] 刘胜. 自动控制原理[M]. 3 版. 武汉:华中科技大学出版社,2021.

[24] 夏超英. 自动控制原理[M]. 北京:科学出版社,2010.

[25] 程鹏. 自动控制原理[M]. 2 版. 北京:高等教育出版社,2011.

[26] 赵广元. MATLAB 与控制系统仿真实践[M]. 4 版. 北京:北京航空航天大学出版

社,2016.

[27] 刘超,高双. 自动控制原理的 MATLAB 仿真与实践 [M]. 北京:机械工业出版社,2015.

[28] 吴晓燕,张双选. MATLAB 在自动控制中的应用 [M]. 西安:西安电子科技大学出版社,2006.

[29] 曹少科,陈海宇,邓暄. 基于 MATLAB 分析阻尼比对控制系统稳定性的影响 [J]. 南方农机,2019,50(14):220.

[30] 吴涛. 控制工程基础 [M]. 北京:机械工业出版社,2021.

[31] 章云. 工程控制原理 [M]. 北京:机械工业出版社,2022.

[32] 董景新,赵长德,郭美凤,等. 控制工程基础 [M]. 北京:清华大学出版社,2022.

[33] 谢成祥,张燕红. 自动控制原理 [M]. 南京:东南大学出版社,2018.

[34] KATSUHIKO OGATA. Modern control engineering[M].卢伯英,佟明安,译. 5 版. 北京:电子工业出版社,2011.

[35] 魏筱瑜,芦金华,常晓辉. 智能制造与数字化制造在工业制造的应用 [J]. 科技资讯,2020,18(5):30,32.

[36] 刘金琨. 智能控制 [M]. 4 版. 北京:电子工业出版社,2017.

[37] 朱铎先,赵敏. 机智:从数字化车间走向智能制造 [M]. 北京:机械工业出版社,2018.

[38] 范君艳,樊江玲. 智能制造技术概论 [M]. 武汉:华中科技大学出版社,2019.

[39] 尹超. 工业互联网的内涵及其发展 [J]. 电信工程技术与标准化,2017,30(6):1-6.

[40] 董景新,吴秋平. 现代控制理论与方法概论[M].2 版. 北京:清华大学出版社,2016.

[41] 蔡自兴. 智能控制导论[M].4 版.北京:中国水利水电出版社,2024.